中国生态环境分区管治制度的演进与发展

主编 刘贵利

北京工业大学出版社

图书在版编目（CIP）数据

中国生态环境分区管治制度的演进与发展 / 刘贵利

主编 . -- 北京：北京工业大学出版社，2024.9.

ISBN 978-7-5639-8687-3

Ⅰ . X321.2

中国国家版本馆 CIP 数据核字第 2024H9T028 号

中国生态环境分区管治制度的演进与发展

ZHONGGUO SHENGTAI HUANJING FENQU GUANZHI ZHIDU DE YANJIN YU FAZHAN

主　　编：刘贵利

策划编辑：孙　勃

责任编辑：戴奇钰

封面设计：红杉林文化

出版发行：北京工业大学出版社

　　　　　（北京市朝阳区平乐园 100 号　邮编：100124）

　　　　　010-67391722（传真）bgdcbs@sina.com

经销单位：全国各地新华书店

承印单位：北京虎彩文化传播有限公司

开　　本：787 毫米 × 1092 毫米

印　　张：17.5

字　　数：286 千字

版　　次：2024 年 9 月第 1 版

印　　次：2024 年 9 月第 1 次印刷

标准书号：ISBN978-7-5639-8687-3

定　　价：58.00 元

编 委 会

主　编：刘贵利

副主编：陈　帆　江　河　王　伟

编　委：王　晓　郭　健　张宝秀　张景秋

　　　　张远索　谌　丽　刘剑刚　李雪妍

　　　　黄建毅　杜姗姗　李　琛　刘小茜

　　　　孙　颖　陈媛媛

随着全球环境问题的日益严峻，生态环境治理已成为国家可持续发展战略中不可或缺的一部分。本书旨在全面审视我国生态环境治理的发展历程、成就、挑战与未来方向，为政策制定者、学者和公众提供深入的洞见和实践指导。

　　第一章概论为本书奠定了基础，不仅回顾了我国生态环境治理的演进历程，还总结了治理过程中积累的宝贵经验和面临的主要问题。本章还进一步探讨了新时期生态环境保护规划的定位，从价值、制度和行动三个层面出发，为读者描绘了一个全面的生态环境治理蓝图。在第二章生态环境分区管治理论与方法中，我们深入研究了生态环境分区管治的国内外研究现状，并探索了相关的理论框架和实践方法。本章的讨论为构建有效的生态环境治理体系提供了理论支持和实践指导。第三章在构建生态环境分区管治体系方面进一步细化了治理体系的构建，包括治理框架、实践案例、联防联控机制，以及国土空间发展布局的优化调整设想。本章的深入分析有助于读者理解如何构建一个高效、协调的生态环境治理体系。第四章健全生态环境分区管治制度专注于制度建设，探讨了如何完善生态环境分区管治制度，以及在双碳目标下如何构建理论框架。此外，本章还讨论了碳信息披露制度的重要性和实践探索。第五章探讨如何建立生态环境分区管治长效机制，包括环境保护标准与产业政策的衔接、国家治理体系现代化中的生态环境规划，以及"三线一单"中生态环境准入清单的编制路径。第六章内容为生态环境分区管治制度的发展，总结了生态环境分区管治取得的成效、基本经验，并展望了未来发展的方向，为读者提供了一个宏观的视角来理解生态环境治理的长远意义。

　　本书不仅是对我国生态环境治理实践的一次全面梳理，也是对未来治理中区域差异化路径的深入思考。我们希望本书能够激发更多的思考和行动，共同推动我国生态环境治理向更高水平发展。

目 录

第一章　概论……………………………………………………… 1

　第一节　生态环境治理的发展评价……………………………… 2

　　一、我国生态环境治理的演进………………………………… 2

　　二、生态环境治理的成就经验………………………………… 6

　　三、生态环境治理的主要问题………………………………… 9

　第二节　新时期生态环境保护规划……………………………… 10

　　一、价值层面的生态环境保护规划…………………………… 10

　　二、制度层面的生态环境保护规划…………………………… 12

　　三、行动层面的生态环境保护规划…………………………… 16

　第三节　生态环境分区管治的内涵……………………………… 21

　　一、生态空间的内涵特征……………………………………… 21

　　二、生态环境分区管治的内涵界定…………………………… 25

　　三、生态环境分区管治的主要任务…………………………… 28

　第四节　生态环境分区管治的时代要求………………………… 30

　　一、生态环境分区管治的迫切要求…………………………… 30

　　二、生态环境分区管治的规划衔接…………………………… 39

　　三、生态环境分区管治的基本保障…………………………… 42

第二章　生态环境分区管治理论与方法………………………… 45

　第一节　生态环境分区管治研究综述…………………………… 45

　　一、生态环境分区管治国外研究……………………………… 45

　　二、生态环境分区管治国内研究……………………………… 54

三、生态环境分区管治理论与实践的作用与意义 ············ 62

　　第二节　生态环境分区管治理论探索 ······················· 65

　　第三节　生态环境分区管治技术方法 ······················· 69

　　　一、生态环境管控单元划分 ······························· 69

　　　二、空间布局耦合技术与方法 ····························· 71

　　　三、分区综合管治技术与方法 ····························· 76

　　　四、数据赋能管治技术与方法 ····························· 80

第三章　构建生态环境分区管治体系 ··························· 87

　　第一节　生态环境分区管治体系 ··························· 87

　　　一、生态环境分区管治框架 ······························· 87

　　　二、生态环境分区治理路径 ······························· 89

　　　三、优化调整国土空间发展布局设想 ····················· 91

　　第二节　生态环境分区治理效能 ··························· 94

　　　一、我国环境治理者的角色演变 ··························· 95

　　　二、构建生态环境治理体系面临的问题 ··················· 96

　　　三、生态环境治理的核心理念 ····························· 98

　　　四、从制度共识向治理效能的转化 ·······················100

　　第三节　七大治理体系 ·································· 115

　　　一、总体框架 ·· 115

　　　二、领导责任体系 ······································ 116

　　　三、企业责任体系 ······································ 121

　　　四、全民行动体系 ······································ 128

　　　五、监管体系 ·· 129

　　　六、市场体系 ·· 133

　　　七、信用体系 ·· 140

　　　八、法律政策体系 ······································ 144

第四章　健全生态环境分区管治制度 ························· 147

　　第一节　完善生态环境分区管治制度 ····················· 147

　　　一、主要内容 ···147

二、生态环境分区管治面临的挑战·······················149

三、生态环境分区管治制度完善的方向···············150

四、生态环境分区管治的推进路径·······················151

五、生态环境分区管治的政策选择·······················153

第二节　"双碳"目标下生态环境分区管治理论框架··········155

一、"双碳"目标下生态环境分区管治理论框架构建

意义···155

二、"双碳"目标下生态环境分区管治理论框架体系········160

三、未来展望·····································165

第三节　健全完善碳排放信息披露制度·····················165

一、国际经验·····································166

二、健全完善碳排放信息披露的必要性···············169

三、健全完善碳排放信息披露制度的工作建议············170

第四节　生态环境分区管治制度实践探索···················172

一、成渝地区"双碳"实施路径研究···············172

二、县级单元线控机制探索·······················182

三、工业污染场地修复实践·······················192

第五章　建立生态环境分区管治长效机制·················206

第一节　环境保护标准与产业政策衔接···················206

一、生态环境保护规划、环境保护标准与产业政策之间

的关系解读·····································206

二、生态环境保护规划与环境保护标准的必然联系··········209

三、生态环境保护规划与现有产业政策的相互作用··········210

四、做好生态环境保护规划、环境保护标准与产业政策

的衔接···211

第二节　国家战略区域主要环境问题识别与生态环境分区

管治策略·······································215

一、生态环境分区管治的原因：人口、经济、污染分布

的不平衡与分异性·······························216

二、生态环境分区管治的依据：城市规模与城市发展

模式···219

三、国家战略区域生态环境分区管治的核心问题识别········221

四、国家战略区域主要环境问题识别与生态环境分区

管治策略···223

第三节 "三线一单"生态环境准入清单编制路径探讨··········228

一、生态环境准入清单编制现状及存在的问题··············229

二、我国各类准入清单编制特征对比分析··················231

三、生态环境准入清单编制路径初探······················236

四、完善生态环境准入清单制度的建议····················236

第四节 积极推进生态环境联防联控机制······················238

一、工作进展···238

二、存在的问题···242

三、未来展望···244

第六章 生态环境分区管治制度的发展··························247

第一节 生态环境分区管治取得的成效························247

一、绿色创新基础上构建生态价值集成管理体系············247

二、构建全新的绿色价值体系····························248

三、建立适应"新三区"高质量发展的生态环境分区

管治制度···249

第二节 现代环境治理体系的基本经验························250

一、科学的环境决策机制是重要前提······················251

二、合理的生态环境管理体制是基石······················252

三、准确及时的环境数据是基本保障······················255

四、环境治理政策手段转型是关键落脚点··················257

第三节 现代环境治理体系的未来发展························259

一、新发展阶段下，立足优化国土空间布局的环境

治理能力亟待提升···260

二、环境治理体系的未来展望····························261

参考文献···264

第一章

概　论

　　国土是生态文明建设的空间载体，生态环境分区管治旨在以国土空间的生态承载力和环境功能为基础，以经济、社会、生态的和谐可持续发展为目标，协调局部利益和整体利益、当前利益和长远利益，对各类空间资源要素进行合理分配和有效管理。2015 年 7 月，环境保护部（现为生态环境部）、国家发展和改革委员会联合印发的《关于贯彻实施国家主体功能区环境政策的若干意见》（环发〔2015〕92 号）提出，要推进战略环评、环境功能区划与主体功能区建设相融合，加强环境分区管治。国家《"十三五"生态环境保护规划》强调，强化生态空间管控，引导构建绿色发展格局。党的十九大报告提出，推进绿色发展，着力解决突出环境问题，加大生态系统保护力度，改革生态环境监管体制，形成节约资源和保护环境的空间格局、产业结构、生产方式、生活方式。《中共中央 国务院关于建立国土空间规划体系并监督实施的若干意见》提出，"坚持山水林田湖草生命共同体理念，加强生态环境分区管治，量水而行，保护生态屏障，构建生态廊道和生态网络，推进生态系统保护和修复，依法开展环境影响评价"。党的二十大报告进一步提出，要推进美丽中国建设，坚持山水林田湖草沙一体化保护和系统治理，统筹产业结构调整、污染治理、生态保护，应对气候变化，协同推进降碳、减污、扩绿、增长，推进生态优先、节约集约、绿色低碳发展。可以确定的是，随着生态文明建设体制机制走向成熟，"十四五"时期，我国将进入全面实施生态环境分区管治的新阶段。

第一节 生态环境治理的发展评价

一、我国生态环境治理的演进

党的十八大以来，我国探索了一条符合党情、国情、民情的环境治理道路，用制度保护生态环境，将环境保护规划纳入顶层设计，标志着环境治理开始从末端治理向末端—源头治理双向从严转化。历经十余年坚持不懈的努力，我国环境治理体系现代化取得重大进展。回顾党的十八大以来环境治理体系的发展，其构建历程大致可分为三个阶段。

（一）2012 年党的十八大到 2018 年 5 月全国生态环境保护大会

该阶段为适应新常态下推进生态文明体制改革总体方案需要，着力构建现代环境治理体系框架的阶段。

在国内外形势错综复杂，世界格局深度调整之际，国内发展处在全面建成小康社会、全面深化改革、全面依法治国、全面从严治党的重要时期，环境污染形势导致环境治理体系的构建更加紧迫，国家面临着前所未有的挑战。党的十八大在这样的背景下召开，首次提出美丽中国的执政理念。2015年，中共中央、国务院印发《生态文明体制改革总体方案》，提出了建立健全八项制度，其中三项与环境治理体系密切相关：一是建立健全环境治理体系，二是健全环境治理和生态保护市场体系，三是完善生态文明绩效评价考核和责任追究制度中共中央、国务院印发的。《关于加快推进生态文明建设的意见》对生态文明建设作出顶层设计和总体部署，贯穿"绿水青山就是金山银山"理念，描绘了实现中华民族永续发展的蓝图。党的十九大报告提出了推进国家治理体系和治理能力现代化的重大命题，加快生态文明体制改革，建设美丽中国，并指出贯彻绿色发展理念、着力解决突出环境问题、加大生态系统保护力度和改革生态环境监管体制等实施路径。

此阶段通过改革攻坚环境治理体系，结合现代环境治理框架体系的构建谋篇布局：在内涵逻辑上，以人与自然生命共同体的认知指引"人及其活动"的环境治理，以及环境保护中建立自然保护观；在构建目标上，呼应"人们对美好生活的向往"和构建民生福祉，靶向建设美丽中国；在政策机制上，突出环境组成要素与空间差异化结合管治，相应出台并完善法律、标准和相关规章制度；在行动路径上，结合我国阶段目标（全面建成小康社会）、应急形势和长远目标（"双碳"目标、生态环境根本好转）制订攻坚战方案。

（二）2018 年 5 月到 2020 年 3 月

该阶段为坚决打好打胜污染防治攻坚战，以生态环境保护优异成绩决胜全面建成小康社会的关键阶段。2018 年全国生态环境保护大会召开后到 2020 年 3 月现代环境治理体系文件印发，可以看出该阶段的环境治理路径和实践，如伴随全面建成小康社会的发展目标，生态环境分区管治和绿色发展有序推进，污染攻坚战持续进行，环保督察开展"回头看"，洋垃圾实施杜绝式管控，以及"无废城市""三线一单"（生态保护红线、环境质量底线、资源利用上线和生态环境准入清单）等治理手段的推进等。

在肯尼亚首都内罗毕召开的第四届联合国环境大会上，我国同其他联合国会员国的环境部长在大会最终声明中表示，将支持以创新举措应对气候变化、塑料污染和资源枯竭等环境挑战，通过可持续的消费和生产模式迈向可持续的未来。

2018 年是生态文明建设和生态环境保护事业发展史上具有重要里程碑意义的一年。这一年，以习近平同志为核心的党中央对加强生态环境保护、提升生态文明、建设美丽中国作出一系列重大决策部署。

一是出台污染防治攻坚战作战计划和方案。国务院印发《打赢蓝天保卫战三年行动计划》。经国务院同意，印发柴油货车污染治理、城市黑臭水体治理、农业农村污染治理、渤海综合治理、水源地保护等攻坚战实施方案或行动计划。中共中央办公厅、国务院办公厅印发《贯彻落实〈中共中央 国务院关于全面加强生态环境保护 坚决打好污染防治攻坚战的意见〉任务分工方案》。

二是全面推进蓝天、碧水和净土保卫战。在蓝天方面，成立区域联防联控领导小组，制订符合季节特征的攻坚方案，推进能源深化改革，开展低碳试点示范；在碧水方面，推进集中式饮用水水源地环境整治，消除黑臭水体，推进"三线一单"试点工作，组建长江生态环境保护修复联合研究中心，完成 2.5 万个建制村环境综合整治；在净土方面，出台农用地和建设用地土壤污染风险管控标准，基本完成全国农用地土壤污染状况详查，持续推进六大土壤污染防治综合先行区建设和 200 多个土壤污染治理与修复技术应用试点项目。国务院办公厅印发《"无废城市"建设试点工作方案》，禁止洋垃圾入境，推进垃圾焚烧发电企业达标排放。

三是大力开展生态保护和修复。15 个省份初步划定生态保护红线，其余 16 个省份基本形成划定方案。生态环境部等七部门联合开展"绿盾2018"自然保护区监督检查专项行动。国务院批准新建自然保护区 11 处。

四是严格核与辐射安全监管。运转国家核安全工作协调机制和风险防范机制，推进伴生放射性矿开发利用企业环境辐射监测，推动中低放废物处置场规划编制。

五是加强生态环境风险防范。推进全国化工园区有毒有害气体预警体系建设。发布首批《优先控制化学品名录》，开展全口径涉重金属行业企业排查。规范生活垃圾焚烧发电建设项目环境准入，依法推进项目建设。

六是不断加强合作与交流。推动联合国气候变化卡托维兹大会取得成功，稳步推进公约履约和绿色"一带一路"建设。启动"中法环境年"，推进中非环境合作中心建设。成功举办"中国环境与发展国际合作委员会"（国合会）2018 年年会。

七是大力开展宣传和舆论引导。落实例行新闻发布制度，发布《公民生态环境行为规范（试行）》，启动"美丽中国，我是行动者"主题实践活动，颁授绿色中国年度人物。全国首批 124 家环保设施和城市污水垃圾处理设施向公众开放。

党的十九大报告提出，生态文明建设成效显著，生态环境保护任重道远，我们的工作还存在许多不足，为了更好满足人们在经济、政治、文化、社会、生态等方面日益增长的需要，必须坚持人与自然和谐共生，树立和践行"绿水青山就是金山银山"的理念，坚持节约资源和保护环境的基本国策，像对待生命一样对待生态环境，统筹山水林田湖草系统治理，实行最严格的生态环境保护制度,在全面建成小康社会决胜阶段,统筹推进经济建设、政治建设、文化建设、社会建设、生态文明建设。

2020年3月,中共中央办公厅、国务院办公厅印发《关于构建现代环境治理体系的指导意见》,初步建立领导责任、企业责任、全民行动、监管、市场、信用和法律法规政策七大体系,构建清晰的任务体系,完善环境保护治理体系框架。七大体系覆盖了行为主体、治理依据、目标体系、监督实施等方面,是现代环境治理体系的任务体系。行为主体是政府、企业、社会组织和公众,政府主体又包括中央和地方政府,以及政府各相关部门;治理依据是政策法规;信用、监管是市场机制发挥作用的保证。

(三)2020年3月至今

该阶段为加快构建服务"三新"(把握新发展阶段,贯彻新发展理念,构建新发展格局)、减污降碳协同增效、高质量发展高水平保护协同推进、加快推进美丽中国建设体系的阶段。

从2020年3月开始,该阶段的环境治理路径和实践主要表现在:进一步提升生态环境质量;结合"双碳"目标推行减污降碳工作;伴随疫情防控,制定环境保护"十四五"规划、持续推进生态环境分区管治、流域保护、污染治理等工作。

该阶段是我国现代化建设进程中具有特殊重要性的阶段,既有坚持稳中求进工作总基调,又有统筹常态化疫情防控、经济社会发展和生态环境保护的要求。在此阶段,生态环保工作更加突出精准治污、科学治污、依法治污,污染防治攻坚战毫不松懈,减污降碳成为该阶段及未来重要环保工作。

2021年是党和国家历史上具有里程碑意义的一年。中国共产党迎来建党100周年,第一个百年奋斗目标胜利实现,全面建成小康社会,开启全面建设社会主义现代化国家、向着第二个百年奋斗目标进军的新征程。党的十九届六中全会通过《中共中央关于党的百年奋斗重大成就和历史经验的决议》,用一章阐粹党的十八大以来党和国家事业取得的历史性成就、发生的历史性变革,对实现第二个百年奋斗目标提出明确要求。全国生态环境系统切实把握全会精神,通过持续改善生态环境质量,推进生态环境治理体系和治理能力现代化，续写生态文明建设新篇章，为全面建成社会主义现代化强国夯实绿色根基。

二、生态环境治理的成就经验

（一）主要成就

党的十八大以来，生态环境保护工作继往开来，发生了翻天覆地的变化。在习近平生态文明思想科学引领下，全国生态环境质量明显改善，居民环境幸福感、安全感和获得感增强提升，环境治理体系初步构建，中国环境故事的世界传播及实践意义重大。

1. 现代化环境治理体系的构建

一方面，为适应当今世界百年未有之大变局，我国在世界环境治理要求下提供环保实践方案，体现了大国在环保领域的贡献与担当。另一方面，中国特色社会主义进入新时代，在"两个一百年"奋斗目标的历史交会点，推进现代化环境治理体系的构建，是实现美丽中国目标的重要任务之一。尤其是整个环境治理框架体系的构建，从领导责任到企业自觉，从法律法规到实时监管，从市场体制到全民行动，从违法追责到信用机制建立，实现了全视角的环保治理，既汇总了历史经验，又规避了现阶段的风险，还奠定了未来环保治理的基础。

2. 重点环境问题的突破性进展

依据生态环境部 2022 年 5 月 27 日发布的《2021 中国生态环境状况公报》，在大气环境方面，2021 年监测的全国 339 个地级及以上城市平均优良天数比例为 87.5%，同比上升 0.5 个百分点；$PM_{2.5}$ 平均浓度为 30 $\mu g/m^3$，同比下降 9.1%；臭氧平均浓度为 137 $\mu g/m^3$，同比下降 0.7%。

地表水方面，长江流域监测的干流和主要支流水质均为优。黄河流域监测的干流水质为优，主要支流水质良好。饮用水水源方面，2021 年监测的 876 个地级及以上城市在用集中式生活饮用水水源断面点位中，825 个全年均达标，占 94.2%。全国近岸海域水质总体稳中向好，优良水质海域面积比例为 81.3%，比 2020 年上升 3.9 个百分点。

在自然生态方面，2021年，全国生态质量指数与2020年相比基本稳定。生态质量为Ⅰ类的县域面积占国土面积的27.7%，全国森林覆盖率为23.04%。全国各级各类自然保护地总面积约占全国陆域国土面积的18%。

3. 探索实现三个维度的实施手段

国家通过空间、资源和管理三个维度完善规划体系和标准指南。在空间维度，既重视"无废城市"建设，又兼顾农村环境治理。2021年，生态环境部会同国家发展和改革委员会、工业和信息化部、财政部等17个部门和单位联合印发《"十四五"时期"无废城市"建设工作方案》；同年，生态环境部等7部门联合印发《"十四五"土壤、地下水和农村生态环境保护规划》。在资源维度，既强调生态环境分区管治，又强化海洋生态环境保护规划。如2021年，生态环境部印发《关于实施"三线一单"生态环境分区管控的指导意见（试行）》；2022年，生态环境部等6部门联合印发《"十四五"海洋生态环境保护规划》；2021年，中共中央办公厅、国务院办公厅印发《关于进一步加强生物多样性保护的意见》。在管理维度，既重视区域生态治理，又强化流域综合治理，如发布《区域生态质量评价办法（试行）》《大运河生态环境保护修复专项规划》《长江三角洲区域生态环境共同保护规划》《成渝地区双城经济圈生态环境保护规划》《重点海域综合治理攻坚战行动方案》。

4. 近期与远期相结合，建立长效机制

"十四五"时期，我国生态文明建设进入以降碳为重点的战略方向、推动减污降碳协同增效、促进经济社会发展全面绿色转型、实现生态环境质量改善由量变到质变的关键时期。因此，应以实现减污降碳协同增效为当前环境保护工作的总抓手，长期以统筹污染治理、生态保护、应对气候变化、促进生态环境质量持续改善为任务。目前的生态管理工作应以强化生态保护与修复监管，协同做好碳达峰、碳中和工作，加快建立健全现代环境治理体系，实现生态环境根本好转为长远目标。

（二）主要经验

历时10年，环境治理体系始终立足"六个必须坚持"。

1. 坚持以人民为中心

坚持以人民为中心，应满足人们日益增长的优美生态环境需要，加快改善生态环境质量，提供更多优质生态产品，还老百姓蓝天白云、繁星闪烁、清水绿岸、鱼翔浅底，鸟语花香、田园风光，应强化生态环境联建联防联治，坚持生态优先与绿色发展，切实提升人民群众生态获得感、幸福感和安全感，构建生态环境治理的社会参与机制。

2. 坚持习近平生态文明思想

环境治理体系要以习近平生态文明思想引领美丽中国建设，牢牢把握推进生态文明建设的正确方向。党的十八大以来，生态环境保护之所以能取得历史性成就，发生历史性变革，环境治理体系之所以能够快速、健康地发展，根本在于习近平生态文明思想的引领。

3. 坚持社会、经济和环境效益结合

在认识和处理经济发展与环境保护的关系上，应坚持两个原则：一是发展经济绝不以牺牲生态和环境为代价，要在加强环境治理、生态优先基础上推动经济发展；二是加强环保治理不搞"一刀切"，不突破经济安全运行的底线，担当社会责任，坚持在发展中保护、在保护中发展。

4. 坚持体系的完整性和结构的合理性

在现有环境治理体系下，相关部门应立足本阶段我国生态环境保护领域的法律制度、核心政策、改革举措、创新举措和实践经验，从环境治理体系的主要参与主体即党政机关、企业、社会团体等入手，对下一阶段工作任务作出指导，确定各方权责，深入推进领导责任体系、企业责任体系、全民行动体系、监管体系、市场体系、信用体系、法律法规政策体系"七大体系"。

5. 坚持多元化主体，积极发挥社会治理效能

坚持多元化主体，应创新生态治理模式，构建党委领导、政府主导、企业主体、社会组织和公众共同参与的现代环境治理体系。多元参与的方式能使党委、政府、企业、社会组织和公众等主体共同参与生态文明建设的全过程，通过各主体之间的合作共赢，推动全民环境保护行动，提升社会治理的效能。聚焦党中央关注、人民群众反映强烈的突出问题和薄弱环节，比如降碳减污新技术新应用研发滞后，存在"一刀切"执法，不作为乱作为，基层建设薄弱、相对滞后等，提出一系列环境治理手段和改革创新举措。推进生态文明建设要以解决这些法治领域突出问题为切入点和着力点，固根基、扬优势、补短板、强弱项，务求取得突破、取得实效。

6. 坚持基于中国国情与借鉴国外经验有机结合，牢牢把握推进生态文明建设的国内、国际两个大局

面对世界百年未有之大变局，无论是扩大对外开放、深化国际合作，还是防范化解风险，都要求我们辩证认识和把握国内外大势，深刻认识错综复杂的国际环境带来的新矛盾、新挑战，协调推进国内治理和国际治理。现代环境治理体系着眼强化系统思维，对加强环境保护国际合作工作水平作出安排，为推动形成公正合理的国际环境保护规则体系提供"中国方案"。新时代推进生态文明建设，要把加强国际合作摆到更加重要的位置，适应高水平对外开放工作需要，积极推动构建人类命运共同体。

三、生态环境治理的主要问题

在看到我国生态文明建设和生态环境保护取得显著成绩的同时，我们还要深刻认识到，当前国内外环境正在发生着深刻复杂的变化，我国经济发展外部环境仍然存在较大不确定性，生态环境保护面临的形势依然严峻，推进生态环境治理体系和治理能力现代化面临多重挑战。

1. 经济发展的不确定性带来更多挑战

从国际上看，世界经济仍处在国际金融危机后的深度调整期，环境问题、经济问题和政治问题相互关联，对预期管理、政策实施带来影响。单边主义、保护主义、逆全球化违背历史潮流，不仅不利于资源高效配置，影响全球经济发展，还会对全球生态环境保护和应对气候变化造成很大负面影响。从国内看，一些地方和部门对保护与发展的辩证关系认识不足，推动绿色发展的能力不强、行动不实，重发展轻保护的现象依然存在。经济下行压力增大，使得全国特别是重点区域传统高耗能行业规模明显扩张，增大了环境质量改善难度。

2. 生态环境治理仍然存在短板和薄弱环节

目前，我国以重化工为主的产业结构、以煤为主的能源结构、以公路货运为主的运输结构尚未根本改变，城市污水管网不配套、土壤和地下水污染防治不足、固体废物与化学品管理薄弱、农业农村污染防治滞后、自然生态和海洋生态环境监管基础薄弱、生态环境治理投入不足和渠道单一等问题突出。

3. 生态环境质量实现根本好转的目标任务艰巨

我国生态环境质量受自然条件变化影响较大，特别是大气环境质量受气象条件影响明显，稍有松懈就可能出现反复；水环境质量虽然总体改善，但地区间不协调不平衡问题突出；近岸局部海域污染依然严重；土壤污染防治仍然面临严峻形势。

相关部门应正视这些问题和挑战，切实把思想和行动统一到党的二十大精神上来，在坚持巩固、完善发展、遵守执行生态文明制度上持续用力。

第二节　新时期生态环境保护规划

本节将按照"价值—制度—行动"框架，对国家治理体系现代化中的生态环境规划使命与定位进行具体分析。

一、价值层面的生态环境保护规划

治理体系的构建首先要以先进的治理理念为价值基础，否则构建的治理体系将会盲目而缺乏前瞻性。生态环境是关系党的使命、宗旨的重大政治问题，也是关系民生的重大社会问题。"十四五"期间乃至更长时间，生态环境规划应具有五重核心价值。

1. 生态环境保护规划的文明伦理价值：规范人类与自然关系的秩序规则

生态环境保护规划的理论核心是基于生态伦理，旨在重塑修复人与自然的内在联系和内生关系，蕴含着非常重要的人与自然和谐平等的生态观思想，而非简单的人类中心主义。生态环境保护规划的文明伦理价值中，应首先树立自然价值理念，确保生态系统健康和可持续发展的优先地位，从过去的注重要素保护修复转变为注重系统保护修复，从过去面向结果的工程型治理转变为面向源头的管控型治理，今后还要将"山水林田湖草沙一体化"的生命共同体系统服务功能提升为价值导向的环境管理，从根本上保护生态系统的功能性和完整性，协调生态环境保护与经济发展、资源利用的关系，山水林田湖草沙生命共同体理论为自然界的整体认知和人与生态环境关系的处理提供了重要的理论依据，为生态文明建设奠定了重要的思想基础。

2. 生态环境保护规划的国家战略价值：平衡保护与发展关系的构架范式

在我国现行的市场经济体制和行政管理体制下，生态环境保护工作常常面临环境保护与经济发展的"囚徒困境"，日常工作也常陷入面向人工存量环境的污染治理与面向自然存量环境的生态环境保护的双重重压之下。自我博弈和顾此失彼的矛盾制约了生态环境保护的工作效能，而各种利益相关者在经济增长和环境保护中所形成的"多重利益循环博弈"进一步加剧了环境保护的执行困境。伴随着生态文明国家战略的逐步深入、共识逐步达成、制度逐步完善，生态文明建设的重要地位进一步明确。过去，我们更多关注生态环境的"供"，而忽略了"需"，致使生态环境产品和服务的供给不充分、不均衡，不能有效满足需求。"绿水青山就是金山银山"的重要论断打破了保护与发展难以平衡的惯性思维，扫除了旧思想的束缚，新的生态环境规划将为这种平衡提供一种构架范式，进一步推进生态环境保护工作进入长效良性轨道。

3. 生态环境保护规划的发展质量价值：保障资源与资产关系的品质底色

中共中央、国务院印发的《生态文明体制改革总体方案》明确提出："树立自然价值和自然资本的理念，自然生态是有价值的，保护自然就是增值自然价值和自然资本的过程，就是保护和发展生产力，就应得到合理回报和经济补偿。"这是生态文明体制改革基本理念之一。生态环境保护规划不是不要发展的规划，更不是不让发展的规划，而是推动新旧动能转化，实现高质量发展的应有之义、重要指标、创新动力。生态环境保护规划是奠定自然或生态资源的"价值认定与管理—价值评估与核算—价值交易与补偿"的依据与逻辑框架，进而为构建反映市场供求和资源稀缺程度、体现自然价值和代际补偿的资源有偿使用和生态补偿制度，构建以改善环境质量为导向并且监管统一、执法严明、多方参与的生态环境治理体系，构建更多运用经济杠杆进行环境治理和生态保护的市场体系，构建充分反映资源消耗、环境损害和生态效益的生态文明绩效评价考核和责任追究制度奠定基础，最终为"绿水青山就是金山银山"找到一条高效、和谐、持续的实现路径。

4. 生态环境保护规划的财富均衡价值：维系效率与公平关系的动态平衡

改革开放 40 余年，我国经济腾飞，创造和积累了雄厚的物质财富，同时社会主要矛盾已转化为人们日益增长的对美好生活的需要和不平衡不充分的发展之间的矛盾。我们解决了私人物品的短缺问题，却面临公共物品短缺的新状态。习近平总书记在海南考察时曾指出："良好的生态环境是最公平的公共产品，是最普惠的民生福祉"。这一科学论断不仅阐述了生态环境的公共产品属性，更深刻说明了生态环境与民生之间的紧密联系。当前，我们面临着社会财富分配不均衡的风险，应更公平地满足人们对洁净的水、清新的空气、安全的食品等基本公共产品和优美的环境等优质生态产品的需求。通过生态公平倒逼经济效率，既包括生产效率，也包括组织效率、法治效率、政策效率，避免发展赤字累积导致整个社会系统天平的失衡加剧。

5. 生态环境保护规划的整体治理价值：建立权利与责任关系的制度闭环

生态环境保护规划要体现治理的属性，就必须站在国家治理思维的高度认知自身价值，即追求实现横向到边、纵向到底的，整体性、统筹性的，"权、责、利"闭环的设计。生态环境治理体系作为一个完整的运行系统，由治理主体、治理对象、治理手段、治理机制和治理绩效等组成。通过这些组成要素的系统设计构建一个有机协调又具弹性的体系，方能形成强大的治理能力。为此，相关部门必须避免规划"就环境论环境"的专项思维，避免"规划统筹力度不够与其他政策工具混合发力"的碎片化局面，避免"规划规划，墙上挂挂"的弱实施困境。新时期，生态环境保护规划应全面系统梳理和统筹整合制度、法规、政策、技术，实现相互之间的有机衔接，并在此基础上，健全和完善生态环境保护规划实施、监督、评估、考核机制、激励和容错纠错机制，推动生态环境保护规划形成"编制—审批—实施—监测—评估—监督"的横向到边、纵向到底的整体性治理能力。

二、制度层面的生态环境保护规划

当前，面向新形势新任务新要求，各类规划正处在明确功能定位、理顺相互关系的关键时期，一旦确定，将决定每类规划在未来很长一段时间内的国家治理分工与话语权。基于中共中央、国务院印发《关于统一规划体系更好发挥国家发展规划战略导向作用的意见》（中发〔2018〕44号）的国家规划体系解析见表1-1。

表1-1　基于44号文的国家规划体系解析

规划类型	名称	内涵	地位作用	重点内容	编审机构
国家发展规划	中华人民共和国国民经济和社会发展五年规划纲要	是社会主义现代化战略在规划期内的阶段性部署和安排，主要阐明国家战略意图、明确政府工作重点、引导规范市场主体行为，是经济社会发展的宏伟蓝图，是全国各族人民共同的行动纲领，是政府履行经济调节、市场监管、社会管理、公共服务、生态环境保护职能的重要依据	统领作用，居于规划体系最上位，是其他各级各类规划的总遵循。①提高国家发展规划的战略性、宏观性、政策性，增强指导和约束功能；②发挥国家发展规划统筹重大战略和重大举措的时空安排功能	①聚焦事关国家长远发展的大战略、跨部门跨行业的大政策、具有全局性影响的跨区域大项目，把党的主张转化为国家意志，为各类规划系统落实国家发展战略提供遵循；②明确空间战略格局、空间结构优化方向以及重大生产力布局安排，为国家级空间规划留出接口；③科学选取需要集中力量突破的关键领域和需要着力开发或者保护的重点区域，为确定国家级重点专项规划编制目录清单、区域规划年度审批计划，并为开展相关工作提供依据	国务院组织编制，经全国人民代表大会审查批准
国家级专项规划	原则上限定于关系国民经济和社会发展全局且需要中央政府发挥作用的市场失灵领域。严格限定在编制目录清单内	指导特定领域发展、布局重大工程项目、合理配置公共资源、引导社会资本投向、制定相关政策的重要依据	支撑作用	围绕国家发展规划在特定领域提出的重点任务，制定细化落实的时间表和路线图，提高针对性和可操作性	国务院有关部门编制，其中国家级重点专项规划报国务院审批

规划类型	名称	内涵	地位作用	重点内容	编审机构
区域规划		指导特定区域发展和制定相关政策的重要依据	支撑作用	以国家发展规划确定的重点地区、跨行政区且经济社会活动联系紧密的连片区域以及承担重大战略任务的特定区域为对象，以贯彻实施重大区域战略、协调解决跨行政区重大问题为重点，突出区域特色，指导特定区域协调协同发展	国务院有关部门编制，报国务院审批
空间规划		以空间治理和空间结构优化为主要内容，是实施国土空间用途管制和生态环境保护修复的重要依据	基础作用，对国家级专项规划具有空间性指导和约束作用。①聚焦空间开发强度管控和主要控制线落地；②强化国家级空间规划在空间开发保护方面的基础和平台功能	①全面摸清并分析国土空间本底条件，划定城镇、农业、生态空间以及生态保护红线、永久基本农田、城镇开发边界，并以此为载体统筹协调各类空间管控手段，整合形成"多规合一"的空间规划；②为国家发展规划确定的重大战略任务落地实施提供空间保障，对其他规划提出的基础设施、城镇建设、资源能源、生态环保等开发保护活动提供指导和约束	国务院有关部门编制，报国务院审批

2018年，根据《国务院机构改革方案》，将环境保护部的职责，国家发展和改革委员会的应对气候变化和减排职责，国土资源部的监督防止地下水污染职责，水利部的编制水功能区划、排污口设置管理、流域水环境保护职责，农业部的监督指导农业面源污染治理职责，国家海洋局的海洋环境保护职责，国务院南水北调工程建设委员会办公室的南水北调工程项目区环境保护职责整合，组建生态环境部，作为国务院组成部门；将国土、水利、农业等部门的污染防治职责整合在一起，环保部门的污染防治职责得到加强。从环境保护部到生态环境部，短短两个字的变动，却意味深长——突出"生态"一词，意味着要打好污染防治攻坚战，生态保护与环境保护两者缺一不

可。这个变化给生态环境规划在国家规划体系中的定位也带来抉择，一种为稳健情景，定位为一般性的国家重点专项规划（见图1-1）；一种为积极情景，成为介于国家发展规划、国土空间规划两类规划与其他国家专项规划、区域规划之间的第三方保障型规划，地位和重要性高于一般性国家重点专项规划（见图1-2），可称为生态环境规划的双保障定位模型，是打好防范化解重大风险、精准脱贫、污染防治三大攻坚战的制度保障，是经济社会发展、国土空间开发的环境保障。

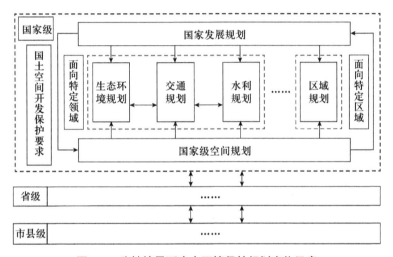

图1-1　稳健情景下生态环境保护规划定位示意

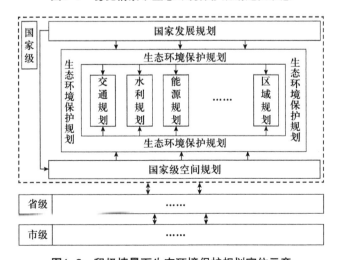

图1-2　积极情景下生态环境保护规划定位示意

我们更倾向于第二种积极情景定位，主要考虑以下三点：

①生态环境的系统性决定了生态环境保护规划不能定位为一般的专项规划。生态是统一的自然系统，是各种自然要素相互依存而实现循环的自然链条，是无法通过还原论的方法化整为零地解决的。山水林田湖草沙一体化的重要论述告诉我们，生态环境保护工作是要立足全局加以考量的，生态文明建设要全方位、全地域、全过程，要统筹兼顾、整体施策、多措并举地开展。

②生态环境保护工作的全局性决定了生态环境保护规划不能定位为一般的专项规划。基于机构改革的意图判断，持续打好蓝天、碧水、净土三大保卫战的要求以及生态环境部与自然资源部就生态保护红线的分工，可以看出生态环境保护工作呈现出"狠抓重点，聚焦人工环境污染防治"和"高位监督，聚焦生态环境破坏溯源追责"的新特点。若从源头治理的角度看，先前是环境保护工作对自然生态源的"保"和人为污染源的"控""治"都要抓，现在则是将人为污染源的"控""治"和自然生态源的"督"相结合。这种转变反映出中共中央对生态环境保护工作的主阵地定位：立足并守好人工环境系统，适当向自然环境系统延伸，专心构建起人与自然之间的"修复网"与"保护盾"。

③国家生态安全维护与治理的权力平衡性决定了生态环境保护规划不能定位为一般的专项规划。实质上，国家发展规划与国土空间规划的制定都存在潜在的生态影响，单独靠其自身解决并不合理，"绿水青山就是金山银山"的实现需要第三方规划加以防范和保障。新的生态环境保护规划若能实现面向生态环保业务的统筹编制、面向发展规划与空间规划编制的环评影响防范、面向多规实施的环境监督、面向生态系统功能价值核算、面向生态环境责任的协同治理"五位一体"的内容设计与机制创新，生态环境保护规划将会具有更加科学合理的位置，并与国家发展规划和国土空间规划产生良性互动，而非单纯的约束与被约束的关系，且会使自身发挥更为关键的作用，并在很大程度上扭转自身被动防污治污的"救火队员"角色，进而介入"查、测、溯、治"更为重要的源头治理环节。

三、行动层面的生态环境保护规划

基于我国空间地理的特征、环境承载力差异显著、地区间发展水平差距大、生态环境安全风险各异等现实国情，实施生态环境规划、进行分区管治是协调环境与经济发展、产业布局、城镇化建设的必要手段。十一届全国人大一次会议组建环境保护部，国务院批复的《环境保护部机关"三定"实施方案》确定"组织编制环境功能区划"为其主要职责之一，"环境功能区划"的出台确定了我国实行分区管理、分类指导的环境管理和政策框架。之后陆续发布的《全国生态功能区划》《关于贯彻实施国家主体功能区环境政策的若干意见》等文件，从环境要素（大气、水、土壤、生态等）和空间尺度（全国、省级、市县级等）两方面初步构建了环境功能区划技术体系，提出分区负面清单管理政策。同时，国家积极开展区域和城市层面的环境功能区划实践，2012 年至今，分别在吉林、四川等地开展环境功能区划编制实施试点工作；福州、广州、青岛等地开展城市环境功能区划研究；包头、郑州等城市建立了市级环境功能区划体系。这些工作主要以环境要素或专项环境功能区划为主，侧重点集中于如何开展环境功能区划。由于没有综合考虑生态环境、社会经济和人类健康等因素，与各类规划间有效衔接不足，环境保护统筹指导作用与力度有限，严重制约我国当前生态环境工作的系统化推进，与国家生态文明建设要求不匹配，与国家治理能力提升要求不匹配，因此开展生态环境规划编制创新势在必行。

《中共中央　国务院关于建立国土空间规划体系并监督实施的若干意见》提出，生态环境保护等相关专项规划可在国家、省和市县层级编制，不同层级、不同地区的专项规划可结合实际选择编制的类型和精度；相关专项规划要遵循国土空间总体规划，不得违背总体规划强制性内容，其主要内容要纳入详细规划；坚持山水林田湖草生命共同体理念，加强生态环境分区管治，量水而行，保护生态屏障，构建生态廊道和生态网络，推进生态系统保护和修复，依法开展环境影响评价。这为生态环境保护工作实现空间管控落地突破提供了历史性契机，一定要充分把握好和转化好。

（一）生态环境规划的编制创新

之前以构建国家空间规划体系为最终目标的"多规合一"工作中，通常认为空间规划的"正规部队"是城乡规划和土地利用规划。两者"异曲同工之处"在于：均立足空间，且法律支撑完备、行政管制强力、组织体系庞大以及技术方法缜密。相比"两规"的成熟度，生态环境保护规划仍显稚嫩，对空间的谋划几乎处于空白状态，在实施中常罗列一些泛泛的原则、标准，缺乏可操作性的实施导则和约束性指标，空间底盘"弱"成为生态环境保护规划工作的一个关键短板。为此，推进生态环境治理体系和治理能力现代化的一项最迫切的工作，就是以防污治污、生态保护为抓手，建立起长期性、制度性的空间落地单元，并将其做实、做精、做强。

新时代生态环境保护规划是"泛型转换"大于"技术转换"，要尽快启动生态环境保护专项规划的"顶层融通、技术打通、标准连通、体系顺通、策略贯通"工作，构建生态环境分区管治规划体系（见图1-3），使其与"五级三类"的国土空间规划体系（见图1-4）相呼应。其中，"五级"指国家、省、市、县、镇（可选），五级国土空间规划中包含生态环境分区管治；"三类"指总体、专项和详细规划三类规划。生态环境分区管治单元作为一种空间单元，一方面是国家级、省级、市级、县级的指标标准层层传导的技术和制度链环，另一方面是防污治污的修复单元、监测预警的决策单元、评估督察的责任单元、政策供给的管理单元和数据获取的统计单元的集成体。它遵循"生态优先、绿色发展，以人为本、提升品质，城乡统筹、区域协同，因地制宜、分类施策，全域覆盖、刚柔并济，事权明晰、以督定审"的原则，从底层大大强化了生态环境保护规划的治理能力和治理效能。

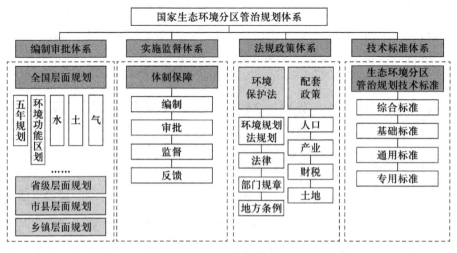

图1-3　国家生态环境分区管治规划体系构成示意

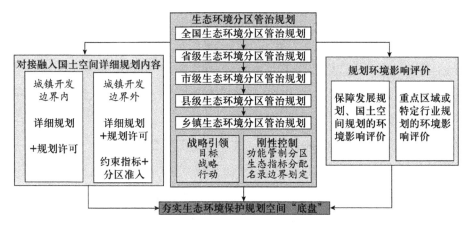

图1-4　"五级三类"生态环境分区管治规划体系示意

空间立"基"、数量立"尺"与质量立"规"构成生态环境分区管治规划的三个支点。空间立"基"，即识别生态空间安全格局、划定生态环境分区管治单元和设立合理开发强度要求，构建科学合理的生态空间管控体系，在国家和省级层面主要针对主体功能区的各个类型区，在市县层面是"三区三线"（城镇空间、农业空间和生态空间三种国土空间类型以及分别对应划定的城镇开发边界、永久基本农田保护红线和生态保护红线三条控制线的重要政策）划定空间，有利于区别对待、分区施策。数量立"尺"，是对生态空间与污染排放总量进行安排，确保区域发展的可持续性。质量立"规"，旨在保证生态系统的健康可持续发展，防止因生态系统退化造成生态安全问题。

（二）生态环境规划的实施创新

1.基于"大环境"观和"大系统"观升级宏观管理模式

"大环境"观和"大系统"观是可持续发展的基本理念，要按照全面改善环境质量的共同工作目标，研究和确定工作内容、任务分工，以改善环境质量的贡献作为各地区各部门工作绩效的评估依据。只有真正树立起这样的"大环境"观和"大系统"观，才能摒弃过去"有利大家上、有责大家让"的制度性缺陷，从而通过信息采集、系统协调和网状共享等途径，使生态环境部门的工作从以社会控制型为主的监督管理模式向综合服务型、社会统筹型的治理模式转变。

2. 以"公平有效"为核心改进资源配置方式

需用好空间、总量、准入三大机制。应高度重视生态环境分区管治，将绿色化融入城镇化，更加注重城乡统筹、大中小城市和城镇统筹、人口资源环境的协调，构建生态、生活、生产空间均衡有序、功能互补的发展格局。在空间管控方面，应以高效利用空间资源为目标，优化存量空间，严控增量空间，实现生态、农业、城镇三大空间统筹发展。在总量管控方面，应以提升环境质量为目标，以环境容量为约束，积极削减排放总量，实现紧凑集约、高效绿色的发展。在准入调控方面，需按照不同地区的环境标准，制定严格的产业准入标准和退出条件。根据各地区生态功能定位和区域经济发展的实情，强化产业准入负面清单，优化产业结构，有序化解过剩产能。做好开发强度、资源环境承载力以及生态功能价值之间的转换，实现发展、保护、修复、治理的协同性和整体性。

3. 以"共建共治共享"为目标深化多元社会治理

完善党委领导、政府负责、民主协商、社会协同、公众参与、法治保障、科技支撑的社会治理体系，推动政府、企业、社会组织和公众的共同参与，有利于生态环境保护工作的全面深化开展。应充分发挥社会团体、行业协会等在反映民生需求、递送公共服务、畅通群众诉求、调节社会冲突等方面的作用，加强政府与社会组织之间的沟通协作以及不同社会组织之间的相互配合，运用多元化的管治手段，包括工程、行政、技术、经济、法律、宣传等，促进生态环境管理目标更好、更高效地实现。鼓励公众参与、构建以生态文明为导向的多元协作机制和文化价值体系。应充分利用环境信息服务平台、产业整合孵化平台推动服务供给与需求有效对接。提高全民素质，强化价值观、社会观、发展观的培育，保障公众的知情权、参与权、表达权、监督权，构建人本精神、法治精神、自治精神和谐统一的现代环境文化价值体系。

4. 以"互联网 + 大数据"为手段赋能生态环保队伍

科技是生态环境保护工作的强盛之基，是实现生态环境治理体系和治理能力现代化的技术支撑。应积极探索"互联网 +"，实施生态环保大数据工程项目，运用物联网、云计算、大数据、地理信息集成等新一代信息技术，促进生态环境保护规划、建设、管理和服务智慧化的新理念和新模式。大力加强生态环保信息化能力建设，赋能生态环保人员队伍。充分发挥生态环境领域相关高等院校、科研院所、各类企业等的作用，协同合作，突破科研、生产的瓶颈，为实现全国污染源的实时在线监控提供技术保障。大力培育环境科技创新主体，促进科技成果资本化、产业化，并提升科技成果转化率。

5. 以健全强化生态文明管理体制保障规划效力

习近平总书记指出："只有实行最严格的制度、最严密的法治，才能为生态文明建设提供可靠保障。"生态文明管理体制应围绕生态环境保护规划，加快开展编制审批、实施监督、法规政策与技术标准四大体系建设，探索建立规划责任人或许可人制度；同时，还应实行最严格的生态环境保护制度，深化生态文明制度改革，完善经济社会发展考核评价体系，进一步完善党政同责、一票否决等生态文明建设和生态环境保护的政治责任制度，建立健全责任追究制度，建立健全生态环境保护督察制度，建立健全资源生态环境管理制度，统一行使生态和城乡各类污染排放监管与行政执法职责，建立统一的生态环境监测预警体系，构建产权清晰、多元参与、激励约束并重、系统完整的生态文明制度体系。

第三节　生态环境分区管治的内涵

2015 年 9 月，为加快建立系统完整的生态文明制度体系，加快推进生态文明建设，增强生态文明体制改革的系统性、整体性、协同性，中共中央、国务院印发《生态文明体制改革总体方案》，明确提出，构建以用途管制为主要手段的国土空间开发保护制度，完善主体功能区制度，划定并严守生态红线，着力解决过度开发、生态破坏、环境污染等问题。对此，我国生态空间管治亟须健全和完善生态空间管治制度，引导和约束各类开发行为，为生态环境管理提供更多的政策管治工具，推进生态环境治理体系和治理能力现代化。

一、生态空间的内涵特征

（一）生态空间的概念界定

在生态学中，为维持自身的生存与繁衍，任何生物体或种群都需要一定的环境条件，一般把处于宏观稳定状态的种群所需要或占据的环境总和称为生态空间。广义上，生态空间被认为是"任何生物维持自身生存与繁衍所需要的环境条件"，即处于宏观稳定状态的物种所占据的环境总和。狭义上，生态空间是指承载自然生态系统的空间地域范围。

2010 年，国务院印发《全国主体功能区规划》，将国土空间分为城市空间、农业空间、生态空间和其他空间。

2017 年，国土资源部（现为自然资源部）印发《自然生态空间用途管制办法（试行）》，将生态空间定义为："本办法所称自然生态空间（以下简称生态空间），是指具有自然属性、以提供生态产品或生态服务为主导功能的国土空间，涵盖需要保护和合理利用的森林、草原、湿地、河流、湖泊、滩涂、岸线、海洋、荒地、荒漠、戈壁、冰川、高山冻原、无居民海岛等。"

2020 年，自然资源部办公厅印发《省级国土空间规划编制指南》（试行），将生态空间定义为："以提供生态系统服务或生态产品为主的功能空间。"并明确提出，国土空间规划依据重要生态系统识别结果，维持自然地貌特征，改善陆海生态系统、流域水系网络的系统性、整体性和连通性，明确生态屏障、生态廊道和生态系统保护格局；确定生态保护与修复重点区域；构建生物多样性保护网络，为珍稀动植物保留栖息地和迁徙廊道；合理预留基础设施廊道。生态保护应优先保护以自然保护地体系为主的生态空间，明确省域国家公园、自然保护区、自然公园等各类自然保护地布局、规模和名录。重点生态功能区指以生态系统服务功能重要、生态脆弱为主的区域。该类区域的功能定位是，保障国家生态安全、维护生态系统服务功能、推进山水林田湖草沙系统治理、保持并提高生态产品供给能力的重要区域，推动生态文明示范区建设、践行绿水青山就是金山银山理念的主要区域。

这些空间类型的划分方式是从全国范围的视角将各种用地分类，便于管理，实施的是用途管制。但对于本书来说，生态空间不仅仅包括绿色生态空间和其他生态空间，它的含义应当更为广泛，其内涵应主要是生态功能的承载空间和环境，融合了《全国主体功能区规划》《自然生态空间用途管制办法（试行）》和《省级国土空间规划编制指南》（试行）中定义的生态空间。

（二）生态空间的功能特征

体现生态功能的空间具有以下特征。

1. 多样性

生态空间的生态要素类型多样，主要包括河流、林地、草地以及自然保护区、森林公园、风景名胜区、地质公园、湿地公园、世界文化自然遗产、饮用水水源地等各类自然生态保护区域。

2. 稳定性

在一定时期内，生态空间具有一定的动态稳定性，通过生态环境功能的自我调节，具有保持或恢复自身结构和功能相对稳定的能力，能够在很大程度上克服和消除外来干扰，保持自身稳定性，建立生物与其环境条件相互协调的关系。

3. 价值性

生态空间具有生态价值，通过复杂的生物关系维持平衡，能够对空间环境起到稳定调节作用，提供人类生存的环境条件，如湿地生态系统的蓄洪防旱功能、森林和草原防止水土流失的功能等。

4. 整体性

生态空间是由多种生态要素组成的，是多个系统的集成，相互作用，相互关联，通过生物关系整合，并且具有一定的范围，界限比较清晰，具有一定结构与功能的整体性。

（三）生态空间的构成要素

生态空间的构成要素多样，主要包括绿色生态空间和蓝色生态空间两大类。具体细分构成要素包括：河流、湖泊、坑塘、海洋等蓝色生态空间以及乔木林、灌木林、乔灌混合林、竹林、疏林、绿化林地、人工幼林、稀疏灌丛、天然草地、人工草地等绿色生态空间要素。依据上述要素对生态空间格局的影响程度，并基于相关法律法规及规划的分区管治要求，将生态空间的构成要素分为以下几类。

1. 生态本底类自然要素

根据生态空间的特点，将作为生态系统本底的自然类要素概括为山、田、河、湖、林五大要素，基本能涵盖所有的生态用地，实现对现有生态空间的全覆盖。

2. 资源保护和风险避让类要素

资源保护方面指具有人文、生态、科学或历史等价值，自身较为敏感并且需要加以保护的要素，如饮用水源保护区、名胜古迹、自然保护区、地质遗迹等。风险避让方面既包括自然灾害避让，指为满足城市安全的基本需求，应加以规避的自然灾害隐患地区，如具有地震风险、地质灾害、洪涝灾害等的地区；也包括危险源或污染源防护，指对于易产生较大负面影响、存在重大危险和污染隐患的产业项目和城市基础设施建设，如易燃、易爆或易产生其他次生灾害的供气、供电、输油等重要生命线系统，以及易产生次生污染的垃圾、污水、粪便处理设施等。

3. 生态空间格局类要素

这类要素对构建该生态空间格局起到关键性作用，包括城市绿带、生态绿楔、生态廊道、城镇绿化隔离等。由于人类活动对自然界的干扰，生态空间不断缩小。一些生态环境维护较好的国家和地区，采用生态网格化结构维持生态功能，保护生态环境的自平衡能力。

（四）生态空间的作用

一般来说，生态空间的作用主要表现为以下几个方面。

1. 提供生态服务价值，生产生态产品

同农产品、工业品和服务产品一样，生态产品都是人类生存发展所必需的。功能主要体现在：吸收二氧化碳、制造氧气、涵养水源、保持水土、净化水质等。

2. 限制城市的无限制蔓延

通过强制保留或设计实现隔离。

3. 保持生物多样性

保护不可预知的良性生物关系，有利于生态环境的平衡。

4. 为公众提供休闲游憩场所

这样可以从景观角度保留生态空间。

二、生态环境分区管治的内涵界定

生态环境分区管治是指在一定时期和国土空间范围内，通过生态功能评价、生态要素溯源、生态保护等技术手段进行差异化分区，并开展分区施策和针对性管治的生态空间用途管制手段。

（一）基本原则

制定国土空间生态环境分区管治制度，既要考虑管治的内涵，又要考虑生态环境的差异性，同时兼顾可操作性和长远目标的要求，并据此提出以下基本原则和重要内容。

1. 全覆盖原则

应坚持全空间、全要素和全角度的生态环境管治，从生态底线思维到生态优先逐步提升，从局部提升到整体提升，进而实现从狭隘的人本主义到人适应生态环境的转变。

2. 分级管治原则

应坚持分级管治，落实事权范围。按照行政辖区和行政管理特点，划分生态环境分区管治的权限，实现自上而下的管理制度。

3. 分区管治原则

应坚持按不同分区确定差异化的管治措施，逐步推进标准化管理模式，有效实现生态要素的全环境提取和对症管治。

4. 全面规划、合理布局原则

本原则包括以下四方面：一是生态环境保护规划与国民经济和社会发展计划相结合，二是生态环境保护规划与国土空间规划相结合，三是生态环境保护规划与其他专项规划相结合，四是全面推进生态环境保护规划工作。

5. 溯源管治原则

应坚持从"末端治理"向"全过程治理"转变，应用生态环境溯源理论，在维护生态效益的基础上，对各类开发利用活动评估，依据评估结果实施管治，达到"未病先防"的目标。

6. 法治化管治和社会化管治相结合原则

生态环境分区管治既要发挥法治的强制性，又要发挥社会监督的作用，

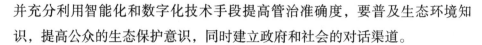

并充分利用智能化和数字化技术手段提高管治准确度，要普及生态环境知识，提高公众的生态保护意识，同时建立政府和社会的对话渠道。

7. 生态环境有偿干扰原则

应正确处理中央与地方在生态环境管治上的目标差异，有效发挥生态环境的资源属性和资产属性，在生态系统平衡能力值区间内，在环境容量许可范围内，对于生态环境的任何干扰行为，通过影响评估进行经济补偿或处罚，用于生态环境保护的再投入，情节严重的进行法律制裁。

（二）构成要素

生态环境分区管治由生态功能挖掘、生态空间布局、用途管治、管治制度、维护修复、实施保障等要素构成。

1. 生态功能挖掘

生态功能挖掘指在特定生态空间中解析对生态环境起稳定调节作用的功能，比如湿地生态系统的蓄洪防旱功能，森林和草原防风固沙和防止水土流失的功能，林地的防灾减灾和节能功能。生态功能挖掘集中体现了空气、水、土地、生物等的生态价值，并在"自然－社会"系统中发挥着积极作用，是人类生存和发展的基础。

2. 生态空间布局

生态环境分区管治规划要综合考虑主体功能定位、空间开发需求、资源环境承载能力和粮食安全，明确生态空间保护目标、总体格局、重点区域，明确生态空间用途分区和管制要求，明确生态空间各构成要素安全格局。

3. 用途管治

生态保护红线原则上按禁止开发区域的要求进行管理，严禁不符合主体功能定位的各类开发活动，严禁任意改变区域用途，严格禁止任何单位和个人擅自占用和改变用地性质，鼓励按照规划开展维护、修复和提升生态功能的活动。如国家重大战略资源勘查需要，在不影响主体功能定位的前提下，可在依法批准后予以安排。生态保护红线外的生态空间，原则上按限制开发区域的要求进行管理。按照生态空间用途分区，依法制定区域准入条件，明确允许、限制、禁止的产业和项目类型清单，根据空间规划确定的开发强度，提出城乡建设、工农业生产、矿产开发、旅游康体等活动的规模、强度、布局和环境保护等方面的要求，由同级政府予以公示。

4. 管治制度

应从严控制生态空间转为城镇空间和农业空间，禁止生态保护红线内的空间任意转为城镇空间和农业空间；加强对农业空间转为生态空间的监督管理，未经国务院批准，禁止将永久基本农田转为城镇空间。相关部门应鼓励城镇空间和符合国家生态退耕条件的农业空间转为生态空间。生态空间与城镇空间、农业空间的相互转化利用，应按照资源环境承载能力和国土空间开发适宜性评价，根据功能变化状况，依法由有批准权的政府进行修改调整。

① 禁止新增建设用地突破生态保护红线，确因国家重大基础设施、重大民生保障项目建设等无法避让的，由省级政府组织论证，提出调整方案，经自然资源部同有关部门提出审核意见后，报国务院批准。生态保护红线内的原有居住用地和其他建设用地，不得随意扩建和改建。严格控制新增建设项目占用生态保护红线外的生态空间。符合区域准入条件的建设项目，涉及占用生态空间中的林地、草原等，按有关法律法规规定办理；涉及占用生态空间中其他未作明确规定的用地，应当加强论证和管理。应鼓励各地根据生态保护需要和规划，结合土地综合整治、工矿废弃地复垦利用、矿山环境恢复治理等各类工程实施，因地制宜促进生态空间内建设用地逐步有序退出。

② 禁止农业开发占用生态保护红线内的生态空间，生态保护红线内已有的农业用地，建立逐步退出机制，恢复生态用途。应严格限制农业开发项目占用生态保护红线外的生态空间，符合条件的农业开发项目，须依法由市县级及以上地方人民政府统筹安排。生态保护红线外的耕地，除符合国家生态退耕条件，并纳入国家生态退耕总体安排的，或因国家重大生态工程建设需要外，不得随意转用。

③ 要有序引导生态空间用途之间的相互转变，鼓励向有利于生态功能提升的方向转变，严格禁止不符合生态保护要求或有损生态功能的相互转换。科学规划、统筹安排荒地、荒漠、戈壁、冰川、高山冻原等生态脆弱地区的生态建设，因各类生态建设规划和工程需要调整用途的，依照有关法律法规办理转用审批手续。

④ 在不改变使用方式的前提下，依据资源环境承载能力，对依法保护的生态空间实行承载力控制，防止过度垦殖、放牧、采伐、取水、渔猎、旅游等对生态功能造成损害的行为，确保自然生态系统的稳定。

5. 维护修复

应按照尊重规律、因地制宜的原则，明确采取休禁措施的区域规模、布局、时序安排，促进区域生态系统自我恢复和生态空间休养生息。可实施生态修复重大工程，分区分类开展受损生态空间的修复。集体土地所有者、土地使用单位和个人应认真履行有关法定义务，及时恢复因不合理建设开发、矿产开采、农业开垦等被破坏的生态空间。应树立山水林田湖草沙是一个生命共同体的理念，组织制定和实施生态空间改造提升计划，提升生态斑块的生态功能和服务价值，建立和完善生态廊道，提高生态空间的完整性和连通性。可制定激励政策，鼓励集体土地所有者、土地使用单位和个人，按照土地用途，改造提升生态空间的生态功能和生态服务价值。

6. 实施保障

应强化管理机制的构建，建立自然资源统一确权登记制度，推动建立归属清晰、权责明确、监管有效的自然资源资产产权制度，促进生态空间有效保护。同时，部门应加强协同，实现生态空间的统筹管理和保护。

三、生态环境分区管治的主要任务

国土空间生态环境分区管治制度不同于以往的环境保护制度，预期性更强，管治要求更高，管治过程更高效，不仅突出源头管理和过程管理，还突出了生态优先和生态文明的更高要求，不仅突出环境保护，还强调绿色发展。主要包括以下重要内容。

1. 严格控制各类生态功能载体

生态环境管治制度应按管理层和实施层两个层级落位，国家、跨省区域和省级层面重点健全法律法规体系，包括优化传统环保法律体系、制定生态环境分区管治法、制定地方规章；在此基础上推进专项治理，包含八类专项治理行动和制定绿色发展路径。从市县层面对国土空间提出的"三区"实施生态环境管治，管治重点因区而异，结合智能化、数字化、可视化监控管理。通过"三区"治理工作，实现生态空间按照生态优先前提，限制开发项目审批。农业空间最大程度限制控制面源污染，限制农药和化肥类别，土壤严重污染地区实行休耕和生态安全修复；城镇空间发挥生态调节效能，加强污染排放管理，提高和保障生态功能空间强度和密度；在镇村层面重点开展生态红线管治工作，落实精准。

2. 确定生态环境补偿标准制度

补偿制度的实施可以划分为三个级别：跨省级区域的由中央确标；省内的由省级生态环境行政管理单位确标；市内的由市级生态环境行政管理单位确标。对于以往生态环境扰动程度，各区域可以评估影响程度，提出管治要求，建立补偿标准，通过区域统筹确定补偿对象，通过法治监管实施到位。

3. 奠定法律基础，推进依法管治制度

生态环境分区管治还应在现有基础上，按照生态环境分区管治的新要求，可通过生态环境分区管治的法律、法规、规章、规范性文件和制度性文件，明确管治范畴、管治政策和相关标准；确定分区管治实施事权机构，建立专业队伍，分解日常管理，建立上下协同的长效管理机制。

4. 确定管治责任人制度

责任人应明确选拔标准和责任范围，规定责任内容，应建立相关管治规定、违规违法处理制度等。还应建立责任人定期巡查制度，可按照月度、季度、年度报告形式上报上级生态环境行政管理机构。接到报告后，上级部门应开展督查工作，通过抽查及评估反馈相关意见，包括维持现状、优化提升和全面整改三方面内容。责任人管治采用聘任制，聘期为一年，原则上不限制聘任次数，优先选聘前任管治责任人。对于聘期内出现失误的管治责任人，应根据影响程度给出整改自评、不再续聘、通报批评并承担一定处罚、行政诉讼等四类处理方式。

5. 加强生态环境保护规划管理，建立目标评价制度

在管治制度建立过程中，相关部门应依法制定生态环境保护规划，依法加强专项规划编制和审批管理，创新生态规划理念和框架体系，科学确定生态规划方法，综合考虑生态价值评估、地域特色、空间管治等多种因素，把生态优先、源头管控、分区施策、底线控制、区域补偿、生态发展等生态文明理念融入生态环境规划全过程。只有从区域生态系统的高度确定生态价值，才能制定生态优先和生态功能保障的作用机制。应统筹协调国民经济和社会发展规划、国土空间规划、各类专项规划工作，进一步完善提升生态功能，提高生态治理水平。

6. 建立公约制度

通过宣传媒介，开展全民行动，实施社会监督管理。生态文明关乎人类的未来与发展，与公众息息相关。应充分调动公众参与的积极性和创造性，建立公约制度，有效保障生态环境分区管治的成果。

7. 制定生态环境分区管治考核机制

各级部门应在上报考评、暗访抽查、年度或季度点评、上下双向考评、管治责任人制度、大众舆论监督（网络舆情）等方面建立考核标准和机制，并周期性推进。通过奖罚有度的处理办法维护公平合理的生态环境分区管治制度。

第四节　生态环境分区管治的时代要求

生态环境分区管治是生态文明在空间方面的重大创新和载体抓手，是推进城乡高质量发展的重要技术手段。生态环境分区管治应在用途和功能管控基础上更进一步地治理，通过多元（多要素、多空间、多维度、多线路、多角色）的对话、多方的协调合作以达到发挥最大效益的目的。因此，国土空间生态环境分区管治制度的建立必须注重实际意义、具有基本原则、把握重要内容、明确保障措施。

一、生态环境分区管治的迫切要求

当前中国生态环境分区管治的主要特征体现在以下几方面。

一是由末端治理向全过程管理转型。传统的环境管理注重末端治理，未包括提高资源利用效率、清洁生产等过程控制措施，仅依靠末端治理难以推动我国环境治理手段统筹性、全局性的根本性改变。

二是污染物排放总量控制向以环境质量改善为核心目标的转型。目前，在环境管理自上而下的考核评价中，大多依赖量化指标，对质化评价的使用较少，导致重数量、不重质量的管理倾向。企业将污染治理看作是政府强加的负担，管理手段缺乏灵活性。

三是发展模式向技术创新转型。我国环境污染治理技术创新不足，环境治理技术市场的相关制度机制不完善，环保企业投入环境技术研发受限于经济收益和回收周期，获得的利润不足以激励企业转换为以技术创新为主的发展模式。

针对这些特征，我国生态环境分区管治迫切需要明确治理模式和要求。

（一）依法治理是基石：推动量化、质化"双评价"

1. 量化评价的发展历程及存在的问题

中国的环境评价制度以明确的考量数值或基准值作为评价依据，强调数字任务达标的量化评价，该量化评价以环境保护目标责任制为核心。2006年，《国民经济和社会发展第十一个五年规划纲要》提出，"十一五"期间，全国化学需氧量、二氧化硫两种主要污染物减排10%，并实行排放总量控制，下发了每个省份的减排计划表。"十二五"期间，对化学需氧量和二氧化硫排放总量提出了量化的总量减排目标，新增了氨氮和氮氧化物排放总量目标，继续实行问责制和"一票否决"制。"十三五"期间的主要减排目标除了四个主要污染物外，还增加了挥发性有机物排放总量减排的新指标。环境质量改善、总量减排目标均未完成的地区，暂停新增排放重点污染物建设项目的环评审批，暂停或减少中央财政资金支持，必要时列入环境保护督查范围。

我国传统环境管理制度是围绕污染减排和总量控制设计的，但总量控制制度与环境质量不挂钩，主要依靠量化评价，层层分解指标。由于条块分割现象严重，缺乏统一监管机制，常常导致"总量控住了，环境却恶化了"的管理悖论。量化评价指标使环保工作成为污染企业的固定任务，缺乏相应的绩效追求，随着经济、生态环境愈加复杂化，单一的命令控制型政策手段难以根据现实情况做出灵活的调整，量化治理工具不能完全肩负起新时期国家环境改善目标的重任。过度重视量化评价，易使地方政府在环境管理事务中过于重视法律标准明确规定的相关环境指标，而对指标之外的内容缺乏重视。单一的量化主导评价不利于环境部门的总体能力建设，政府难以建立起系统性、整体性的环境治理能力。除此之外，任务指标导向增加了环境数据质量失实的风险。有学者研究表明，上级对下级的刚性量化的"一票否决"式环保考核，不仅削弱了上级对下级专业性指导的空间和影响力，而且减少了同层级的不同政府部门间的合作，这是量化评价面临的突出问题。因此，探索能促进同级合作而非过度竞争、保证地方政府治理的灵活性、提升环保部门工作人员的职业认同感和使命感的新评价方式，显得十分必要。

2. 量化评价和质化评价的内涵

量化评价以工具理性为主要理论基础，核心是对效率的追求，就是通过实践的途径确认工具（手段）的有效性，从而追求事物的最大功效。量化评价以下达具体任务数值或数量为手段，有着明确的评价要求，按照达到任务的数值进行考核，优点是精准、固定性强、易操作、易推广。固定数值的任务指标导致这类评价方式的灵活性不足、实施手段和方法相对单一。污染物排放总量控制、环境质量目标、污染物排放标准等是典型的量化评价制度。

质化评价以价值理性为主要理论基础，即一定行为的无条件的价值，强调动机的纯正和选择正确的手段去实现目的。质化评价通常只给出一个定性化目标，没有相对数值或数量的规定，通过实地查看、问询、第三方调查等方式进行定性化评价和判断。其优点是灵活性大、变异性强和丰富性高，同时将多元主体引入评价体系中。但根据质化评价的强制程度，可能面临选择性执行、受外部环境影响导致执行偏离等风险。环保监督、信息公开、公众满意度等属于环境质化评价。

3. 质化评价的实施路径

环境质量改善是生态文明建设的总体目标和核心任务，环境管理需要加强对质化评价的环境管理新型工具研发，建立与量化评价相辅相成、相互统一，并与之形成治理合力的环境管理新制度。质化评价要求中央主要在宏观上统筹制定环境政策，给予地方引导和指导，通过环保督察、推动信息公开、开展公众满意度调查等方式督促地方执行环保政策；省级或区域层面，以中央下达的环境质量目标为底线，在达到量化指标要求的同时，注重环境保护工作的全方位推进，注重经济效率、公众满意度等质化效果，因地制宜选择与当地污染源特征适应的环境政策工具；市县一级主要负责在管辖范围内执行环境保护法及国家环境保护政策，综合应用多种环境政策手段监督和控制地方环境污染。政府部门一方面要加强自身质化评价能力建设，另一方面应该积极了解居民对于生态环境的各项建议意见，开展环境质量居民满意度调查，了解居民、非政府组织、企业等社会各方的环境治理满意度，并将其作为质化评价的重要内容。在推动质化评价过程中，可以适当弱化目前的环保目标一票否决机制，在继续完善考核评估体系的基础上，以"弱排名"推动地方环保机构能力建设的均衡发展，更加注重政策效率、公众满意度等质化指标，构建可持续的环境治理体系，提升地区环境治理能力。

（二）科学治理是途径：探索"环境治理许可人"制度

1."环境治理许可人"制度的意义

"环境治理许可人"概念借鉴于医药领域的药品上市许可持有人制度。与发达国家相比，我国环保产业规模仍旧不大，排名较前的几个上市环保企业的研发人员和研发投资均处于较低水平，其中一个主要原因就在于我国的环境治理技术市场的相关制度机制尚不完善。环保企业投入环境技术研发受限于经济收益和回收周期，获得的利润不足以激励相关企业采取以技术创新为主的发展模式。环保治理企业很难直接通过环境技术创造经济利润，只能依靠出售环保设备或服务，导致其发展模式受制于因环境技术研发的不确定性带来的高成本。技术研发前期投入成本大，而后期能够通过产业化转换为收益的技术又相对有限，限制了环保治理企业在科研领域的发展。目前，在环境技术主要依靠专利机制获利的背景下，新研制的污染治理技术对于使用方存在诸多不稳定性，如效果在实施前不能得到有效检验，反馈机制的缺乏导致难以构建环保领域技术创新应用的全生命周期机制，应用新技术的企业面临着技术、产品失败带来的各项风险。

污染排放企业追求的是排污达标，以最小成本完成污染治理要求，自主研发环保新技术的激励有限。如果能够引入环境领域的"环境治理许可人"制度，将环境治理领域的技术研发和产品生产分离，相关研发主体就可以通过环境技术的许可授权获取收益。同时，研发主体可以为新技术的市场化运行、预期的污染治理效果负责，以克服新技术运行效果不稳定、不确定等问题，在提高研发动力、获取足额的经济激励的同时，可以建立一种治理技术市场化应用的全生命周期责任机制。技术供给方必须承担一部分可能出现的环境损害风险，避免出现"劣币驱逐良币"的逆向选择。另外，推进"环境治理许可人"制度还可以在一定程度上促进环保信息交流，整合相关资源，使领域内技术研发力量形成合力，避免环境技术研发过程中的重复建设。

2. "环境治理许可人"制度的功能

（1）调动企业环境技术研发的积极性，推动污染治理市场发展

"环境治理许可人"制度能够保障技术研发者在市场上获取经济利益的权利，通过技术研发后续市场化获得足额经济回报，抵消了研发企业高成本导致的研发积极性不高，疏通企业通过自主研发获取经济收益的通道。当环保研发的市场规模扩大，研发收益增加时，能引导企业或机构加大对环境技术的投入以及社会资本的进入，促进市场上环保技术的优胜劣汰。双向的信息交流与自主选择避免了环保技术的"劣币驱逐良币"效应，保障环保治理技术市场的健康发展。

（2）调动"环境治理许可人"的监督积极性，推动第三方污染治理

"环境治理许可人"制度可以和现有的污染环境第三方治理制度相结合。在第三方治理制度下，污染治理企业委托第三方污染治理公司投资和运行治污设备，为第三方治污公司提供收益，第三方治污公司有动力监督企业生产经营活动，确保排放达到标准要求。根据我国第三方治理的运营模式，可以在特许经营、政府和社会资本合作等模式中规范技术要求，政府优先授权获得"环境治理许可人"认证的企业加入第三方治理队伍。

（3）解决技术专利机制存在的责任链条不健全的问题

目前，环境技术研发的获益主要源于环境技术专利的授权，但技术专利缺乏有效的反馈机制与责任链条，当环境技术在应用过程中出现不稳定、治理效果无法得到保障时，使用技术的企业是唯一的责任主体。"环境治理许可人"制度将技术与市场的反馈机制作用于研发机构和排污企业，通过改善相关技术的治污效能提高经济收益，同时承担技术不稳定的赔偿责任；排污

企业可通过市场信息降低污染治理技术选择的不确定性，推动拥有优秀环境技术的主体获得更大的市场份额，提高整个行业的技术配置效率。

3."环境治理许可人"制度的实施路径

（1）积极开展制度试点

开展"环境治理许可人"制度试点是制度推进的一项重要内容。在试点选择时，可以考虑以行业为试点单元，在治污技术相对简单的可以标准化、结构化的重污染行业率先推行。在系统梳理各个行业环境技术的基础上，按照生产阶段、技术特点、技术提供主体等因素将技术适当拆分或组合成相对独立、完整的部分，以便于"环境治理许可人"制度的技术识别工作。

（2）建立风险监管体系

"环境治理许可人"需要系统性的风险预防管控机制。政府须承担市场自发监管范围外的监管职责，如对拟准入市场的环境技术制定规范标准的审核体系，提供实施技术后的环境治理成效共享平台，以降低市场信息不对称带来的各种问题，保障环境治理技术持有者的合法权益不受损害，界定清晰明了的技术权利界限和相关责任等。

（3）建立环保技术创新基金

应考虑"环境治理许可人"在承担风险与责任方面的能力。"环境治理许可人"制度将环境责任归由许可人承担，强化了许可人的责任，但需要关注许可人的赔偿能力。如果许可人是科研机构，若发生环境损害问题，可能无力赔偿。因此，应当积极建立与"环境治理许可人"制度相配套的绿色基金。初始资金由政府投入，后续资金可来源于国家税收补助、强制征收金以及民间资本。社会资金的引入使资金所有者共享环保研发带来的相关收益，但必须共同承担可能存在的风险、损害赔偿等，在保障受害者权益的同时提高技术供应方的风险抵御能力。

（三）精准治理是保障：落实环境质量底线和资源利用上线

1."两线"政策的提出

《"十三五"生态环境保护规划》和《"十三五"环境影响评价改革实施方案》提出要加快构建"资源利用上线和环境质量底线"（以下简称"两

线")。自然资源部正着力推动"双评价"（资源环境承载能力评价和国土空间开发适宜性评价）和"三区三线"，生态环境部则重点推动"三线一单"的空间落地，其中生态保护红线是两部门政策叠合的领域。自然资源部的"三区三线"更多是一种平面型、规模性的工具，生态环境部的"三线一单"则更多是一种立体型、质量性的管控工具。"两线"是生态环境部门提出的政策措施，生态环境部是保障"两线"取得成效的主责部门。

"两线"是我国环境领域全过程管理的重要体现，也是生态源头预防和系统管理的重要手段。环境质量底线和资源利用上线是生态环境保护参与国土空间精细化管理的重要手段和切入口。中国国土空间管理从以高速度建设为主导进入以高质量治理为标志的新时代，这种治理是以尊重国土空间的系统性规律和整体性绩效为核心导向的，是一场针对长期存在于国土空间规划、开发、管理领域的碎片化关系格局的深层次变革。

环境质量底线是以人为本思想的直接体现，目标是保障基本环境民生和安全的底线，维护人居环境与人体健康。资源利用上线是以坚持可持续发展为指引，推动绿色发展，坚持自然资源"只能增值、不能贬值"的原则，保障生态安全和改善环境质量。环境质量底线和资源利用上线是可持续发展的核心延伸，是加强生态文明建设的内在要求，其目的是实现环境质量改善和自然资源利用的有效平衡。"两线"之间相互影响、相互制约，通过协同发力的方式相互配合、共同作用，积极参与空间规划体系建设，与自然资源管理部门形成合力，充分体现强监管的统一性、穿透性、专业性，助力提高空间治理体系和治理能力的现代化水平。

2. 现有环境管理体制的不足

当前的环境管理存在三方面不足：一是环境管理体制、机制和政策碎片化，缺乏系统性；二是管理粗放，科学性不足；三是管理手段缺乏，以指标和任务管理为主，空间管控仍旧是短板。同时，在人与自然关系的界定、经济发展与环境保护的有机统一上，仍存在一定的认知偏差。

目前的环境管理以人类自身利益衡量为基础，忽略环境质量、自然资源的内在价值，将导致人与自然关系的失调。环境保护规划理论核心是基于生态伦理，重塑修复"人与自然的内在联系和内生关系"，蕴含着人与自然和谐平等的生态思想。以往的环境治理体系中，主要强调末端治理，即污染物的责任归属和处置问题，源头治理管控相对缺乏，导致我国虽然环境立法、管理体制严密，但环境质量仍然在一些地区出现了恶化的趋势。"两线"生态文明理念确保了生态系统健康和可持续发展的优先地位，从注重要素保护修复转变为注重系统保护修复，从面向结果的工程型治理转变为面向源头的管控型治理。"两线"政策的提出，强调了保护生态环境和发展经济是有机统一、相辅相成的，即生态环境是经济发展的基础，而经济发展是改善目前环境质量的必要过程。

3."两线"对环境管理的完善

（1）在源头延长环境准入管理，提升准入体系的科学性

"两线"的系统性特征，保障了其有效实施能够带来的环境管理整体性、全流程管理。"两线"将空间总体性管控和局部单元针对性管控相结合，为政府和企业提供了环境管理的空间可视化准则。同时，"两线"不受开发活动制约，能够在区域环境战略规划阶段落实预防性管理手段，延伸区域环境管理制度链条，保障环境管理手段的综合性和前瞻性。

（2）汇总统一精准的基础信息，提升准入体系的操作性

"两线"使用高精细数据，在政府部门间共享资料并对公众公开，能够提高多部门在生态环境领域的决策一致性，有助于整合多部门多领域的生态环境管理要求，减少基础性环评的重复工作，提高政府决策和管理效率，实现环境准入体系的高质量和高效率。

（3）与精细化环境管理政策相互补充

"两线"的总体性、综合性优势可以与精细化的环境管理政策（如规划环评、项目环评）相互配套、互为补充。"两线"可以作为配套政策的统领，为区域空间规划提供管控基础，有效协调后续环保政策的跟进，起到承上启下的作用。

4."两线"协同发力的建议

（1）与已有环境评价体系相结合

目前的资源环境评价制度体系以目标责任制为抓手，对特定资源、污染物制定了管控目标，"两线"的协同发力需要与其他领域的管控要求相结合，

将资源利用上线与国内生产总值能耗、水耗、能源消费总量、单位工业增加值能耗、绿色产业产值等量化评价指标相结合，将生态环境、资源消耗联动起来，综合制定各类指标的政策目标；将生态环境质量底线与空气污染物浓度、AQI（空气质量指数）、各类水体占比、水中各类污染物浓度、土壤中各污染物含量、植被覆盖率、碳汇等指标相结合。"两线"与已有的评价体系相结合，是推动其落地的重要前提。

（2）建立完善跨部门的协调机制

由于"两线"协同发力涉及多个部门，包括生态环境部、自然资源部、国家发展和改革委员会、水利部等，需要建立、完善跨部门的协调机制。可以通过部门联动，综合考虑各种因素对政策的影响，本部门政策与其他部门政策之间的融合，注重政策之间的协调搭配；建立跨部门间的资源共享机制，打破资源壁垒，平衡资源要素，确保"两线"落地。

综上所述，在生态环境评价中，引入的质化评价与量化评价相结合，能够提升政策执行的质量，促进生态环境治理多领域的全面发展、均衡发展，形成更加注重政策效率、公众满意度等内涵提升的政策导向。"环境治理许可人"制度保障了环保技术研发所带来的经济收益，保障了环保技术的持续创新，同时将责任制落实到具体的环境治理过程中，有效提高了环境技术的配置效率，减少了整个社会的污染治理成本。"两线"将尊重国土空间的系统性规律和整体性绩效纳入环境管理行动当中，提高了环境管理的整体性、协同性。需以依法治理为基石，以科学整理为途径，以精准施策为保障，加快构建现代环境治理体系。

环境管理手段创新是提高我国环境管理效能的关键。针对现有制度存在的缺陷不断进行完善与变革，与时俱进，厘清管理政策之间的相互关系，结合时代特征制定新的、行之有效的管理机制，是未来环境管理发展改革的必由之路。构建现代环境治理体系，必须加快推进生态文明顶层设计，形成导向清晰、决策科学、执行有力、激励有效、多元参与、良性互动的环境治理体系。既要构建系统完备、科学规范、运行有效的制度体系，也要把制度优势更好地转化为治理效能，综合运用行政、市场、法治、科技等多种手段，全面提升生态环境治理能力现代化水平。在这个过程中以"依法、科学、精准"为导向，通过环境管理手段创新是重要内容，是推动生态文明建设、建设美丽中国的必经之路。

二、生态环境分区管治的规划衔接

生态环境分区管治不应独成体系，而应在贯彻落实战略性规划的基础上，与落地型规划充分衔接。

（一）全面落实主体功能区战略

生态环境分区管控以主体功能区战略为重要依据，落实主体功能区战略确定的开发保护格局、经济社会发展战略，是主体功能区战略在生态环境领域里的延伸与落地。优先保护单元与国家重点功能区、"三区四带"国家生态安全屏障匹配，覆盖了全国 67.1% 的森林和 72.1% 的草原生态系统。重点管控单元与国家经济社会发展战略格局一致，覆盖了全国总人口规模的 76.7% 和 GDP（国内生产总值）总量的 86.7%，涵盖 2 543 个开发区及 3 700 多个各类产业聚集区。

生态环境分区管控从生态环境保护角度，将主体功能区战略的 4 类（优化、重点、限制和禁止）开发区域在空间上进一步细化为优先保护、重点管控、一般管控单元，与主体功能区的开发与保护格局相匹配。例如，对某重点生态功能区进行细化：将该县生态地区中以生态保护红线为主体的区域划分为优先保护单元，以生态环境保护为主；将城镇和工业园区（集聚区）等人口密集、资源开发强度大、污染物排放强度高的区域，划分为重点管控单元，加强环境管理；其他区域为一般管控单元，为发展留出弹性空间。

（二）充分衔接国土空间规划

1. 充分衔接

《全国国土空间规划纲要（2021—2035）》的主要核心是"三区三线"的统筹划定，"三线"面积占全国陆域国土面积的 45% 左右（12%+31%+2%）。"三线"划定过程中，体现耕地保护优先原则，先划耕地红线，生态保护红线与耕地红线有重叠时，调整生态保护红线，再划城镇开发边界。耕地红线管理落地，带坐标、带边界、带面积、带责任人，数、线、图一致。截至2023 年 1 月，全国已经有 20 多个省份公示了省级国土空间规划，北京、上海完成城市总体规划。各省级空间规划构建了覆盖全域的发展与保护格局，划定了"三区三线"，明确了农业发展、生态保护、城镇建设、交通、水利、能源、文旅等空间格局。

《中共中央 国务院关于深入打好污染防治攻坚战的意见》明确提出，加强生态环境分区管控。这就要求衔接国土空间规划分区和用途管制要求，将生态保护红线、环境质量底线、资源利用上线的硬约束落实到环境管控单元，建立差别化的生态环境准入清单，加强"三线一单"成果在政策制定、环境准入、园区管理、执法监管等方面的应用。生态环境分区管治与国土空间规划的衔接包括以下几方面。

（1）采用同一套基础底图

生态环境分区管控与国土空间规划采用同一套基础底图。按照国家基础地理信息标准数据有关规定，生态环境分区管控与国土空间规划共用基础地理信息数据，并系统整合资源环境和规划区划数据，构建了生态环境分区管控基础底图，即 2000 国家大地坐标系、1985 国家高程基准。

（2）共守一条生态保护红线

生态环境分区管治和国土空间规划应共同严守自然资源与生态环境两部门联合划定的生态保护红线，共同制定生态保护红线管控规则。生态环境分区管控不产生新的生态保护红线方案，不增加或者减少生态保护红线管控规则，生态保护红线方案及规则发生调整时自动更新。水源保护区、自然保护地、森林公园等法定保护区采用统一的边界，遵守法定保护要求；若保护区边界范围及保护要求发生变化，则遵守变化后的边界及保护要求，自动更新。

（3）支撑优化国土空间规划

生态环境分区管控应基于土壤污染详查结果实施土壤环境分区管控，对重污染耕地和污染地块实施重点管控。在国土空间规划确定永久基本农田时，需要将重污染耕地划出。同时，应加强严格管控类耕地风险管控，鼓励采取种植结构调整、退耕还林还草、退耕还湿、轮作休耕等措施，确保严格管控类耕地全部实现安全利用。在城镇开发边界内，落实建设用地土壤污染风险管控和修复名录制度。以用途变更为住宅、公共管理与公共服务用地的污染地块为重点，强化用地准入管理和部门联动监管，有序推进风险管控和修复。

（4）充分衔接分区成果

优先保护单元与国土空间规划采用同一套生态保护红线成果，并保持动态衔接。优先保护单元还包括红线外法律法规明确要求保护的其他生态功能重要区域，如以饮用水水源保护区、湿地保护区、环境空气质量功能区一类区等为主体的区域，具体区域遵守红线及法定保护区要求。应以生态环境要素结构—过程—功能为基础，基于排放特征、质量状况和目标要求，考虑大气的区域传输反应关系，流域水污染物产汇流和上下游、左右岸统筹治理关系等，衔接乡镇、街道、园区边界、流域边界等，划定管控单元。重点管控单元为其中质量改善压力大、排放高、风险高的区域，既包括城镇开发边界内的区域，也包括城镇开发边界外农业面源污染突出、生态破坏突出、土壤污染重点防控等环境风险高的区域。一般管控单元为优先保护单元和重点管控单元以外的其他区域，包括部分基本农田和国土空间规划未明确属性的区域。

（5）衔接国土空间分区分类用途管制制度

以国土空间规划［《中共中央 国务院关于建立国土空间规划体系并监督实施的若干意见》（中发〔2019〕18号）］为依据，对所有国土空间分区分类实施用途管制。因地制宜制定用途管制制度，为地方管理和创新活动留有空间。生态环境准入清单充分衔接国土空间规划用途管制要求，将国土空间规划用途管制要求作为空间布局准入要求的重要依据，同时还提出基于生态环境角度的空间布局准入要求，如高排放的企业不应布局在城市上风向，排放有毒有害物质的企业不应布局在毗邻水源保护区上游的区域等。

2. 各有侧重

（1）管控对象不同

国土空间规划管控的是土地单元宗地和地块。生态环境分区管控的是环境单元，包括大气环境基于模拟网格的控制单元、水环境的流域控制单元、土壤环境的地块单元以及综合管控单元等。

（2）管控要求不同

国土空间规划立足国土空间用途管制，旨在明确各地块、各宗地"干什么"。生态环境分区管控则立足生态环境质量改善，充分考虑污染排放传输扩散规律，旨在明确各流域、各区域、各单元生态环境管理要求。

（3）管控尺度不同

国土空间规划细化到地块管理，尺度相对较小（亩、平方米）。生态环境分区管控是按照生态环境要素属性特点和流域控制单元确定，尺度相对较大（乡镇、园区、10平方千米尺度）。在地块上简单叠加所有的环境管控要求，会造成海量的数据冗余和不必要的巨额管理成本。

3. 协同发力

国土空间规划明确不同国土空间的土地用途，生态环境分区管控明确不同环境单元的环境行为，二者不可相互替代，可以充分衔接、协同发力，共同支撑形成有利于资源节约和环境保护的空间布局、产业结构、生产方式、生活方式。

（1）制度衔接

国土空间规划和生态环境分区应充分衔接、做好空间规划编制和分区管控指导文件起草，做好顶层设计。

（2）方案衔接

在省（自治区、直辖市）方案制订和修订过程中，做好基础数据、具体方案和管控要求的衔接，加强信息共享，避免矛盾冲突。

（3）应用衔接

在省（自治区、直辖市）、市（县）、园区等尺度做好应用场景、管理流程、公共服务平台的衔接，简化程序，畅通环节。

三、生态环境分区管治的基本保障

1. 强化统筹协调

生态环境分区管治和国土空间用途管制之间应加强协同，建立一体化的制度框架体系，把好环境质量底线关，制定生态修复和生态优先战略，推进生态价值评估工作，打好环境污染防治攻坚战，提高实施效率。

2. 探索有效模式

建立长效机制，探索有效管理模式，应做到：一是将国土空间生态环境分区管治制度与国土空间体制、产业准入体制等形成一体化制度框架，提高分区管治的可行性；二是通过奖惩制度，将罚没收入全部用于生态环境分区管治工作中，同时，由市级政府加强专项补贴，保障分区管治的资金支持；三是通过管治责任人制度，落实到专人、专事、专地，提高分区管治的精准性；四是通过公约制度保障公众知情权和参与度，提高实施效率；五是通过不断完善技术体系，提高分区管治的科学性。

3. 抓好组织落地

工作机制应由生态环境部统筹、省级负总责、市县抓落实：自上而下分级管理，发挥生态环境行政主管部门的分级管治工作机制；自下而上实施社会监督，建立对话机制和渠道。生态环境部应加强对生态环境分区工作指导和督促，发布工作指南，对重点地区开展深入调查研究，加强专项指导，推行管治责任人选拔、培训、聘用和派遣制度（落实到县市一级）；省级生态环保主管部门发挥生态环境分区管治的主要作用，做好考核上报和逐级落实工作；市县人民政府负责生态环境分区管治的具体工作，接受管治责任人考核与指导，通过生态环境管理委员会落实各方责任，确保生态环境分区管治工作顺利开展。

4. 切实落实环境分区管治

青藏高原生态屏障区，要重点保护好多样、独特、脆弱的生态系统，发挥涵养大江大河水源和调节气候的作用。黄河重点生态区（含黄土高原生态屏障）、长江重点生态区（含川滇生态屏障），要重点加强水土流失防治和天然植被保护，发挥保障长江、黄河中下游地区生态安全的作用。东北森林带，要重点保护好森林资源和生物多样性，发挥东北平原水源涵养和生态安全屏障的作用。北方防沙带，要重点加强防护林建设、草原保护和防风固沙功能，对暂不具备管治条件的沙化土地实行封禁保育，发挥"三北"地区生态安全屏障的作用。南方丘陵山地带，要重点加强植被修复和水土流失防治，发挥华南和西南地区生态安全屏障的作用。

5. 推进文化支撑

各部门应倡导生态价值观，构建绿色导向的生态文化体系，加快培育与主体功能区生态环境保护要求相适应的管治要求，将生态文明教育纳入教育培训体系，融入社区规范、村规民约，提升关爱自然、循环节约、清洁环保及低碳绿色意识；加快培养与主体功能区生态环境保护要求相适应的管治方法，促进生态旅游文化以及绿色出行、绿色消费、生活节水节能的环保意识，构建全民参与的绿色行动体系；支持与主体功能区生态环境保护要求相适应的公众参与机制，引导社会组织在监督分区管治方面发挥积极作用。

第二章

生态环境分区管治理论与方法

生态环境分区管治理论与方法既是各项实用技术的集成，又是面向生态空间功能管治技术的创新。

第一节　生态环境分区管治研究综述

一、生态环境分区管治国外研究

国外对生态环境的管治较早，并形成了一整套行之有效的规划方法。

（一）国外生态环境管治理论分析

1. 区域主义管治

区域主义学者常用区域成长控制、区域交通、土地利用规划协调、区域税收资源共享等政策工具对城市空间发展进行管治。

2. 城市成长管理管治

城市成长管理管治最初使用的政策工具主要为"充足的公共设施条例"，即规定开发商只有承诺提供足够的基础设施后才能获得开发权。之后，随着成长管理概念的逐步发展，成长管理又逐步形成了一系列的政策工具，包括年度建设限制、城市增长地理边界限制、创新的分区制技术、土地保护项目、集群发展、开发权转移、开发权购买等。

3. 城市增长管理管治

以美国为例，在城市增长管理管治的长期实践和探索中，美国各地方政府结合本地实际情况不断对管理工具进行创新和实验，使得城市增长管理的工具远远超出了传统的综合规划、分区条例、土地分割管制和基础设施改造计划这4块基石的范畴。城市增长管理工具大致有以下几种。

（1）抑制增长类工具

这类工具主要包括绿带（绿环模式）、城市增长边界、扩建限制、建筑物许可证与开发限制、充足公共设施条例（APFO）、社区影响报告、环境影响报告、调整分区控制指标、设定增长标准、增长率限制、设定城市最终规模、暂停开发、投机开发限制、住房消费限制等。

（2）引导增长类工具

这类工具主要包括城市服务边界、开发影响费、公交导向型开发、税收激励机制与城市开发公司等。

（3）保护土地类工具

这类工具主要包括预留开敞空间、农田专区、转让开发权、社区土地信托、公共土地银行、土地保护税收激励机制、公共征购土地与购买开发权等。

4. 新城市主义管治

新城市主义提出用传统邻里开发（TND）和公共交通导向的邻里开发（TOD）来取代蔓延式开发模式。

5. 精明增长管治

精明增长措施主要包括以下类型工具。

（1）开敞空间保护

这类工具包括规划控制（环境限制、分区控制、开发权转移等）、减缓和契约限制、税收激励、土地许可等。

（2）发展边界

这类工具包括地方城市发展边界、区域城市发展边界。

（3）紧凑发展

这类工具包括传统邻里开发、公共交通导向开发、公共交通村落等。

（4）老区复兴

这类工具包括市中心和主要街道的再开发项目、棕地开发、灰地开发等。

（5）公共交通

这类工具主要包括地方公共交通项目、区域公共交通项目等。

（6）区域规划协调

这类工具主要包括区域政府、区域权威机构、区域基础设施服务区、州规划动议等。

（7）资源和负担共享

这类工具主要包括区域税收共享、区域可负担住房项目等。

6. 其他管治工具

除以上与各理论密切相关的管治工具之外，还有一部分已应用的管治工具并未明确所隶属的管治理论，其中主要包括控制地方尺度、地方规划控制、预留备用开发的土地、土地重整、混合用地发展模式（步行导向的开发模式）、紧凑城市等。

国外城市空间发展管治工具一览表如表2-1所示。从国外城市空间发展管治的发展过程可以看出，管治工具的发展演化同管治理论的发展相吻合，都经历了一个从硬性控制到软性协调管理的过程。不再单方面限制城市的空间发展规模或用途，而是对城市空间结构进行灵活性、引导式的管理，在明确城市空间发展大方向的前提下，采取软硬结合的政策手段，给予城市空间发展一定的自由，从而有效率地引导城市空间更高效、更紧凑地发展，进一步实现对城市规模的控制。

表2-1　国外城市空间发展管治工具一览表

依托理论	管治工具
区域主义管治	区域成长控制
	区域交通
	税收资源共享
	土地利用规划协调
城市成长管理管治	充足的公共设施条例
	年度建设限制
	城市增长地理边界限制
	创新的分区制技术
	土地保护项目

续表

依托理论	管治工具		
城市增长管理管治	集群发展		
	开发权转移		
	开发权购买		
	抑制增长类工具	绿带（绿环模式）	
		城市增长边界	
		扩建限制	
		建筑物许可证与开发限制	
		充足公共设施条例	
		社区影响报告	
		环境影响报告	
		调整分区控制指标	
		设定增长标准	
		增长率限制	
		设定城市最终规模	
		暂停开发	
		投机开发限制	
		住房消费限制	
	引导增长类工具	城市服务边界	
		开发影响费	
		公交导向型开发	
		税收激励机制	
		城市开发公司	
	保护土地类工具	预留开敞空间	
		农田专区	
		转让开发权	
		社区土地信托	
		公共土地银行	
		土地保护税收激励机制	
		公共征购土地	
		购买开发权	

续表

依托理论	管治工具	
新城市主义管治	传统邻里开发	
	公共交通导向的邻里开发	
精明增长管治 （精明增长工具箱）	开敞空间保护	规划控制（环境限制、分区控制、开发权转移等）
		减缓和契约限制
		税收激励
		土地许可
	发展边界	城市发展边界
		区域城市发展边界
	紧凑发展	传统邻里开发
		公共交通导向开发
		公共交通村落
	老区复兴	市中心和主要街道的再开发项目
		棕地开发
		灰地开发
	公共交通	地方公共交通项目
		区域公共交通项目
	区域规划协调	区域政府
		区域权威机构
		区域基础设施服务区
		州规划动议
	资源和负担共享	区域税收分享
		区域可负担住房项目
其他管治工具	控制地方尺度	
	地方规划控制	
	预留备用开发的土地	
	土地重整	
	混合用地发展模式（步行导向的开发模式）	
	紧凑城市	

资料来源：江河，刘贵利，陈帆，等．国土空间生态环境分区管治理论与技术方法研究 [M]. 北京：中国建筑工业出版社．

（二）国外生态环境管治实践分析

1. 荷兰的生态环境管治

荷兰的生态环境管治以有效控制城市盲目增长与保护生态环境为目的，是世界上率先将空间规划与环境规划协调整合的国家之一。国家层面规划主要是国家空间战略规划，由荷兰的住房、空间规划与环境部负责，核心任务是制定全国的空间发展战略及区域分工等内容，其中在环境规划领域主要制定生态空间划定及生态环境管治政策。区域和地方层面规划主要详细拟订地方的生态环境管治计划，由省政府和中央政府审查通过后实施。荷兰的规划整合既考虑环境规划和空间规划在内容与目标层面的协调、融合，也考虑不同利益群体（政府、市场、市民社会）的平衡、协商、妥协。荷兰规划整合的经验表明，生态文明时期需要平衡经济、社会、环境三方面关系，而非只单一制定严苛的环境保护门槛，限制其他两方面的发展。

国家层面规划一般规划期为30年，主要制定全国的空间和环境的发展目标及纲领，区域和地方规划层级起到约束力和指导作用。区域层面规划一般规划期为15年，由省级政府的规划部门制定，核心是对区域的空间和环境提出较具体的发展目标框架，作为下层规划的指导和约束原则，其严格程度比国家层面要弱，具有一定的灵活性。地方层面规划一般规划期为30年，由市政府的规划部门制定，需要依据国家和区域层面的发展框架，拟订地方的翔实发展计划，再交由省政府和中央政府审查，通过后方可执行。各级政府在分析地方发展的可能性后，考虑环境规划要求，进行环境影响评价；制定城市分区规划，规定每个分区的土地利用方式和相应的环境标准。这个层次的规划属于规划的操作层，编制更具体，执行更灵活。

《城市与环境法》是针对荷兰实施紧凑城市战略后制定的，以法律的形式规定了地方政府在制定空间规划的时候，如果规划项目符合特定条件就可以超出环境标准，但必须对环境危害进行其他形式的补偿。地方政府施行《城市与环境法》需要经过三个步骤：一是确定空间规划中可能对环境造成污染的内容；二是要证明在实践中尝试过解决污染问题但以失败告终；三是依据《城市与环境法》对原有环境规划进行修改，达到空间规划可以施行的程度，并且需要公开透明，强调公众参与，以各利益群体都可以接受的修改方式补偿污染危害。地方政府经过三个步骤修改后的空间规划只需要省级政府批准即可生效，但不能与中央政府制定的总体框架相抵触。

目前，我国在规划界对绿色发展规划的概念和方法仍处于探索中，并且环境规划落地较难，与城市规划的融合度较低，而城市发展也不断挑战环保底线。在面对城市与环境保护两难选择时，荷兰通过规划整合、中央约束与地方适度放权巧妙地缓解了矛盾，达到了共赢，为中国的生态文明建设提供了一定程度的借鉴和参考。我国推动生态文明建设，需要从制度建设和政策工具两方面进行整合，需要自上而下的行政支撑和自下而上的贯彻实施。地方政府是实施绿色规划的操作层，既要在法律上约束，也要结合当地实际情况，在具体过程中动态引导。实现绿色建设离不开各级政府以及各部门之间的协调联动。

2. 英国的绿地优先管制

英国国家公园的土地被称为"皇室领地"，在其中进行任何活动都需经过国家公园委员会批准。依托国家公园等重要生态功能区及联系通道划定绿带，实施最严格的生态管制政策，是英国空间规划体系中约束性和刚性最强的内容。绿带边界具有永久性，当地政府确定绿带边界后，很少有变动，不得已的变动掌握在中央政府手中，需要非常严格的变更程序。如新版《大伦敦空间发展战略》强调人口和经济的增长要限制在现有城市建成区范围内，建成区规模不再扩大，大伦敦外围的绿带以及市内的绿地等公共开敞空间不能受到侵犯。

在英国规划体系中，绿带是首要信条。绿带指环绕城市建成区或者城镇建成区之间的乡村开敞地带，包括国家公园、农田、林地、公墓及其他开敞用地，为居民提供开敞空间、户外运动和休闲机会，改善居住环境，保证自然保护区的利益。绿带一般由地方规划确定范围，绿带内的开发建设受到严格的限定。根据英国 2011 年 7 月版本的《国家规划政策框架草案》，设置绿带主要为了实现以下五个目标：限制建成区无限制蔓延；防止邻近的城镇合并为一体；保护乡村地区免受侵吞；保护历史城镇的肌理和特征；通过鼓励重复利用城市土地和废弃的城市土地来促进城市更新。

　　若辖区内有绿带，则当地规划管理部门依据详尽精准的土地地籍信息系统在编制地方规划时划定，并以此为绿带政策提供基础框架。一旦确立，除特殊情况外绿带边界均不可被修改。现存绿带边界的合理与否，只有在地区规划编制过程中或回顾检查时才会涉及。在规划编制或者检查时，规划人员应当从长远角度来考虑绿带边界的计划持久期，从而保证绿带边界在规划期后能够持续。

　　当划定或者检查绿带边界时，当地规划管理部门应当考虑可持续发展的需要。地方规划管理部门应考虑当开发活动被引导至位于绿带内部的城市地区、镶嵌在绿带中的城镇和村庄，或绿带以外的地区时，这些开发建设活动对可持续发展的影响。地方规划管理部门在划定绿带边界时应遵循以下基本原则：①应与地方规划总体策略保持一致性，确保可持续发展的需求。②应排除无须保持永久开放的土地。③应当确保在城市和绿带之间规划预留的保障土地，从而满足远远超过规划期限的长远发展需要。④应明确规划预留的保障土地不能用于当前的开发活动。只有当地方规划检查回顾中提出用于开发活动时，才可授予保障土地永久性开发的规划许可。⑤应使地方规划管理部门感到非常满意，绿带边界在规划期末不需要调整。⑥应当用容易识别和可永久持续的地物特征来划定边界范围。⑦如果村庄对绿带的开放性具有重要作用，那么村庄应当包含在绿带中；但如果因村庄个性特征需要保护，那么应当使用其他方式（如设立保护区域或者制定一般的开发管理政策），而且村庄应当从绿带中排除出去。

3. 德国生态功能管治研究

　　德国从20世纪90年代中期就开展了关于可持续空间发展的理论讨论。1998年颁布的《空间规划法》中明确提出，空间规划的主要理念之一是使"社会和发展对空间的需要与国土空间的生态功能相协调，并达到长久的大范围内平衡空间发展秩序，从而保证空间的可持续发展"。2006年6月30日，德国通过并采纳了《德国空间发展的理念与战略方案》，成为德国空间规划的指导方针，这一方案提出的三大理念：增长与创新、保障公共服务以及保护资源、塑造文化景观，为德国城市和地区提供了一个共同发展的战略。

　　德国实行的空间管治本着对未来世代负责的态度，保证社区内人性的自由发展，保护和发展自然生存基础，为经济发展创造区位前提条件，长期、开放地保持空间用途构建的可能性，强化部分空间所具有的、特别的多样性，在部分空间里建立平衡的生活环境，为欧洲共同体以及较大欧洲空间的联合创造空间上的前提条件。其遵循的原则如下。

① 在德国全部的空间内，必须平衡发展建设空间及自由空间结构。必须在建成区和非建成区范围内保护自然资源的功能性。在每个部分空间内必须努力实现均衡的经济、基础设施、社会、生态以及文化环境。

② 必须保持全部空间的分散式建设结构及其功能完善的中心和城市区域的多样性。居民区建设活动必须在空间上进行集中，并以功能完善的中心地系统为导向。对废弃的建成区土地的再利用必须优先于占用自由空间土地。

③ 必须维持和发展大空间性以及交叉性的自由空间结构，保护或者重建自由空间的土壤、水资源、动植物生态以及气候的功能。在顾及生态功能的条件下，保证对自然空间的经济和社会性利用。

④ 基础设施必须与建成区和自由空间结构协调一致。必须通过覆盖全区域的、功能型、技术性供应和排放基础设施，保证居民的基础供应。社会性的基础设施必须优先并入中心地点。

⑤ 必须保证密集空间的居住、生产和服务的重点地位。建成区的发展必须以交通系统的结合为导向，并且保护自由空间。通过构建交通网络以及高交通效率的交通枢纽来提升公共交通的吸引力。绿化范围作为自由空间体的一个元素必须予以保护，减少对环境的影响。

⑥ 作为生存和经济空间的农村空间，应针对其自身的特点规划发展，促进均衡的居民人口结构。作为部分空间发展承载者的农村空间，其中心地点必须得到支持。农村空间的生态功能必须从其自身对全部空间的意义上予以呈现。

⑦ 必须保护、养护和发展自然景观、水和森林。为此，必须考虑生态圈联合体的要求。对于自然资源，特别是水和土壤，必须节约和保护性地使用，必须保护地下水资源。对自然资源所造成的破坏，必须予以平衡。对于那些不能持续使用的土地，应该维持或者重建土壤的功能。在保护和发展生态功能及与景观相关的用途时，也必须注意相应的交互作用。对于预防性的

洪水防护，必须在堤岸和内地进行，在内地首先通过保护或者退还草地、保留地以及具有淹没危险的地区来实现。必须保护居民，防止噪声污染，保持空气洁净。

⑧ 必须获取或者保证足够的空间，以保证空间结构性，并使有效率的农业经济分支能够得到与竞争相适应的发展，与有效率的、可持续的林业经济共同致力于保护自然生存基础、养护和构建自然景观。必须保护与土地相关的农业经济，保持充分的用于农业经济和林业的土地面积。在部分空间，必须保证农业经济用途和林业用途的土地面积的平衡关系。

⑨ 必须保证历史和文化之间的联系以及区域的共性。必须保持不断增长的文化景观重要特征以及文化和自然性纪念物。

德国的空间规划层次清晰，权责明确，重视生态环保，将维护、发展和保护自然资源与生态环境放在首要位置，使社会和经济对空间的要求与空间的生态功能协调起来，并保证可持续性的、大空间的平衡秩序。如《巴登－符腾堡州州发展计划 2002》第一部分规定："确保州的原材料、水和能源的供应，以及对废弃物的环保处理""持续保护自然生态基础：自然资源（土壤、水、空气、气候、动植物）、景观、自由空间。"

二、生态环境分区管治国内研究

（一）国内生态环境管治理论分析

国内城市空间发展管治研究开始的时间较晚，因此管治理论大多引自欧美等发达地区，管治工具也与这些地区有所重合，不过国外的一些理论和工具引入我国后，在实践的过程中发生了一定程度的本土化变化，因此与西方国家的理论不尽相同。我国城市空间发展管治工具主要包括：空间用途管制、外围总体控制、设定城市发展边界、城市用地需求理论规模的预测、限建区模式、设置发展线、设置生态线等抑制增长类管制工具，分区管制、多层次空间协调、城市组团发展、优化开发、城乡统筹、城市发展偏好模型、耕地损耗模型、框定主城区、挖掘城市内部土地潜力、完善城市内部用地结构等空间管理类管制工具。具体见表 2-2。

表2-2 国内城市空间发展管治工具一览表

工具类型	管治工具
抑制增长类	空间用途管制
	外围总体控制
	设定城市发展边界
	城市用地需求理论规模的预测
	限建区模式
	设置发展线
	设置生态线
空间管理类	分区管制
	多层次空间协调
	城市组团发展
	优化开发
	城乡统筹
	城市发展偏好模型
	耕地损耗模型
	框定主城区
	挖掘城市内部土地潜力
	完善城市内部用地结构

资料来源：江河，刘贵利，陈帆，等 . 国土空间生态环境分区管治理论与技术方法研究 [M]. 北京：中国建筑工业出版社

通过上述梳理，不难看出，我国生态空间分区管治在理论方法、技术标准、控制要求、引导措施等方面均有待进一步完善。

1. 侧重保护要素内容的控制

具体要素划定的技术规范相对薄弱。各类法规对纳入生态保护规划重点控制的生态要素内容均有所界定，但在实际规划过程中，涉及山体、水体和周边控制保护区的范围界定，以及生态廊道宽度的界定等具体技术问题，则无章可循。

2. 侧重"严控"

生态保护区域的建设引导及保障政策有待完善。城市生态区域一般范围较大，其间包含大量村庄以及原住民。建设过程中，不仅要对生态资源进行

有效保护，还需考虑原住民生存发展的现实，并在生态补偿机制、土地激励政策等方面进行研究和完善。

3. 侧重原则性规定

城市生态区域的法规体系构建尚需完善。目前，我国多个城市以政府令或条例等形式出台了相应法规政策，在遏制城市建设区无序蔓延、保护生态资源等方面起到了较好的作用，但还需在生态区域规划编制技术规范、管理实施机制、配套政策等方面不断完善，形成完整的城市生态区域法规体系，方可进一步促进生态区域资源保护与地区发展。

相较于国内通过生态红线规划确定用地的管治方式，国外对城乡空间的保护更侧重于通过生态用地类型的划分建立起管治制度。自从联合国粮农组织《土地评价纲要》确立了土地定义的生态思想以来，目前采用较多的用地分类方法主要包括 IGBP（国际地圈与生物圈研究计划）的 LUCC（土地利用土地覆被）土地分类法，美国 USGS（美国地质调查局）的 ANDERSON（基于遥感数据的土地利用/地表覆盖分类系统）分类法，欧盟的 CORINE（欧盟环境信息协调）分类法。其核心是以影响人类生存和发展为基础，划分为人工区域、农业区域、自然区域（森林、湿地和水体等）。

（二）国内生态环境管治实践分析

党的十八大以来，以习近平同志为核心的党中央把生态文明建设摆在全局工作的突出位置，指出生态文明建设是关系中华民族永续发展的根本大计，强调要"划定生态保护红线""用制度保护生态环境""要实施重大生态修复工程，增强生态产品生产能力"。中共中央、国务院印发《生态文明体制改革总体方案》，明确表示要加快建立系统完整的生态文明制度体系。城乡规划领域，各大城市愈来愈关注城市生态空间的规划、分区管治和实施，但目前，相关规划在编制体系和内容深度上并无统一标准，在推进生态空间分区管治与建设实施的体制机制、管治模式和政策保障上仍处于探索阶段。

1. 全国生态环境分区管治实践

2015年中央全面深化改革领导小组第十四次会议指出：围绕严守资源消耗上限、环境质量底线、生态保护红线的要求，针对决策、执行、监管中的责任，明确各级领导干部责任追究情形。2017 年中央政治局第四十一次集体学习时要求：要加快构建生态功能保障基线、环境质量安全底线、自然资源利用上线三大红线。2018 年全国生态环境保护大会强调：要加快划定并严守生态保护红线、环境质量底线、资源利用上线三条红线。党的十九届六中全会审议通过的《中共中央关于党的百年奋斗重大成就和历史经验的决议》，将推动划定生态保护红线、环境质量底线、资源利用上线作为生态文明建设的重大成就。

2022 年 3 月的《政府工作报告》以及 2021 年 11 月 2 日中共中央、国务院印发的《中共中央　国务院关于深入打好污染防治攻坚战的意见》均指出，应加强生态环境分区管控，衔接国土空间规划分区和用途管制要求，将生态保护红线、环境质量底线、资源利用上线的硬约束落实到环境管控单元，建立差别化的生态环境准入清单，加强"三线一单"成果在政策制定、环境准入、园区管理、执法监管等方面的应用。

生态环境分区管控工作很受中央重视，已经被列入《中央全面深化改革委员会 2022 年工作要点》。重点环境区域保护法也相继出台，《中华人民共和国长江保护法》第二十二条提出：长江流域省级人民政府根据本行政区域的生态环境和资源利用状况，制定生态环境分区管控方案和生态环境准入清单，报国务院生态环境主管部门备案后实施。生态环境分区管控方案和生态环境准入清单应当与国土空间规划相衔接。《中华人民共和国黄河保护法》第二十六条指出：黄河流域省级人民政府根据本行政区域的生态环境和资源利用状况，按照生态保护红线、环境质量底线、资源利用上线的要求，制定生态环境分区管控方案和生态环境准入清单，报国务院生态环境主管部门备案后实施。生态环境分区管控方案和生态环境准入清单应当与国土空间规划相衔接。《中华人民共和国海南自由贸易港法》第三十二条指出：制定生态环境准入清单，防止污染，保护生态环境；第三十三条提出严守生态保护红线。此外，19 个省份 34 部地方性法规对加强生态环境分区管控、实施生态环境准入清单管理作出规定。

目前，全国生态环境分区管治体制基本建立。首先，制度规范和技术体系基本建立，国家已制定发布系列管理文件、技术指南，构建了成套的技术规范与管理制度体系；其次，各省（自治区、直辖市）及新疆生产建设兵团均完成省级方案发布实施，长江经济带 11 省（直辖市）和青海、北京市在内的 19 省（自治区、直辖市）及新疆生产建设兵团分两批完成成果；再次，国家已科学构建分区分级管控体系，综合大气、水、土壤、海洋等生态环境要素，划定 4 万多个管控单元，制定准入清单，纳入智慧环保信息平台；最后，有效实施落地引用取得实效，各地在环境分区管理、生态环境准入、环境风险防控、园区发展与布局调整等方面取得大量实践案例和管理应用经验。

生态环境分区管治框架如图 2-1 所示。其中，陆域优先保护单元为以生态保护红线为基础，主要为生态功能重要的、生态环境敏感脆弱的区域，面积占比为 55.5%，与国家重点功能区、"三区四带"生态安全格局匹配。陆域重点管控单元为资源能源消耗、污染物排放最为集中的区域，面积占比为14.5%，与国家经济社会发展战略格局一致。陆域一般管控单元为其他开发强度低、环境质量相对较好的区域，面积占比为 30.0%。

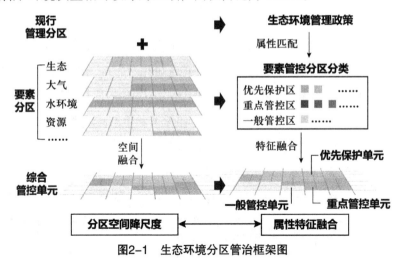

图2-1　生态环境分区管治框架图

2. 各地试点实践

2017 年 3 月，环境保护部在 4 个城市开展以"三线一单"为核心的生态环境分区管控试点工作。2018 年 3 月，先行在长江经济带 11 省（直辖市）及青海省开展，随后在全国推开。截至 2021 年年底，全国省（自治区、直辖市）、市两级"三线一单"生态环境分区管控方案已全面完成并经地方党委政府审议发布实施。近年来，各省份积极实践、大胆创新，加强生态环境分区管控成果在政策制定、环境准入、园区管理、执法监管 4 个领域的应用。本书以武汉市为例，介绍当地的试点实践。

武汉作为中部地区中心城市、国家"两型社会"建设综合配套改革试验区，在城市总体规划编制完成后，进一步加强生态空间规划分区管治模式及实施路径的探索作为生态空间专项规划的工作重点。武汉市既着眼于城市生态框架保护的整体目标，又针对近几年规划分区管治实践中遇到的现实问题，从规划编制、分区管治模式和政策法规制定三方面提出一套完整的城市生态空间分区管治的行动体系。即通过完善覆盖宏观、中观、微观三层次的规划编制体系，实现生态空间建设有规可依；以基本生态控制线为核心，提出针对不同层级、不同要素，实行刚性和弹性结合的分区管治模式；同步跟进制定政策法规，解决生态空间规划管理、实施难问题，形成制度保障。

（1）从划线管理到功能引导的全域生态空间规划编制体系

武汉市生态空间总面积达数千平方千米，是生态旅游、村庄建设、都市农业等各类生态型城市功能的载体，既需要对其空间范围进行明确界定，又需要通过规划统筹生态空间内各项功能，实现对生态空间内各项建设活动的有序管理。因此，武汉市提出构建一整套全域生态空间规划编制体系，逐步实现从划线管理到生态功能建设引导，全面统筹生态空间内生态要素保护、生态功能建设以及原住民生产生活。

宏观层面，武汉全域划线固化城市生态框架结构。依据总体规划确定的全市生态框架结构，武汉从"1+8"城市圈区域生态格局分析着手，提出通过区域协同构建平均宽度范围为20~30千米的"区域生态环"；通过内引外联确保六大生态绿楔与城市圈生态网络内外贯通。在此基础上，在市域8 569平方千米范围内完成全域基本生态控制线划定。全面对接了各行业专项规划，整合各部门对各类生态资源的保护要求，系统梳理了山、水、自然保护区、水源保护区等资源型生态要素以及生态廊道、生态绿楔核心区等结构型生态要素，采取"分层叠加"的方式，实现了基本生态控制线的市域全覆盖，明确了全市生态底线区、生态发展区、弹性控制区的范围，确保了生态资源的应保尽保，也完成了总体规划确定的生态框架落地。

中观层面，武汉编制了控制性详细规划（以下简称：控规）为生态空间规划管理提供法定依据。划线完成后，武汉市选择在城乡关系最为密切、发展与保护矛盾最为突出的都市发展区范围内，编制生态绿楔控制性详细规划导则，研究基本生态控制线内生态资源保护、原住民发展以及生态项目布局等问题，提出具有武汉特色的城市近郊区生态资源保护与利用模式。规划基于"保护优先、总量控制、功能引导、刚弹结合"的原则，以生态资源刚性管治、生态功能合理注入为目标，以核心生态资源应保尽保为前提，结合生态区内产业发展特色，提出生态保育、生态农业、生态旅游等生态功能板块布局，并通过确定差异化的建设项目用地规模、配套建设控制指标以及农村居民点发展模式，统筹绿楔范围内村庄建设、基本农田保护、都市农业发展、生态休闲旅游配套建设等一揽子保护和建设诉求。

微观层面，武汉相关部门编制实施性规划单元式推进生态空间建设，在控规划定的功能单元范围内，编制园区实施性规划。在对区域内各项生态资源、村庄分布、现状用地规模、社会经济、现状建设等情况进行翔实调查分析的基础之上，按照全市统一的《郊野公园实施性规划编制技术标准》，相关部门对园区内景观资源特色及可利用情况进行全面评估，提出生态项目建设以及乡村集并、土地整理、农村新社区建设的具体模式和项目布局，在控规的指导下落实居民点、旅游配套设施的建设要求，形成城规、土规"两规"有效衔接的生态功能区实施性规划，并通过"一区一个郊野公园"模式推动实施。

（2）以基本生态控制线为核心的生态空间分区管治模式

城市生态空间分区管治的目的不仅在于严格保护各类生态资源，严格控制各项建设行为，更在于有效推进生态功能的整体提升。武汉市在政府规章出台后，逐步建立起一套以基本生态控制线为核心的，针对管治的不同层级、不同要素，实行刚性和弹性结合的分区管治模式。

1）分区定则，实现生态保护与城市发展的有机结合

全市层面提出了"两线三区"空间分区管治模式，即划定城市增长边界（UGB）和生态底线"两线"，形成集中建设区、生态发展区、生态底线区"三区"，通过城市增长边界反向确定基本生态控制线范围。武汉市地域面积广，资源积累、建设发展诉求存在较为明显的空间差异。因此，在"两线三区"的全市空间分区管治模式基础上，针对生态空间的不同区位，进一步制定不同的分区管治策略。

都市发展区内的生态空间由于邻近城镇集中建设区，是发展与保护矛

盾最为尖锐的区域，在此范围内，基本生态控制线是"建设区"与"非建设区"的直接分界线，划线过程对接了建设区的控规编制，落线精度在1∶2 000地形图上，并充分考虑了"建设区"与"非建设区"边缘区的既有项目批租划拨等审批信息，强调精准。该区域范围内对"两线三区"均实行严格的刚性管治，不得随意调整，其分区管治要求全部落实到生态绿楔控规导则中，作为规划管理的法定依据。

而都市发展区之外的农业生态区，以农业生产生活为主，集中成片的城镇建设发展诉求相对较小，但需考虑的是城市远期发展的不确定性以及区内建设类型的不确定性。因此，一方面本区仍保证对生态要素的刚性控制，划定1∶10 000比例尺的基本生态控制线范围；另一方面，沿城镇主要空间拓展轴预留适度"弹性区"，待新一轮城市总体规划编制完成后再行确定其中的生态空间范围。

针对农业生态区建设用地规模小、分布零散且空间落地与项目建设紧密相关的特点，农业生态区范围内在划基本生态控制线时，暂不划定其中生态发展区范围，而是通过建设用地指标台账的管理方式，以漂浮指标控制，待具体生态建设项目的园区详细规划方案确定后再予落地。对于区域范围内的农村生产、生活等设施布局，则主要以乡镇规划、村庄规划作为该类建设的规划管理依据。

2）严格准入，实现新增建设项目的有效分区管治

基于"两线三区"空间分区管治模式，生态空间实行分区项目准入管理，即按照生态底线区和生态发展区分别制定相应的准入要求，明确准入建设项目类型、相关建设控制指标，严格规定以及准入程序，严禁不符合准入条件的建设项目进入。

准入项目类型的确定以确保生态环境质量为前提，其中生态底线区施以最为严格的项目准入控制，仅允许对区域具有系统性影响的道路交通设施和市政公用设施，符合规划的农村生产、生活设施，公园绿地及必要的配套设施，以及国家标准对项目选址有特殊要求的建设项目等四类进入。而生态发展区则相对具有一定的弹性，但准入建设项目须严格遵循生态化建设标准。同时，对于生态底线区与生态发展区内的准入建设项目在建设高度、强度、生态绿地率等建设控制指标上也进行了严格规定。对于基本生态控制线内的

准入项目，在审查程序上规定应在常规项目的基础之上，新增选址论证、选址环境影响评价等程序。按照这样一整套准入分区管治模式，武汉市目前已实现不符合准入要求的项目"零审批、零进入"，确保了线内新增建设行为符合生态资源保护的相关要求。

3）以建促保，实现生态功能的整体提升

基本生态控制线范围内不可避免地包含大量村庄及原住民。其中，原住民的发展需求是生态空间分区管治和生态功能实现的重要一环。借鉴上海、杭州、成都等城市的先进经验，武汉市在基本生态控制线规划的实施过程中，不断强调"以建促保"的主动实施思路，即通过编制郊野公园建设规划推进郊野公园、绿道等重点生态工程建设，将生态公园建设与新农村建设、农业产业化发展捆绑结合，项目化实施；同时，鼓励社会力量参与产业结构调整，在保护生态资源的基础上，有效改善原住民生活条件，提升区域经济水平，促进生态功能发挥。

4）分类解决，实现既有建设项目的妥善处置

在严控新增建设项目的同时，武汉市启动了都市发展区基本生态控制线范围内既有建设项目的清理和处置工作，对划入线内的此类零星分布项目全面摸底、锁定现状，并分类逐一提出处置原则和要求。

遵循"尊重历史，实事求是，依法处理，分类解决"的原则，从准入要求和合法手续两条线索出发，逐一对项目进行"双符合"判别，提出"保留、整改或置换用地、迁移"三大类具体七种处置方式。历时一年半，武汉市全面锁定了都市发展区基本生态控制线内千余个既有项目情况，全市统一制定项目分类标准以及处置意见，经市政府批复后，作为各区处理线内历史遗留问题的法定依据。项目所在区政府据此制订年度实施计划，逐步有序地推进辖区范围线内既有项目的处置工作。

三、生态环境分区管治理论与实践的作用与意义

（一）支撑重大规划编制

生态环境分区管治理论在区域发展规划中，能明确要求"三线一单"的

落实，如黄河高质量发展规划、西部大开发、成渝双城经济圈建设等。

在保护类的规划中，该理论明确要求加强"三线一单"生态环境分区管控体系完善和实施，如长江保护修复、大运河保护修复等。

该理论在各地市国土空间规划（控制性详细规划）、矿产资源规划、产业布局规划、流域综合规划、水资源保护利用专项规划中均有广泛应用。

生态环境分区管治理论的研究成果还广泛用于指导重大项目选址选线规划。

（二）推动区域高质量发展

以广东省佛山市为例，佛山市严格落实"三线一单"分区管控体系，强化生态环境准入控制，引导产业集聚发展和集中治污，推动区域高质量发展。

1. 佛山的主要问题

（1）村级工业园众多，用地零散

佛山的村级工业园总面积为 36.7 万亩（1 亩 ≈ 666.7m²），约占全市工业用地面积的一半，但仅创造了约 7.8% 的工业产值、11.4% 的税收，园区内企业存在土地产出低、环境污染大、安全隐患多等问题。

（2）开发强度高

佛山市下辖五个区中有三个区开发强度超过 50%，存在工业与城镇、乡村混杂的空间布局特点。

（3）小微企业较多

佛山市的小微企业约有 7.2 万家，以往每年审批环评项目 7 000~10 000 个，2021 年为 2 600 多个。

（4）河网密集

佛山水系发达、河网密布，主、次、支干及毛细河涌相互关联且层级复杂，是深入打好污染防治攻坚战的突出难点和痛点。

2. 管控工作路径

（1）提升水环境治理精细化水平

以市考河流水质达标和饮用水源安全为目标，水环境重点控制区由省级的 52 个细化为市级的 80 个，将市控断面从 59 个提升至 78 个。

（2）引导产业集聚发展和集中治污

佛山市重点围绕改造提升后的村级工业区、规划调整好的工改工产业聚集区等，强化生态环境准入控制，引导产业集聚发展和集中治污，为"上楼发展"的专业园区招商引资、项目建设提供了清晰的政策准入指引。

（3）衔接产业特点制定针对性准入清单

针对表面处理行业、纯加工型印花项目、含酸洗和磷化的金属表面处理项目、金属制品项目（与自身高新技术企业配套的除外）以及含酸洗、喷涂、拉丝、表面抛光等工艺的不锈钢型材加工项目，佛山市提出它们均应进入以此类项目为主导产业、有相应废水集中治理设施的工业园区。

（4）开展"区域（规划）环评＋生态环境准入清单"环评审批改革

环评审批改革试点实行，对符合要求的特殊建设项目，实施告知承诺制审批改革。截至2022年2月，佛山市已累计完成实施承诺制项目108个，获得批复流程由最长的35个工作日缩短到9个工作日，审批效率显著提高。

（三）发挥生态环境分区管控引领作用

浙江省长兴县强化生态环境分区管控引领，通过引导优化产业布局、严格准入和完善配套等打造纺织业转型升级样板地。为改善长兴县纺织企业粗放分散的布局，解决纺织业发展产生的环境污染等问题，长兴县从空间准入、污染排放治理等方面入手，科学引导小微园区的规划布点，将原来散落的区块进行整合，引导分散纺织户逐步清退搬迁至符合要求的小微园区。

以符合生态环境分区管控要求为基础，长兴县提出了小微企业聚集发展、合理布局、污染防治、集中配套环境治理设施等管控要求，成为当地政府开展纺织行业整治的重要依据。其管控的工作路径如下。

（1）科学引导、优化布局

以管控单元指导纺织产业园区布局，以排放管控倒逼散户入园，以多层厂房提升资源利用。

（2）严格准入、提高标准

明确容量准入，合理确定园区规模，明确建设准入，提升园区建设水平，明确治污准入，提升企业治理能力。

（3）完善配套、守住底线

高标准推进中水回用，集中式建设固废治理，全覆盖确保持证排污。

（四）加强区域生态空间保护

生态环境分区管控引领打造济南市南部山区"绿水青山就是金山银山"实践创新基地。济南市科学运用生态环境分区管控对产业的引导和约束，广泛带动实施"两山"重要思想实践创新，深化生态补偿体制机制建设，破题生态保护与绿色发展共赢这一南部山区多年来亟待解决的难题，实现生态保护、绿色发展与改善民生共赢。其环境管控的工作路径如下。

（1）划定空间管控分区，维护生态安全基底

综合生态重要性、敏感性评估结果，充分对接南部山区现状和规划用地布局，划定生态空间。

（2）识别生态环境问题，大力推动生态修复

找出重点生态环境问题，提出综合整治要求，推动南部山区生态修复。

（3）明确环境质量目标，守住环境质量底线

以由"三线一单"确定的环境质量底线目标作为基本要求，制定环境保护规划和环境质量达标方案。

第二节　生态环境分区管治理论探索

国内外探索过多种管治工具，通过不断实践尝试，逐渐形成生态环境分区管治理论。

"生态资源—生态资产—生态资本"和"公共资源—生态成本—生态负债"代表了人类对生态环境价值的不同认知层面。如果将生态环境当成一种公共资源，那么管理、控制和认识的不到位，常会导致资源的盲目利用，带来经济的负外部性；如果将生态环境当成一种资本，则进行"生态货币"核算，将其纳入市场经济体系，就可以通过技术、市场、法律等手段引导人们做出科学的决策，从而有效地避免负外部性。所以，人类对生态价值的不同认识将引导世界向不同的方向发展。我们必须从资本和负债的角度来看待生

态环境，努力地增加生态资本，减少生态负债，从而促使人与自然协调发展。人类价值观对人与自然关系的影响见图2-2。

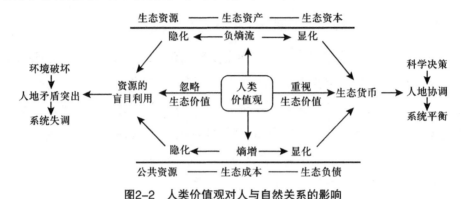

图2-2　人类价值观对人与自然关系的影响

人与自然的和谐相处，是人类文明顺利发展的基石。葛兆光在《中国思想史（第一卷）：七世纪前中国的知识思想与信仰世界》一书中指出："'天人合一'，其实是说'天'（宇宙）与'人'（人间）的所有合理性在根本上建立在同一个基本的依据上。它实际上是古代中国知识与思想的决定性支持背景。"

马克思指出："社会是人同自然界的完成了的本质的统一，是自然界的真正复活，是人的实现了的自然主义和自然界的实现了的人本主义。"

讲求人与自然之间的和谐发展，既是中华文明的精髓所在，也是中国传统文化的基本精神，更是中国人文科学探讨的核心价值。

著名的中国科技史专家李约瑟在《中国科学技术史》中指出，中国思想"从来不把人和自然分开，而且从未想到社会之外的人"。他认为，中国的智慧与西方世界的那种以征服自然为动机或目的的思维方式不完全相同，尤其是道家学派提倡的自然无为的发展理念，反映了中国上古时代的发展方式，这种发展的逻辑形式，就是强调主体与客体的统一、人与自然的和谐，这样才能真正有利于人类社会和自然界的和谐发展。

如何整治日趋恶化的生态环境，防止自然生态环境的退化，有效处理和解决生态系统退化问题，恢复和重建已经受损的生态系统原有结构和功能，是改善生态环境、提高区域生产力、实现可持续发展的关键。

《国土空间生态环境分区管治理论与技术方法研究》首次研究提出生态功能溯源理论，其"生态"不是回归自然的原始生态，也不是人间仙境式的理想生态，而是积极意义上的发展生态。科学实质是通过生态规划、生态工程与生态管理，将各个单一的生物环节、物理环节、经济环节和社会环节组装成一个有强大生命力的生态经济系统，运用生态学的竞争、共生、再生和自生原理调节系统的主导性与多样性、开放性与自主性、灵活性与稳定性、发展的力度与温度，使资源得以高效利用、人与自然和谐共生。

生态功能溯源理论的核心是基于生态伦理，重塑修复"人与自然的内在联系和内生关系"，蕴含着重要的生态哲学思想。这就要求我们树立自然价值理念，确保生态系统健康和可持续发展的优先地位，从过去的注重要素保护修复转变为注重系统保护修复，将山水林田湖草沙多要素构成的生命共同体系统服务功能提升为价值导向的环境管理，从而保护生态系统功能性和完整性，协调生态环境保护与经济发展、资源利用的关系，为自然界的整体认知和人与生态环境关系的处理提供了重要的理论依据，成为生态文明建设的重要方法论。

功能溯源理论从人对自然生态系统的利用（人—道法）和自然生态系统功能维护（天—自然）两个维度六个方面（机理溯源、目标溯源、要素溯源、价值溯源、位序溯源、管制溯源）进行了理论框架的构建，具体见图2-3。

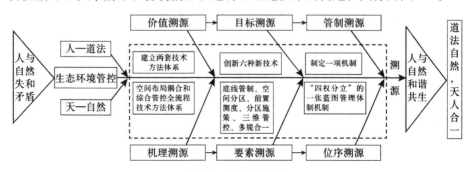

图2-3　理论框架图

人—道法维度：在进行生态环境分区管治时，表现为对国土空间的价值、目标和管制溯源，集中表现了生态溯源理论中人类作为主体在对自然生态环境客体进行利用时，为满足自身需要和发展进行的价值判断。

天—自然维度：在进行生态环境分区管治时，表现为对国土空间的机理、要素和位序溯源，集中显示了生态溯源理论中人类在处理与自然生态环境主客体关系上进行的伦理判断，以及对自然生态系统作为独立于人类主体而存在进行的系统功能判断。

两个维度协调融合，才能实现人与自然和谐相处，最终达到"道法自然""天人合一"的最高境界。

以上述理论框架为指导，针对生态环境保护方法落地性差，提出了两套全流程技术体系，创新了六种新技术：底线管制、空间分区、前置测度、分区施策、三维管治、多规合一，构建了"四权分立"的环境管理机制。从理论创新到技术体系设计，形成了系统的完整闭环。

1. 机理溯源

"人的命脉在田，田的命脉在水，水的命脉在山，山的命脉在土，土的命脉在树"，这就要求考量各要素生态过程相互影响、相互制约的关系，充分认识生态系统结构、过程、功能等基本特性，按照生态系统的整体性、系统性及其内在规律，根据生态溯源的不同对象、不同受损程度和不同阶段，统筹考虑自然生态各要素，采用整体到部分、部分再到整体的综合分析方法，突出主导功能提升和主要问题解决，维护区域生态安全、确保生态产品供给和生态服务价值持续增长。

2. 目标溯源

应紧扣生态系统具有的生态产品供给、净化调节、文化美学等多重服务价值，进行多目标综合溯源；综合考量森林、草原、湿地、河流、山脉等环境要素具有的物质产品的经济价值，维持生态系统平衡的生态价值、丰富景观的美学价值和特定的历史文化价值。确定生态系统综合管理溯源目标是一个多目标权衡的过程，需要相关方充分参与，在充分理解各方利益诉求的基础上，进行取舍和均衡。从环境管理角度来讲，污染防治、生态保护与自然资源利用应实施统一管理，以有效平衡开发利用与保护的关系。

3. 要素溯源

应树立水、气、土、生物等相互联系的"生命共同体"理念，依托森林、水、矿藏、生物等多种自然资源，从全局出发，根据相关要素功能联系及空间影响范围，寻求多要素综合统筹的系统性解决方案，对生态要素不再采取单一治理对策，而是结合社会、经济、环境等因素，从大气、水、土壤、生物等维度出发，促进生态系统服务功能的逐步恢复，实现点、线、面修复的叠加效应，实现多维度、立体式推进。

4. 价值溯源

农田、村庄、城镇、流域等不同尺度的生态系统具有不同的结构和功能特征，它们是长期自然演变过程和人类活动的综合表征。"山水林田湖草城"各要素在"生命共同体"中所处的价值层级、位置和作用不同，需充分分析山水林田湖草城所构成的景观格局特征和形成机制，比较各类生态要素不同配置格局下的生态服务价值和环境成本效益，不断优化格局，提升服务功能。

5. 位序溯源

应依据空间均衡理念，妥善处理物质态空间耦合、功能态空间耦合、价值态空间耦合、信息态空间耦合、时间态空间耦合、权责态空间耦合六种良性耦合关系，组织开展综合评价，综合权衡水源涵养、防风固沙、土壤保持、生物多样性保护、污染净化、固碳等生态服务功能供给和需求，确定生态产品供给数量、质量和空间布局要求，推进生态空间及其服务功能的均衡优化布局和高效科学利用。

6. 管制溯源

应以生态系统功能保护恢复为重点，评估生态安全阈值和生态重要性、敏感性、脆弱性，分层次、分区域开展分析评价不同尺度景观格局下，把维护水源涵养、防风固沙、洪水调蓄、生物多样性保护等生态功能作为核心，按照"源—廊道—汇"生态过程调控原理，因地制宜采取加速、延缓、阻断、过滤、调控等管理和技术工程手段，推进生态系统由"疾病治疗"到"健康管理"的转变。

第三节　生态环境分区管治技术方法

通过一系列探索研究、归纳和提炼，笔者提出了突出指导性和落地成效的一套理论方法和技术体系。

一、生态环境管控单元划分

2018 年 8 月 13 日，生态环境部办公厅印发了《区域空间生态环境评价工作实施方案》，要求在全国省、自治区、直辖市全面开展以"三线一单"为基础的区域空间生态环境评价。生态环境管控单元是生态环境评价和编制"三线一单"的重要组成部分，其中环境重点管控单元是管控的重点区域。

各地对重点环境管控单元的划分进行了多种尝试。如江苏省将生态环境重点管控单元划分为水、大气、土壤三部分，资源利用重点管控单元分为高污染禁燃区、岸线环境管控分区。济南市则基于不同精度片区划分与各环境要素管控分区相互叠加，区分高、中、低精度环境管控单元，最后将环境管控单元合并，重点管控单元则按照生态空间、水、大气、土壤、自然资源的重点管控分区来确定。连云港市采用地理信息系统空间分析技术，将重点管控单元划定为污染严重超标区、区域/流域污染主要输送源地区、环境受体敏感区、人群聚集区、高污染燃料禁燃区等，并将各类空间与行政边界叠加并聚类，形成以乡镇街道和工业集聚区为基础细化的基本环境管控单元。黑龙江省的环境要素管控分区主要分为三大类九个小类，三大类包括大气管控分区、水环境管控分区和土壤环境管控分区，结合学习重庆市经验，将其中大气的重点管控分区分为高排放区、受体敏感区、布局敏感区、弱扩散区，水环境重点管控分区分为工业源区、城镇生活源区、农业源区及其他重点管控区，土壤环境重点管控分区则将确定的疑似风险地块确定为重点管控分区。常见的生态环境管控单元划分见表2-3。

此外，从评价方法上考虑，单元划分可分为地块法、叠置法、网格法和最小行政单元法4种方法。其中，地块法是以地图上明显的地物界线或权属界线组成的封闭单元为最小评价单元，适用于生态环境单因素评价，如固体废弃物环境管控单元。叠置法是在各个单因素评价分析图叠加后，根据权重值综合分析汇总图，适用于综合管控单元的划分。网格法是在基础底图上划分正方形等分，正方形越小，精度越高，适用于高精度需求的评价。最小行政单元法是以地域范围内下一级行政单元为评价单元，适合于单因素评价或依最小行政单元统计汇总的区域，如省级生态环境管控单元以市县行政范围为基础单元，市县级生态环境管控以乡镇行政范围为环境单元进行管控。

应基于区域生态环境特征，以环境要素分区成果为基础，衔接行政边界，充分考虑生态系统功能、污染物排放及环境容量和资源承载能力等，确定环境管控单元，按照优先、重点、一般实施分类管理。

表2-3　生态环境管控单元划分列表

优先保护	重点管控	一般管控
生态保护红线，一般生态空间		其他区域
水环境优先保护区	水环境工业污染重点管控区	
	水环境城镇生活污染重点管控区	
	水环境农业污染重点管控区	
大气环境优先保护区	大气环境高排放重点管控区	
	大气环境布局敏感重点管控区	
	大气环境弱扩散重点管控区	
	大气环境受体敏感重点管控区	
农用地优先保护区	建设用地污染风险重点防控区	
	农用地污染风险重点防控区	
自然资源优先保护区	生态用水补给区	
	地下水开采重点管控区	
	土地资源重点管控区	
	高污染燃料禁燃区	
	自然资源重点管控区	

二、空间布局耦合技术与方法

（一）各类空间综合集成评价

各类空间集成评价基于单项评价和三类空间的功能适宜性评价结果，划定城镇空间适宜区、生态空间适宜区和农业空间适宜区范围，能够综合反映国土空间的开发保护格局和优化调整方向。

1. 集成步骤

第一步：根据空间红线和开发现状划定三类空间的Ⅰ类适宜区。这一步要基于有关部门划定的空间红线，结合城镇空间开发现状，将红线管制范围直接划定为对应空间的Ⅰ类适宜区。具体划定方法如下。

Ⅰ类生态空间适宜区（ＥⅠ）：依法设立的各级自然保护区、风景名胜区、森林公园、地质公园等，应划定为生态空间适宜区；具有较高生态价值或文化价值，但尚未列入法定自然文化资源保护区域的地区，可划定为生态空间适宜区；重要蓄滞洪区、重要水源地以及湖泊、水库上游集水区，距离湖岸线一定范围的区域，应划定为生态空间适宜区；天然林保护地区、退耕还林还草地区等，原则上应划定为生态空间适宜区。

Ⅰ类农业空间适宜区（AⅠ）：依法划定的永久性基本农田，应全部划定为农业空间适宜区。

Ⅰ类城镇空间适宜区（UⅠ）：空间斑块面积较大、集中连片分布的城镇建成区，应划定为城镇空间适宜区。

第二步：根据适宜性评价高值区划定三类空间的Ⅱ类适宜区，针对第一步中未划定的区域，遴选城镇空间、农业空间和生态空间适宜性评价结果中有一项或多项适宜程度为高的区域，进一步划定三类空间的Ⅱ类适宜区。具体划定方法如下。

对于城镇空间、农业空间和生态空间适宜性评价结果中仅有一项适宜程度为高的区域，划分为该种类型的Ⅱ类适宜区（UⅡ、EⅡ、AⅡ）。

对于生态空间适宜程度高且城镇或农业空间适宜程度也较高的区域，一般可按照生态保护优先原则，划定为Ⅱ类生态空间适宜区。

对于城镇空间适宜程度高、农业空间适宜程度高且生态空间适宜程度为中或低的区域，一般可按照粮食安全保障原则，优先划分为Ⅱ类农业空间适宜区，局部地区也可按城镇空间集中原则，划分为Ⅱ类城镇空间适宜区。

第三步：根据适宜性评价中值区和低值区划定三类空间的Ⅲ类适宜区。针对第一步、第二步中未划定的区域，进一步遴选城镇空间、农业空间和生态空间适宜性评价结果中有一项或多项适宜程度为中的区域，划定三类空间的Ⅲ类适宜区。具体划定方法如下。

对于城镇空间、农业空间和生态空间适宜性评价结果中仅有一项适宜程度为中的区域，划分为该类型的Ⅲ类适宜区（UⅢ、EⅢ、AⅢ）。

对于适宜性评价结果中有两项或三项适宜程度为中的区域，按照贯彻主体功能定位原则，划分为与其主体功能定位相一致的空间类型。

对于适宜性评价结果中有两项适宜程度为中，但与其主体功能定位对应的空间类型适宜程度为低的区域，可在适宜程度为中的两种空间类型中选择，一般可参照农业空间、城镇空间、生态空间的优先级次序进行确定，也可按照三种空间类型的空间集中原则、参考三类空间面积比例等方法确定。对于城镇空间、农业空间和生态空间的适宜程度均为低的区域，一般可划分为Ⅲ类生态空间适宜区。

第四步：集成三类空间适宜区的初步方案。综合三类空间适宜性评价基础上划定的结果，其中，全部城镇空间适宜区的备选区域为U Ⅰ U U Ⅱ U U Ⅲ，全部农业空间适宜区的备选区域为A Ⅰ U A Ⅱ U A Ⅲ，全部生态空间适宜区的备选区域为E Ⅰ U E Ⅱ U E Ⅲ。原则上，三类空间适宜区的初步方案在划定后应实现空间无重叠，同时功能无交叉。

2. 综合校验

需以生态保护优先、贯彻主体功能定位、落实红线分区管治要求以及预留未来发展空间的基本理念进行初步方案校验，反复调整并修正初步方案，确定三类空间适宜区范围，校验主要包括以下方面。

①与主体功能区规划衔接校验。城镇空间适宜区比重不应突破各类主体功能区内约束的开发强度，一般地，城镇空间适宜区的所占面积比重：城市化地区（重点开发区域和优化开发区域）＞农产品主产区＞重点生态功能区，禁止开发区域内不应划定城镇空间适宜区。此外，在城市化地区的初步方案U Ⅱ、U Ⅲ中，属于城镇空间适宜性中值区但近期暂不优先重点开发的区域，应在本阶段根据资源环境承载潜力先预留为生态空间或农业适宜区。

②与邻近区域功能衔接校验。在宏观层面，本省（本市、本区）三类空间适宜区的数量与结构应与周边省份进行横向比较，特别是应合理确定城镇空间适宜区的比重，通过省际衔接避免区域性开发强度过高且无序态势；在微观层面，本省（本市、本区）与周边区域不应发生功能冲突和干扰，城镇空间适宜区的上风上水区域，应保留一定范围的生态空间适宜区，不应在生态空间适宜区的上风上水方向划定大面积城镇空间适宜区，而位于各省（各市、各区）级边界周围均质性较强的区域应确定为同一类型空间适宜区。

③海陆统筹校验。在滨海地区空间适宜区划定时，应考虑海域开发利用潜力，结合毗邻海域适宜的功能类型、发展方向和分区管治要求，坚持海陆

统筹原则并考虑海洋主体功能区规划，将陆地空间适宜区划分与海域开发利用潜力评价结果相互衔接，修正并调整陆地三类空间适宜区范围，如可在滨海地区的 U Ⅱ 和 U Ⅲ 或 A Ⅱ 和 A Ⅲ 中，将海域开发利用潜力低的海岸带预留作为生态空间适宜区，避免功能冲突，实现有机对接。

与本省（本市、本区）发展需要和空间战略衔接校验的三类空间适宜区的划定应充分保障全省（全市、全区）社会经济发展与国土开发的总体需求。城镇空间适宜区划定应满足健康推进城镇化的基本要求，农业空间适宜区划定应满足农产品供给安全要求，生态空间适宜区划定应满足国家生态安全屏障建设要求。本省（本市、本区）空间战略衔接集中型、绵延式城镇空间适宜区布局应与重点开发轴（带）建设相协调，农业空间适宜区布局应与粮食生产基地建设相协调，生态空间适宜区布局应与生态网络主骨架和重点生态廊道建设相协调，促进国土整体开发和均衡布局要求。

3. 结果修正

结果修正要素：以初步方案为基础，经过集成校验反馈与修正，采取政府与专家主导、公众参与的方式，反复征求意见、修订，最终集成结果，由规划决策者确定国土空间开发布局总图。

①刻画国土空间开发总体格局。编制城镇空间适宜区、生态空间适宜区和农业空间适宜区的分布图和汇总表，分析三类空间适宜区的数量和面积、空间分布特征，总结国土空间开发适宜性的基本规律。此外，可根据三类空间适宜区的面积、比例或通过综合指数测算，划分行政区尺度的国土空间开发适宜性等级。

②解析国土空间开发优化路径。通过三类空间适宜区与现状开发格局的叠加分析，结合资源环境承载潜力和社会经济发展基础，测算剩余国土开发强度和可容纳人口与经济规模，解析国土空间开发的调整方向、重点和时序，提出优化路径与政策建议。

（二）生态空间与其他空间的匹配和协调流程

1. 生态空间与城镇空间的协调

两个空间的协调应在全面分析区域生态重要性和生态敏感性空间分布规

律的基础上，结合区域经济发展规划、土地利用规划、城乡规划、生态环境保护规划等方面综合确定生态空间，并与全国和省级主体功能区规划、生态功能区划、水生态环境功能区划、生物多样性保护优先区域保护规划、自然保护区发展规划等相协调。生态空间应包括重点生态功能区、生态敏感区、生态脆弱区、生物多样性保护优先区和自然保护区等法定禁止开发区域，以及其他对于维持生态系统结构和功能具有重要意义的区域。

生态空间与城镇空间存在矛盾时，按照"优先保障生态空间，合理安排生活空间，集约利用生产空间"的原则，对规划空间布局提出优化调整意见，以保障生态空间性质不转换、面积不减少、功能不降低；在生态保护红线范围内，按照优先保证生态功能完整性的原则，限时最大限度地调出建设用地指标，向城镇空间范围内进行调整；如因重大基础设施、重大民生保障项目建设等需要调整的，由省级、市级、区级政府组织论证，提出调整方案，按程序报批；如有国家重大战略资源勘查需要，在不影响主体功能定位的前提下，可依法获得批准后安排勘查项目；生态空间与一般生态区冲突的，在符合各类保护区域法定保护要求的前提下，以城镇用地为主进行调整。

2. 生态空间与农业空间的协调

生态空间与农业空间存在矛盾时，应以现状地表覆盖物为依据，与各相关部门进行协商。但农业空间与各类生态保护区域（如水源涵养区，水源地一、二级保护区，水土保持区，防风固沙区，生物多样性保护区，海洋重点生态功能区，水土流失敏感区，土地沙化敏感区，石漠化敏感区，海洋生态敏感区/脆弱区，自然保护区）冲突时，农业空间应该避让生态空间，缺失的基本农田从占补平衡的用地中进行补充。

3. 农业空间与城镇空间的协调

农业空间与城镇空间存在矛盾时，优先保障近期重点建设项目；优先保障涉及民生的教育、文化、体育、医疗、养老等公益性公共服务设施项目；优先保障给排水、电力、电信、供热、燃气、环卫等市政基础设施项目的城镇空间。其他城镇空间与农业空间冲突的区域需根据实际情况以及部门意见提出相关处理原则。缺失的基本农田部分，从占补平衡的用地中进行补充。

规划区域中已经划定生态保护红线的，应将生态保护红线区作为生态空间的核心部分。同时，应根据规划特点、区域生态敏感性和环境保护要求，将其他需要重点保护的区域一并纳入生态空间。规划区域内尚未划定生态保护红线的，要提出禁止开发和重点保护的生态空间，为划定生态保护红线提供参考依据。

三、分区综合管治技术与方法

空间综合管治体系设计应采用底线管治思维，进行重点保护对象的红线定界，包括生态保护红线、永久基本农田、城市开发边界，并制定相应的管治要求；评估区域生态环境本身的功能，并通过保护性原则的提出，指导和引导未来空间要素布局，制定分区的污染排放总量控制策略；在红线定界、容量定顶的空间约束、环境约束管治策略下，结合区域经济社会发展趋势进行整体开发强度的空间布局安排。

土地经济背景下的唯GDP论，会导致城市发展过于强调建设引领，而缺少底线约束的思路。在空间层面，城市建设逐渐侵占优质的农业空间和优美的生态空间；在属性层面，城市规划对资源环境客观约束考虑不足，导致"资源天花板"屡屡被突破，"环境质量红线"常常被触及。

近年来，在我国城市建设与发展中变动最多的是城市规划，而且，这些城市规划变动往往是对未明确产权的空间侵蚀和侵占，如水体、绿地等生态环境。一些城市空间无序开发、人口过度集聚，重经济发展、轻环境保护，重城市建设、轻管理服务，导致人口集聚区人居环境较差。城市不是规划的客体，不可以任意发挥、随意发展。城市只是以人为中心的发展的载体，规划折腾是最大的忌讳，因此，要以底线思维严控。

（一）红线定界的底线管治

基于县市发展和保护的双重迫切需求，首先应以底线保护思维划定严防死守的"生态保护红线、永久基本农田红线、城市空间增长边界"思维空间底线。国家层面已明确生态保护红线的法律地位，要严格按照优化开发、重点开发、限制开发、禁止开发的主体功能定位，在重要生态功能区、陆地和海洋生态环境敏感区、脆弱区等区域划定并严守生态保护红线。为解决城市扩张大量侵占优质耕地导致的城乡失衡问题，自然资源部、农业农村部联合部署划定永久基本农田红线，严格实行特殊保护，扎紧耕地保护的"篱笆"，筑牢国家粮食安全的基石。在县市层面，在推进"多规合一"时也要事先划定"两条红线"，在有形可控层面事先实现对生态、农业空间的保护以及对城市建设行为的约束。其次应从限定城镇空间无序蔓延及对农业空间、生态空间过分蚕食的角度，提出划定城镇开发边界，通过减小空间扰动范围、延长空间被扰动时间等手段，保护生态环境。

城镇开发边界是指为限制城市无序发展，保障重点功能区、重点建设项目及民生建设项目用地，有效引导城市空间发展和建设项目布局，一定期限内划定城市空间拓展的外部范围边界（由建设用地、有条件建设区的边界围合形成）。它是城市的预期扩展边界，边界之内是"当前城市与满足城市未来增长需求而预留的土地"。提出城镇开发边界的主要目的是：限制城市无序蔓延，圈定明确的城市边界；保护城市外部开放空间；保护乡村与基本农田；实现高密度的、更加紧凑的发展模式。城镇开发边界是一种多目标的城市空间控制规划工具，以生态、经济与社会效益的综合最大化为目标，力图将城市开发向适宜的地区引导，并规避风险地区和保护林地、水域、农田等生态敏感地区，同时结合紧凑增长理念提高基础设施和公共服务设施的使用效率。城镇开发边界内部，还可进一步提升城市规划"五线"[包括城市红线（主次干道路幅的边界控制线）、绿线（各类绿地的边界控制线）、蓝线（水域的边界控制线）、紫线（历史文化街区、优秀历史建筑及文保单位的边界控制线）、黄线（基础设施的用地的边界控制线）]中"蓝线、绿线、紫线"地位，保护城市内部有限的水体、绿地等生态空间和有历史文化传承功能的建筑风貌。

（二）容量定底的管治技术

属性底线以"资源天花板"作为相对柔性约束条件，以"环境质量底线"作为刚性约束底线。在认识到资源、环境要素是生产力的生态文明背景下，城市发展需要摸清支撑自身可持续发展的资源、环境"家底"，避免过度触及或跨越底线的发展态势导致城市长期处于亚健康状态。"资源天花板"

以水资源、能源、土地资源三大资源为约束条件。水资源和能源本身就具有空间分布不均的特征，可通过工程建设及跨区域输送解决资源不足的问题，属于柔性约束条件。但在区域规划体系中，城市的等级、定位及发展潜力决定了外部资源供给的保障程度，无论城市大小都以外部调水工程保障其城市发展显然是不合理的。相比之下，可供城市建设的土地资源的约束力更具刚性，既是空间底线又是属性底线。因此，"多规合一"需要确定支撑城市发展的资源总量。对于能源和水资源的柔性约束特征，应实施强度与总量双控原则；对于土地资源的刚性约束，应实施供地总量控制原则。"环境质量底线"是保障城市范围内居民健康的"安全线"和"警戒线"。"环境质量底线"同样具有空间分布差异的特征，城市内部环境功能定位决定其环境质量标准，环境质量标准决定其环境容量及允许排放的污染物总量，从而形成对城市发展的刚性约束。环境质量底线需要考虑城市集聚发展特征、污染排放情况和受众人群集中分布的特征来确定合理的环境容量。因此，"多规合一"需要确定城市分区域的环境容量，以保障整体和局部均能达到环境质量标准要求。现有各类规划和相关研究对于可供开发利用资源量及环境容量的核算技术方法已积累了丰富的成果，从国家层面来说，需要对成果进行整合，出台相对简单易操作的技术方法，规范"多规合一"的编制方法。

针对环境质量底线的刚性约束，笔者提出以下容量定底的管治思路。

① 以控制排放密度的思路，分区分级细化大气污染物排放总量控制。大气污染物排放以工业源为主，排放量呈现区域高度集中的态势。在大气污染物普遍存在排放密度高造成环境容量局部超载的情况下，按既有思路，县域全境范围环境容量控制下的总量控制目标难以实现区域环境质量改善。为解决污染减排绩效与群众环境感受不符的现状，需制订分区分级的总量控制方案。制订分区总量控制方案时，应优先考虑人口集中和产业集中的区域，保证人居环境空气质量达标，制定重点区域的总量控制目标，避免环境容量局部超载；确定分级质量目标时，不同区域的生态保护目标、环境功能不同，环境质量目标就有所差异，需采用分级质量目标管理模式，作为总量控制方案的核算依据。

② 以流量管理控制排放的思路，分时分段分级分区细化水污染物排放

总量控制。水污染物呈现工业点源、城镇生活点源、农村生活面源、农业面源叠加排放的特征，工业点源兼具连续性和间断性、城镇生活点源排放具有连续性、农村生活面源、农业面源排放随降雨径流入河具有间断性特征。既往河流环境容量核算以河段为单元，保守计算枯水年全年可接纳污染物的总量，未考虑年内丰枯水季河流流量差异，从而造成枯水季节水质断面超标现象；排污口在某一河段过于集中也会造成河段水质超标现象。制订分时、分段、分区、分级细化的水环境总量控制方案，能确实保障地表水环境质量的改善：制订分时总量控制方案，根据年内各河段丰枯水季流量进行环境容量年内分配；制订分段分级总量控制方案，对地表水功能区划进行细化管理，确定不同河段单元的水质功能目标，作为核算依据；制订分区总量控制方案，以城镇空间、农业空间为依托，针对水污染源的分区特征，细化城镇源和农业源的总量控制方案。

（三）强度定顶的管治技术

在划定红线、容量定底的管治技术基础上，要进一步对区域经济社会发展进行空间布局总体约束，明确区域总体开发强度，再针对三大空间承载功能的不同制定开发强度的总体约束。《全国主体功能区规划》明确给出了"开发强度"的定义：一个区域建设空间面积占该区域总面积的比例。建设空间包括城镇建设用地、独立产业建设用地、农村居民点建设用地、区域性基础设施建设（交通、水利等）用地及其他建设用地等。

1. 开发强度测度差异分析

国土部和住建部对于建设用地规模的配置有各自的方法体系，主要体现在以下方面。

①"土地规划"本着"以供给定需求，并引导需求"原则，在全域土地总量控制约束下，自上而下层层分解建设用地规模指标，强调用地的刚性控制。"土地规划"的工作路线一般采用自上而下、逐级落实的方法，同时也会适当考虑当地需求，自下而上汇总各类意见，主要还是严格执行上级规划指标，充分显示其很强的计划性。根据上级下达指标，"土地规划"主要控制性指标包括建设用地总规模、城乡建设用地规模、城镇工矿用地规模，在

编制过程中将建设用地总规模、城乡建设用地规模、城镇工矿用地规模分解到各个乡镇行政区范围。

②"城乡规划"确定建设用地规模时采用"以需求确定供给，并调控需求"的原则，主要保障经济发展、人口规模增长和城镇化需求，属于发展型的规划手段。"城乡规划"在工作路线上采取自上而下与自下而上相结合的方法，充分重视基层的发展需求。"城乡规划"建设用地规模确定基本路径如下：根据区域城镇化和社会经济发展需求划定城市规划区、中心城区范围，进而确定规划目标年的中心城区城镇人口数量；分析城市规划区范围、中心城区范围的城乡用地现状规模和城镇人口规模，按照《城市用地分类与规划建设用地标准》（GB 50137—2011）要求规划人均城市建设用地（H11）水平，最终核定城市规划区、中心城区建设用地规模。需要指出的是，城市规划区、中心城区并不完全以行政边界界定，而是以行政边界与自然边界相结合形成的区域范围界定。

综上，"城乡规划"和"土地规划"在建设用地配置时关注区域范围不同、指标配置方法也存在差异，因此建设用地规模产生冲突也很正常。以县市为例，冲突差别通常表现为总体规划和各乡镇总体规划建设用地总规模大于县域总体规划建设用地总规模，近期基本能与县域/乡镇土地利用总体规划建设用地规模相协调，但远期规模将远大于按照土地利用总体规划测算的指标值。

2. 基于城镇化发展潜力分析分区开发强度测算

以县市为单元，为了合理确定开发强度，笔者团队采用城市研究中构建人口城镇化、土地城镇化和经济城镇化的城镇化发展潜力分析法，在区域发展潜力识别基础上，进行人口、用地的统筹安排，最终确定开发强度指标，同时也实现了对县域城乡总体规划、乡镇总体规划、土地规划之间的协调。

四、数据赋能管治技术与方法

2015年9月，国务院印发《促进大数据发展行动纲要》，将大数据建设和应用上升为国家战略，广泛应用于各领域。党中央、国务院高度重视大数据在生态文明建设中的地位和作用，2016年3月，环境保护部发布《生态环境大数据建设总体方案》，将国家生态环境大数据总体架构确定为"一个机制、两套体系、三个平台"，旨在通过生态环境大数据的建设和应用，实现生态环境综合决策科学化、生态环境监管精准化和生态环境公共服务便民化。近年来，在各级环保部门积极推动下，数据规模不断扩大，数据资源实现整合，数据共享逐步推进，生态环境大数据建设初显成效。然而，数据整合只是生态环境大数据建设迈出的第一步，大数据建设的核心是如何有效利用大数据，为生态环保部门提供更加有效的信息，使之成为生态环保决策的重要依据和支撑，成为提高环境治理现代化水平的工具和方法，成为推进生态文明建设的突破口。

（一）大数据赋能生态环境保护的原则

1. 兼顾宏观与微观

污染源排放数据属于微观数据，生态环境质量则是宏观数据。过去，由于各种原因，生态环境部门更加关注生态环境质量等宏观数据，通过国家、省级、市域、县域等不同范围的宏观数据统计，反映一个地区的生态环境质量。这种宏观层面的生态环境数据可以让我们对生态环境现状有一个直观了解。然而，生态环境质量的好坏取决于多种因素，其中最重要的两个因素就是存量和增量，前者即这个地区固有的生态环境本底，后者即这个地区当前的经济社会行为对生态环境的影响。从环保工作的角度看，我们对于一个地区的生态环境本底只能选择接受，然后利用污染治理和生态修复措施，改善环境质量。更进一步，可以利用微观数据的检测，识别污染排放主体的行为，判断排放主体的行为规律，结合排放主体的目标函数，制定出合适的环境经济政策，这是治本的做法。因此，未来生态环境大数据建设应当进一步加强微观数据的监测和统计，从微观层面为宏观数据提供更充分的解释。

2. 兼顾历史与未来

历史数据与未来数据同样重要。历史数据可以为我们描绘出生态环境保护相关数据的历史趋势和现状评价，可通过监测、观察、统计等方法获得。未来数据则可以在考虑到技术进步、环保投入、环境规制等因素的前提下，按照历史规律模拟出污染物排放和生态环境质量可能的发展趋势，对未来可能发生的环境风险作出警示。历史数据是对生态环保工作效果的评价，未来数据则是对生态环保工作提出的新要求和新挑战。鉴于此，生态环境大数据建设应当在整合历史和实时数据的同时，兼顾对未来数据的模拟和预测。

3. 兼顾环保与发展

环境问题并不是凭空产生的，而是在发展中出现的，生态环境大数据建设也不该局限于生态环境数据本身，而应当尽快实现与人口、经济、物流、交通、能源数据的对接。一方面，多源数据的对接可以成为判断生态环境数据真实性和可靠性的重要方法。如当生产污染数据与经济数据或能源数据出现矛盾时，我们需要特别注意，是否存在环境数据造假或偷排漏排行为；当生活污染数据与人口数据出现矛盾时，我们需要特别注意，是否存在污染的跨境转移问题。另一方面，多源数据的对接还可以为经济社会发展提供预警功能。如城市资源环境承载力的动态变化可以成为城市发展规划的预警，上市公司的环境风险评估体系可以成为投资者进行决策的参考，公众对环境质量的负面舆论可以成为地方官员绩效考核中环境绩效的主观评价来源。因此，仅仅局限于环保的生态环境大数据建设是滞后的，只有实现多源数据的整合对接，才能让生态文明建设成为推动社会高质量发展的有力引擎。

4. 兼顾数量与质量

当前，生态环境保护工作面临着两个局面：一边是污染数值的大幅下降，一边是人们对提高环境质量的诉求不断高涨。这些局面一方面是由于随着生活水平的提高，人们对优质生态产品的需求更加迫切，导致生态环境供给与需求之间出现矛盾；另一方面也说明，数量未必等于质量。由于测量和评价标准存在难度，现有的生态环境数据统计大多以数量作为标准，缺乏质量相关数据，尤其缺乏公众对环境质量的主观评价数据。随着我国全面建成小康社会目标的实现，满足人们日益增长的生态环境需求成为小康社会后生态环境保护的核心任务。因此，未来的生态环境大数据建设不仅要能够体现生态环保工作做了什么，还要体现出环保工作的效果，更要体现出公众对生态环境的需求是什么、这些需求是否得到了满足。

（二）大数据如何赋能生态环境保护

1. 数字数据开源多源，开启数据侦查功能

通过拓宽生态环境大数据的数据来源，应用 5G 通信 +8K 超高清视频、量子计算机等先进技术，将人口、产能、电力、通信、原料、价格等多源数据对接到生态环境大数据，可以在实现数据共享的基础上，有效利用数据之间的矛盾，实现数据的相互验证，以识别异常排污行为。例如，可以利用对企业电力消耗量的实时监控数据，判断企业生产行为发生的时间，以及时发现企业是否存在夜间生产、偷排漏排的问题，对企业违法行为实现精准锁定、精准执法；可以利用对企业污染处理设施的用电量监测，判断企业的环保设施运行状况，进而对企业自行上报的排放数据进行核验；可以利用城市人口空间分布和生活污染数据，对生活污染进行网格化管理，以此作为环境基础设施建设的空间布局依据，同时也可以成为辨别城市污染跨境转移的工具，尤其是在经济发展水平相差较大、环境规制强度存在差异的两个地区之间，这种方式可以实现快速甄别。

2. 数字测绘主体画像，创新分类环境监管

生态环境监管中涉及多个主体，分别是企业、居民和政府，生态环境大数据可以帮助我们精准测绘上述三个主体的画像，成为创新分类环境监管的依据。如传统的环境监管是以规模作为划分监管强度的标准，将污染源划分为国控源、省控源、市控源，企业规模越大，越可能成为环境监管的重点。这样做的理由是大企业的生产规模大，污染排放多。然而，这样做是否合理取决于一个逻辑前提，即：我们要重点监管的对象到底应该具备什么特征？是污染排放量较大的"大"企业，还是污染排放强度较高的"坏"企业？"大"企业一定是"坏"企业吗？事实上，"大"企业未必是"坏"企业，也有可能是"好"企业。这是因为，大企业往往在技术创新、环保资金、转型升级等方面具有绝对优势，同时，政府、媒体更加关注大企业，一旦这类企业有破坏环境的行为，往往会承受很大的政治压力和舆论压力，这些都会提高大企业的环境违规成本。小企业则不同，限于融资约束和投资时效，它们不愿意在环境保护上投入大量资金。因此，我们总是看到一个行业中，领头大企业已经实现了生产过程中的环保化，但大量小企业还在沿用较落后的生

产技术，成为真正的污染源。因此，环境监管重点不应依企业大小而定，而应依企业行为好坏而定。生态环境大数据就为甄别企业环境行为好坏提供了可能，可以根据企业生产和排污数据的实时监测，以每单位污染物的最低处理成本作为环境的影子价格，核算每个企业生产单位产值的环境成本，以单位环境成本的高低甄别企业环境行为的好坏，实施分类监管，转移监管重点，将更多的环境监管和治理资源应用到行业中环境行为最差的企业上。除此之外，生态环境大数据还可通过居民生活污染的实时排放数据，测写出居民的生活习惯和排污习惯，判断居民环保行为，可以此为依据制定差异化居民环保税的标准。生态环境大数据还可以结合领导干部履职，测绘其在上任前期、中期和后期地方环境绩效的变化趋势，判断在该任期内是否存在"突击开发、突击治理"或数据造假的情况，以此作为其离任审计的依据。

3. 数字监控生产环节，切实实现源头预防

要想扭转环保状况不理想的局面，利用生态环境保护助力高质量发展的实现，不仅要依靠发展方式的转变，还要依靠环保工作方式的转变。以往我们的工作主要集中关注如何修复环境、治理污染，这些工作都是在污染已经产生后开展的。尽管一直在强调加强环保的源头预防，但这些措施和建议大多围绕调整产业结构、能源结构、运输结构、用地结构等宏观措施展开。任何宏观结果的实现都需要微观行为的转变。如果我们的源头预防只停留在宏观层面，强调宏观结构的优化，这种建议也就只能成为建议，得不到落实。真正的源头预防应是将环保工作做在污染产生之前，利用企业能源消耗总量和结构数据、原材料消耗总量和结构数据对企业生产行为进行实时监控，以一年、一个季度，或者该行业一个特定生产周期为标准，结合行业生产技术，对企业已经或可能产生的污染总量、强度进行实时预警，引进"熔断机制"，将污染消除在产生之前，这样做的成本要远低于治理污染的成本。

4. 数字锁定前沿生产，推进环保奖优罚劣

目前，我们判断一个企业污染物排放是否达标的标准是国家根据该行业情况制定的一般化标准。所谓一般化标准就是该行业中大部分的企业都能够达到的标准，这样的标准设定不利于激励那些环境技术较高企业的持续创新，大多数企业也会以达到标准作为环境行为的目标，而不是追求更好的环境绩效。同时，由于行业污染物排放标准的实施时间较长，标准的更新滞后于行业生产和环保技术的更新，这就不利于发挥标准在优化企业环境行为中的作用。排污权交易的展开和排污许可证制度的实施，可以在一定程度上缓解上述问题，但能否彻底解决，则有赖于生态环境大数据对企业前沿生产的判断。综上所述，企业可以通过整合生产和污染数据，找到一个行业中环境绩效最好的生产技术，以此生产技术作为前沿生产面，推行奖惩机制，不以是否达到排污标准作为判断环境行为的标准，而是以该企业环境行为与行业前沿生产技术的差距作为判断标准，对所有企业的环境绩效排名，排名靠后的就是不达标的，以此激励行业生产技术的环保化。

5. 数字评价环保信用，提供投资决策依据

企业的目标是利润最大化，从利润的角度看，它们并没有动机减少排放、保护环境。因此，在污染的负外部性和环保的正外部性作用下，要想实现排放主体的绿色化改造，应当从企业自身的成本收益出发，增加企业保护环境的收益，以及污染环境的成本，让环保创新成为企业的自主选择，降低环境监管成本。为此，可以利用生态环境大数据建立起企业环保信用评价体系，对企业环境风险做出星级评级，并将环保信用评价结果提供给资本市场、银行系统，使之成为投资者的决策依据。随着环境信用评级系统的不断完善和资本市场的日趋成熟，投资者将有能力识别环境行为的优劣，资本市场也会对企业环境行为做出正确和足够的反应，这就是对企业环保行为的市场肯定，污染企业也会因此提高融资成本。从这个角度看，生态环境保护的确不是一项独立的工作，其成效还有赖于其他市场和机制的逐渐完善。

6. 数字体现公众感受，提高环境治理能力

全面建成小康社会后，公众对物质生活和精神生活有更高的要求，所以更加关注环境问题。如果说，物质生活是判断小康社会是否建成的标准，那么小康社会建成后，公众对优质环境质量的需求是否得到满足将是检验经济社会发展水平的新标准。怎样才是满足了公众对坏境质量的需求，生态环境大数据会给出答案。生态环境数据与公众之间交流平台建立后，公众可以在平台上随时举报环境违规行为，表达自己对环境质量的感受。生态环境大数据可以通过对公众感受的抓取，识别出不同城市，甚至不同网格的核心环境问题，判断当地公众对环境质量的容忍程度和需求状况，实现精细化环境治理。

当然，我们还应当清醒认识到大数据在赋能生态环境保护时可能遇到的困难与挑战：在引入环保奖惩机制时，可能会存在合谋和"鞭打快牛"的问题；在识别公众环境需求时，以何种标准将极端值剔除；如何避免政府行为对数据的干扰，保证生态环境大数据的独立性；如何做到从监测企业到监测行业，从监测行业到监测生产链，构建出立体化的数据网络；等等。大数据赋能生态环境保护，我们有基础、有优势、有条件，但要想做好，从部分数据样本推断出整个数据特征，从不确定推断出确定，从简单统计推断出深层原因，还需要不断地挖掘、融合和转化。

第三章

构建生态环境分区管治体系

第一节　生态环境分区管治体系

一、生态环境分区管治框架

生态环境分区管治结合属地管理重在"分区"与"管治"。其中，"分区"即按国土空间规划划分为生态空间、农业空间和城镇空间；"管治"主要指责任监管和制度监管。2020 年，中共中央办公厅、国务院办公厅印发的《关于构建现代环境治理体系的指导意见》提出建立健全环境治理的领导责任体系、企业责任体系、全民行动体系、监管体系、市场体系、信用体系、法律法规政策体系，具体制度设计见图 3-1。

1. 完善法律法规政策体系

健全法律法规政策体系是对生态环境保护的根本保障，也是建立长效机制的前提。应针对法律法规政策体系当前或未来的空白区进行补充完善，例如，针对生态保护红线、农村污染防治、生态环境治理监察、城镇环境精细化管理等内容制定相应的法律法规或部门规章，省级政府可在此基础上出台细则或导则，实施权下放基层，监督权提升上级。

2. 空间划分

结合各自特征，可以对三类空间进行细化。生态空间划分为生态保护红线区、生态保护区和生态治理区。农业空间按照种植结构分区和行政单位分区划分农业环境管理单元。城镇空间按照建成区、污染源范围区、新建区分区，其中建成区可根据用地性质进一步细分。

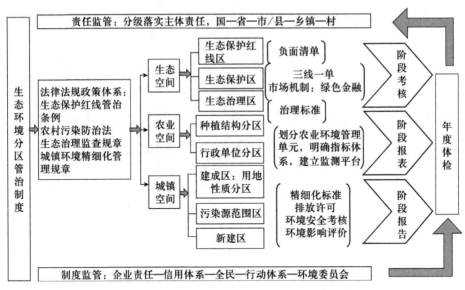

图3-1　生态环境分区管治制度设计图

3. 生态空间施策

生态保护红线区应严格执行负面清单，不符合生态保护红线准入要求的用地逐步有序退出，确定近期实施时间表。生态保护区应重点强化"三线一单"中准入清单的设计，并建立市场机制，可试行绿色金融、环境保险、生态补偿等支撑。生态治理区针对治理规划，应建立治理目标和考核体系，最终自下而上提交阶段考核成果。

4. 农业空间施策

农业空间，应根据不同农业功能，如生产功能、生态功能、生活功能、文化功能等类别，结合土壤面源污染的现状特征，提出区别化的指标体系和标准阈值，并按基层行政单元统计，同时在省级、市级层面建立动态监测平台，建立环境数据库，自下而上提交阶段报表。

5. 城镇空间施策

在建成区，按照不同的土地性质（如居住用地、公共设施用地、物流用地、商业用地等）制定不同的精细化环境标准。在工业用地、园区、污染排放源头等区域建立排放许可制度。新建区结合建设时序进行环境安全考核和环境影响评价，维护城市环境质量整体效果，最终自下而上提交阶段评估报告。

6. 建立以省为层级的年度体检制度

对不同空间提交的报告、报表、成果进行分析研究，明确下一步工作任务，可分为"维持""强化""整改"等，依此进行绩效奖励或主体问责。研究成果结合制度监管结论形成最终环境方案，经过专家审核、部门审验、政府审定后提交，并层层抓落实。

7. 建立双轨型监管体系

一是责任监管，明确国、省（自治区、直辖市）、市／县、乡镇、村的责任范畴和行动指南；二是制度监管，尽快建立信用体系，兼顾企业责任体系，建立环境业主委员会，推行全民行动体系，将制度监管结论反馈到年度体检，用以修正年度考核报告。

二、生态环境分区治理路径

国土空间是国民生存的场所和环境，也是一切经济社会活动的载体。近年来，各级生态环境部门围绕落实主体功能区战略，从生态功能区划、环境功能区划、"三线一单"、生态环境保护规划等方面谋划、开展了一系列工作，为经济绿色发展和打赢污染防治攻坚战奠定了坚实基础。

1. 制定完善主体功能区环境政策

为贯彻关于完善主体功能区配套政策的部署，2015 年 7 月，环境保护部（现为生态环境部）联合国家发展和改革委员会印发《关于贯彻实施国家主体功能区环境政策的若干意见》（环发〔2015〕92 号），对优化开发区、重点开发区、重点生态功能区、农产品主产区提出了环境分区管治要求，进一步明确了生态环境分区管治的措施要求。

2. 颁布实施《全国生态功能区划》

2008 年，环境保护部和中国科学院联合印发了《全国生态功能区划》，2015 年发布《全国生态功能区划（修编版）》，按照生态调节、产品提供与人居保障三大类生态系统服务功能，将国土空间划分成水源涵养、生物多样性保护、土壤保持、防风固沙、洪水调蓄、农产品提供、林产品提供、大都市群和重点城镇群 9 种生态功能类型，明确了各重要生态功能区的具体范围和生态保护要求，初步构建了国家和区域生态安全格局，为强化生态环境保护

修复和监管，稳定和提升生态系统质量提供了科学依据。

3. 积极推进环境功能区划工作

2012 年，环境保护部从保障自然生态安全、维护人群环境健康、区域环境支撑能力等方面建立区域环境功能评价指标体系，构建环境功能区划技术方法，从环境功能内涵和环境功能综合评价结果出发，根据环境功能的空间分布规律，把全国陆地范围分为自然生态保留区、生态功能调节区、食物安全保障区、聚集发展引导区和资源开发维护区五类环境功能类型区，提出了基于环境功能区划的生态环境分区管治体系，并在区域、流域和城市层面分别进行了实践应用，在 13 个省（自治区）开展环境功能区划编制试点工作。

4. 科学划定生态保护红线

根据中共中央办公厅国务院办公厅《关于划定并严守生态保护红线的若干意见》，环境保护部、国家发展和改革委员会同有关部门组织全国各省（自治区、直辖市）开展生态保护红线划定工作，制定发布技术指南与分布意见建议，加快推动建立生态保护红线监管体系，推进国家生态保护红线监管平台建设。2018 年 2 月，京津冀 3 省（直辖市）、长江经济带 11 省（直辖市）及宁夏回族自治区共 15 省（自治区、直辖市）生态保护红线划定方案由国务院批准并由省级政府发布实施，山西等剩余 16 省（自治区、直辖市）当时已形成初步划定方案。

5. 扎实推进"三线一单"编制工作

有关部门组织印发《"三线一单"编制技术要求（试行）》《"三线一单"数据共享系统建设工作方案》《"三线一单"成果数据规范（试行）》等技术规程，在全国范围内开展以"三线一单"为主体的区域空间生态环境评价工作，以区域空间生态环境基础状况与结构功能属性系统评价为基础，形成以"三线一单"为主体的生态环境分区管控体系。截至 2021 年 9 月，全国各省（自治区、直辖市）及新疆生产建设兵团"三线一单"成果全部通过生态环境部审核，并由省（自治区、直辖市）政府完成发布实施，并于 2023 年陆续启动动态更新工作。

6. 组织编制区域生态环境保护规划

我国组织编制了《京津冀协同发展生态环境保护规划》《长江经济带生态环境保护规划》《大运河生态环境保护修复专项规划》《长江三角洲区域生态环境

共同保护规划》等重点区域规划，着力加强区域生态环境保护，推进区域协同绿色发展。《国家环境保护"十二五"规划》（国发〔2011〕42号）提出探索编制城市环境总体规划。2012年、2013年，环境保护部确定了24个城市先行开展环境总体规划编制试点工作。城市环境总体规划以自然环境、资源条件为基础，通过统筹城市经济社会发展目标，合理开发利用土地资源，优化城市经济社会发展空间布局，从源头奠定城市环境保护格局，促进实现城市可持续发展。

三、优化调整国土空间发展布局设想

优化国土空间布局，要立足城市化地区、农产品主产区、生态功能区三大空间格局的资源积累和生态环境功能定位，坚持生态优先、绿色发展理念，遵照"结构合理、功能高效、制度严密、管控有力"原则，进一步增强生态环境分区管治的系统性、整体性、协同性，推进实施一系列根本性、开创性、长远性的政策举措，构建面向现代化的国土空间开发保护新格局。

1. 编制实施生态环境功能区划，精准发力落实"一区一策"

①在总结梳理生态功能区划和环境功能区划工作成效的基础上，启动全国和各省份生态环境功能区划编制工作，发布生态环境功能区划指南，明确不同区域的环境功能定位及分区的生态环境质量要求，确定相应的生态环境控制目标、标准和要求，落实各项管控措施，开展生态保护修复和环境综合治理，将分区管治要求落实到县级行政区，制定实施差别化的绩效考核评价体系。在城市化地区，积极推进绿色转型，保障生态环保型工业产品和服务，持续改善环境质量，持续减少污染物排放，改善城乡人居环境，使其成为国家新发展格局的主体空间。②在农产品主产区，更好发挥农业和生态供给，保障农产品安全，有效控制农业面源污染，切实改善土壤环境质量，使其成为农村居民安居乐业的美好家园。③生态功能区要加强生态产品供给，扩大绿色生态空间，增强生态系统稳定性，切实保护好生物多样性，保障国家生态安全，成为人与自然和谐共生的展示区。

2. 健全完善主体功能区生态环境保护政策，构建高质量发展的国土空间支撑体系

①以生态环境质量改善为核心，建立"功能—质量—排放—标准—管

控—治理—功能"闭路循环的生态环境分区管治体系。②以分区管治为抓手，将环境影响评价、排污许可、生态补偿、污染物排放标准、总量控制等管理制度有机融合。③开展生态环境分区管治试点，构建一套技术标准统一、功能定位协调的生态环境分区管治技术方法体系。④综合考虑水、大气、土壤、生态等各方面生态环境要素空间管控需求，加快完善涵盖各要素管理领域的配套政策与保障机制。⑤建立现代环境治理体系评价指标体系，将环境治理体系和治理能力现代化实施进程纳入地方政府年度评估考核的重要内容。⑥健全完善主体功能区生态环境保护政策体系，研究出台能贯彻落实主体功能区生态环境保护相关政策的文件，制定对生态空间、生态保护红线、自然保护地等区域的监管办法，为构建高质量发展的国土空间布局提供生态环境政策支撑。

3. 加快"三线一单"应用，加强对区域开发和建设活动的有效监管

按照"守底线、优格局、提质量、保安全"的总体思路，采取分类保护、分区管控措施，进一步强化"三线一单"空间管治。①对于城市化地区，重点监督大气、水、噪声、固体废物等的污染防治，强化建设项目环境影响评价事中事后监管，关注城镇空气、水、土壤以及噪声等环境质量，同时监管"邻避效应"、重点行业企业碳排放。②对于农产品主产区，重点监管土壤、大气、固体废物等的污染防治，监督农业面源污染治理，关注耕地土壤环境质量、农业面源污染、畜禽养殖污染、农村环境整治等，同时监管环境风险。③对于生态功能区，重点监管生态保护红线、各类自然保护地，监督对生态环境有影响的自然资源开发利用活动、重要生态环境建设和生态破坏恢复情况，监督野生动植物保护、湿地生态环境保护、荒漠化防治等，同时监管碳汇产品提供和生态风险。

4. 严守生态保护红线，增强生态服务功能

①以生态保护红线监管平台、生态监测网络为依托，提升政策法规标准执行保障，推动建立涵盖基础调查、监测预警、评估考核、问题查处、监督执法、责任追究等各个环节，覆盖陆地海洋生态保护红线及各要素的监管体系。②强化用途管制，严禁任意改变用途，杜绝不合理开发建设活动对生态保护红线的破坏，将生态保护红线落实到地块，形成生态保护红线全国"一

张图"。③强化生态保护红线关键目标保护，促进退化生态系统修复，严控保留人类活动规模和强度，落实退出人类活动计划，确保生态功能不降低、面积不减少、性质不改变。④生态保护红线划定后，相关规划要符合生态保护红线空间管控要求，不符合的要及时调整。空间规划编制要将生态保护红线作为重要基础，发挥生态保护红线对于国土空间开发的底线作用。

5. 坚持生态优先绿色发展，推进区域协调绿色发展战略

①服务构建新发展格局，在京津冀协同发展、长江经济带发展、粤港澳大湾区建设、长三角一体化发展、黄河流域生态保护和高质量发展、雄安新区建设等国家重大战略区域实施绿色发展战略，特别是推进长江经济带高质量发展，使长江经济带成为我国生态优先绿色发展的主战场、畅通国内国际双循环的主动脉、引领经济高质量发展的主力军。建立健全生态产品价值实现机制，培育高质量发展绿色增长点。②建立更加有效的区域协调绿色发展机制，加强公众对政府的理解和对一些布局项目的支持、监督，规避环境风险、化解"邻避"困境。③健全公平与效益并重、政府调控与市场优化配置并重、问题与目标并重、约束与激励并重的精准的区域生态环境政策体系，重点解决和化解区域矛盾，平衡区域利益。

6. 以生物多样性保护优先区域为重点，大力实施生物多样性保护重大工程

以生物多样性保护优先区域为重点，大力实施生物多样性保护重大工程，主要包括以下内容：一是开展生物多样性调查和评估，摸清家底；二是构建生物多样性观测网络，掌握动态变化趋势；三是强化就地保护，完善生物多样性保护网络；四是加强迁地保护，收储国家战略资源；五是开展生物多样性恢复试点示范，提高生态系统服务功能；六是协同推动生物多样性保护与减贫，促进传统产业转型升级；七是加强基础能力建设，提高各级政府生物多样性保护水平。目标：努力做到区域内自然生态系统功能不下降，生物资源不减少。

7 深入开展低碳行动，加强应对气候变化与环境治理、生态保护修复的协同增效

①推进应对气候变化与环境保护融合，构建绿色低碳生产生活体系，组织开展低碳城市行动，积极创建省级市级低碳示范试点，创建"零碳园

区""零碳社区""零碳校园"。②组织开展低碳城市总体规划编制试点，实施"一市一规"，推动绿色转型。③建立绿色标识产品清单制度，开展生态产品绿色转化标准构建、标识认证、监管等制度体系建设，推动现有环保、节能、节水、循环、低碳、再生、有机等产品认证逐步向绿色产品认证过渡。④围绕二氧化碳排放达峰，深入开展温室气体控制和空气环境质量达标协同管理试点工作，建立城市绿色低碳年检制度，加大对促进二氧化碳排放达峰的重大项目和技术创新的扶持力度，鼓励国家生态文明建设示范市县和"绿水青山就是金山银山"实践创新基地等率先开展碳中和示范创建工作。

8. 深入打好污染防治攻坚战，实施一系列生态环境保护重大工程

以改善生态环境质量为核心，分区实施生态系统保护和修复，实施一批重大工程，并对重大工程实施成效开展实时监测评估。①在城市化地区，重点实施入河排污口清理排查整治与规范化建设、城镇污水管网及处理设施建设与提标改造、饮用水和地下水污染防治、重点行业大气污染治理、污染地块风险管控与修复、新型污染物治理、环境质量监测能力建设等重大工程。②在农产品主产区，重点实施农用地安全利用与修复、农业面源污染防治、农村环境综合整治、土壤环境监测能力建设等重大工程。③在生态功能区，重点实施重要生态系统保护和修复、生态系统保护成效监测评估、生态状况监测能力建设等重大工程。目标：完善重大工程实施的绩效考评机制，加强工程项目的实施能力建设，提高生态环境治理成效，维护国家生态安全格局、促进生态文明建设。

第二节　生态环境分区治理效能

党的十九届四中全会审议通过的《中共中央关于坚持和完善中国特色社会主义制度　推进国家治理体系和治理能力现代化若干重大问题的决定》（以下简称《决定》），专门对"坚持和完善生态文明制度体系，促进人与自然和谐共生"作出战略部署。2019年11月26日，中央全面深化改革委员会第十一次会议审议通过了《关于构建现代环境治理体系的指导意见》（以下简称《指导意见》）。2020年3月，《指导意见》正式印发。环境治理体系是国家治理体系的重要组成部分，是建设美丽中国的迫切需要，是完善生态文明制度体系的重要任务，是统筹山水林田湖草沙系统治理的根本要求，是实现生态环境事业高质量发展的必然选择。加快推进我国环境治理体系和治理能力现代化建设，需要辨明历史、认清现在、明晰未来。《指导意见》为深刻认识我国环境治理走过的路，正确分析经济社会和环境治理面临的外部环境，厘清政府、企业、公众的行为机理提供了全面、清晰、可行的逻辑框架和行动指南。

一、我国环境治理者的角色演变

"国家—市场—社会"是现代社会系统的基本结构方式，"政府—企业—公众"互为前提、相互制约，在我国环境治理中发挥了各自独特的作用。我国环境治理的发展历程就是环境治理者自身提升与互相影响的过程，也是个体优化与系统均衡的结果。在我国环境治理进程中，政府经历了从主体到主导的角色转变，企业经历了从被动治污到全过程治理的行为转变，公众经历了从了解到参与的观念变化。在我国环境治理进程中，政府、企业、公众的角色演变经历了如下四个关键时点。

① 1973 年 8 月，国务院召开第一次全国环境保护会议，审议通过了"全面规划、合理布局、综合利用、化害为利、依靠群众、大家动手、保护环境、造福人民"的环境保护工作 32 字方针。这个方针指出政府需要"全面规划、合理布局"，同时"依靠群众、大家动手"，确定了政府和公众在生态环境治理中的角色，但并未明确企业的主体责任。

② 1989 年 12 月，第七届全国人民代表大会常务委员会第十一次会议通过了《中华人民共和国环境保护法》。其总则部分指出：一切单位和个人都有保护环境的义务；县级以上地方人民政府环境保护行政主管部门，对本行政区域环境保护工作实施统一监督管理。虽然提出企业和公众都有保护环境的义务，但没有明确指出企业和公众应当如何履行保护环境的义务，环境保护工作的主体仍然是各级政府。

③ 2014 年 4 月，第十二届全国人民代表大会常务委员会第八次会议修订通过了《中华人民共和国环境保护法》。其总则部分明确规定：地方各级

人民政府应当对本行政区域的环境质量负责；企业事业单位和其他生产经营者应当防止、减少环境污染和生态破坏，对所造成的损害依法承担责任；公民应当增强环境保护意识，采取低碳、节俭的生活方式，自觉履行环境保护义务。这明确了政府、企业、公众为生态环境治理者。

④ 2020年3月，《指导意见》正式印发。《指导意见》指出要"以坚持党的集中统一领导为统领，以强化政府主导作用为关键，以深化企业主体作用为根本，以更好地动员社会组织和公众共同参与为支撑"，在政府、企业、公众三个生态环境治理者的基础上，将党委和社会组织纳入生态环境治理体系，标志着我国生态环境治理形成了"党委领导，政府主导，企业主体，社会组织和公众参与"的多元共治格局。

二、构建生态环境治理体系面临的问题

构建现代环境治理体系，提高环境治理能力现代化，首先需要厘清政府、企业、公众面临的挑战，综合考虑环境治理者所处的发展阶段，找到最优的环境治理措施或组合。

（一）政府面临宏观经济周期和环境政策周期的叠加

1. 宏观经济周期

在宏观经济周期的不同阶段，经济发展与生态环境呈现出不同的关系。经济发展初期，两者关系和谐，环境为经济发展提供资料，经济发展为环境修复和保护提供资本。当经济发展到环境保护速度赶不上破坏速度时，经济与环境的关系开始紧张。此时，就需要加强生态环境治理体系和治理能力现代化建设，搭建起多元共治的生态环境治理体系，加强激励与约束机制，全面提高治理能力现代化建设，使经济与环境回归和谐。

2. 环境政策周期

不同环境监管措施和环境经济政策都需要经过"制定—执行—评估—调整—奏效"这几个阶段，形成一个政策周期。环境监管政策的制定和执行周期较短、奏效较快，但缺少自我调节能力和稳定器，其作用效力往往缺乏弹性。而环境经济政策自身就具有稳定器的作用，以环境税、排污权交易等为

主要手段的环境经济政策，在实施过程中，会随着企业行为的调整而自动发生变化，加大了政策弹性。

（二）企业面临企业生命周期和环境治理周期的叠加

1. 企业生命周期

处于不同生命周期的企业拥有不同的可支配资源和能力，会依据其发展目标、资源和能力、消费者对绿色产品的需求程度、公众对企业环境问题的监督程度及相关环境政策调整环境污染和治理行为，导致企业环境行为出现异化。对处于不同生命周期的企业而言，同样的环境政策也会产生不同的治理效果，引起企业行为选择的差异化。

2. 环境治理周期

企业在不同生命周期阶段，环境治理的承受能力也是不同的。初创期和成长期企业的环境治理承受能力弱，企业环保心理可以形容为"得过且过"。成熟期企业对环境治理的承受能力较强，从被动治污转为主动治污，甚至通过绿色发展增加产品差异性，树立良好企业形象，企业环保心理可以形容为"锦上添花"。衰退期企业对环境治理的承受能力最弱，企业环保心理可以形容为"破罐破摔"。

（三）公众、社会组织面临的主要挑战

1. 公众、社会组织参与环境治理的系统性和程序规范问题

如果公众和社会组织参与环境治理的制度保障不健全、渠道不畅通，将大大削弱公众参与的价值和意义。积极推进面向公众和社会组织的环境信息公开，对公众和社会组织参与生态环境治理的全过程做出详细规定是公众和社会组织参与治理的前提。

2. 公众遭受环境损害后的救济维护问题

公众遭遇环境损害的后果往往十分严重，且在遭受损害后维护自身权益的难度十分大，这正是涉及环境纠纷的信访案件很多，但诉诸法律的环境纠纷却少之又少的原因。如何针对公众遭受环境损害的特殊性，建立并完善相应的救济维护制度，是对公众参与生态环境治理的基本保障，也是未来工作面临的重要问题。

3. 新技术对公众、社会组织参与环境治理的影响

新技术的开发将有助于缩短公众接收环境信息的时间，提高公众和社会组织参与生态环境治理的效率，同时也会提高公众和社会组织的环境敏感度。如何满足公众和社会组织愈发严厉、紧迫的生态环境需求，是摆在公众和其他生态环境治理者面前的一道共同的难题。

三、生态环境治理的核心理念

《指导意见》为深刻认识新时代下环境治理面临的问题与挑战提供了依据，为理顺不同环境治理者的行为规范提供了方法，也为生态环境治理体系和治理能力现代化建设的推进指明了方向。总的看来，《指导意见》可以概括为"四个角色、七大体系、二十四字目标"。

（一）"四个角色"

"四个角色"指的是党委、政府、企业、公众和社会组织。以往政策和相关研究，大多认为环境治理者只包括政府、企业、公众。《指导意见》指出要"以坚持党的集中统一领导为统领，以强化政府主导作用为关键，以深化企业主体作用为根本，以更好地动员社会组织和公众共同参与为支撑"。这不仅将环境治理者的角色由三个增加至四个，还进一步明确了他们的定位和角色。党委是领导，政府是主导，企业是主体，公众和社会组织是参与者，赋予了各方在环境治理中的差异化责任。

"四个角色"综合考虑了当前和未来我国环境治理所处的阶段，越是在环境治理已经取得了一些成就之时，越是继续推进的艰难阶段。如果说，之前已经解决了环境治理中的主要问题，那么接下来的任务就是巩固效果、查漏补缺，否则之前已经解决的环境问题就会卷土重来，甚至变本加厉。要想避免、解决这些问题，就必须牢牢把握坚持党的集中统一领导。正如党的十九届四中全会审议通过的《决定》对我国国家制度和国家治理体系的 13 个方面的系统概括，坚持党的集中统一领导是国家治理体系的显著优势，也是国家治理体系的首位内容。生态环境治理"一荣俱荣、一损俱损"，只要一个地方的环境治理做得不到位，其他地方的治理努力就是枉

费。因此，要想巩固扩大治理效果，必须从全局出发，坚持党的集中统一领导，做到统筹左右、协调前后、兼顾上下，充分、科学、有效地发挥党委领导、政府主导、企业主体、公众和社会组织参与的多元共治的优势，才能形成政府治理和社会调节、企业自治的良性互动，形成工作合力。

（二）"七大体系"

"七大体系"指的是到 2025 年要建立健全环境治理的领导责任体系、企业责任体系、全民行动体系、监管体系、市场体系、信用体系、法律法规政策体系。"四个角色"作用的发挥需要机制保障，通过机制设计，明确他们在环境治理中的权责利，同时将其权责利通过机制联系起来，形成一个有机集合。

（三）"二十四字目标"

"二十四字目标"指的是要形成"导向清晰、决策科学、执行有力、激励有效、多元参与、良性互动"的环境治理体系。这"二十四字目标"可分为两部分，前十二个字回答了环境治理体系应该如何构建，后十二个字回答了环境治理体系应该如何运行。

上级政府导向清晰，下级政府决策科学，环境监管执法有力，前十二个字明确指出了中央、省级、市县级在环境治理体系中的定位与作用。这里尤其值得关注的是"执行有力"。何为"有力"？这个力应当是适度的，用力不够就起不到威慑和惩罚的作用，用力过猛则可能对企业生存造成威胁。面对被执法者，尤其是中小企业，既不能为了保地方经济而"隔靴搔痒"，更不能为了保住环保饭碗而不管不顾。因此，在环境执法的过程中，对裁量权的把控至关重要，需要通过一次次执法反复验证。虽然这可能会在一定程度上增加执法成本，但唯有如此，才能做到"执行有力"。

充分构建市场体系、法律法规政策体系，有效激励地方政府推动环境治理体系建设，推动企业环境行为的改善，形成共治多元的良性互动，后十二个字高度概括了《指导意见》中的"七大体系"，也指出了如何让现代环境治理体系真正动起来，有效发挥作用的核心，即环境治理者形成多元共治，利用"七大体系"对"四个角色"实现有效的激励与约束，最后通过多元之

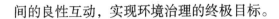

间的良性互动，实现环境治理的终极目标。

四、从制度共识向治理效能的转化

《指导意见》最重要的本质内涵与战略价值是打通了《决定》中所要求的将制度优势转化为治理效能的转化之路，指引未来环保工作实现从制度自信向行动自觉、制度共识向制度共建、制度意识向治理能力、制度优势向治理效能的一系列深度转化。以下具体从"道、法、势、术、器"五个层面进行详细阐释。

（一）转化之道以明向：现代环境治理体系的现代化逻辑演进

对"现代"的正确认知是对《指导意见》本质精神深刻理解与科学运用的起点。从词源上看，"现代"及其密切相关的"现代化""现代性""现代主义""后现代性""后现代主义"等已成为描述历史进程、发展水平、社会思潮、行为属性的基础用语。环境治理体系作为新时代国家治理体系的重要组成部分，《指导意见》中"现代"的内涵指向应与国家治理体系和治理能力现代化保持一致，即包含两方面：一方面是指过程的现代化，强调从传统向现代的变迁过程；另一方面是指状态或程度的现代化，侧重一种相对发达的实际状态或程度。因此，构建现代环境治理体系是将与其相关的治理价值、要素、行为等所有系统进行优化的过程，最终实现追赶、达到和保持世界先进水平。我们应从历史和现实相贯通、国际和国内相关联、理论和实际相结合的宽广视角对《指导意见》的历史逻辑、理论逻辑和实践逻辑进行思考和把握。

1. 深刻理解把握环境治理现代化的历史逻辑

将"环境治理现代化的过程"放到"中国现代化转型"这个更宽阔的历史视野中，有助于我们更清楚地透视这种转变的性质、逻辑和趋势。

传统国家治理向现代国家治理的变迁是两个稳态系统之间的转变。自秦朝建立大一统国家以来，中国虽历经朝代更迭，但整个国家治理和运行的内在逻辑并无实质性的变化，金观涛等学者将其称为"超稳定结构"。直至1840年鸦片战争爆发，在西方外力的巨大冲击下，中国被迫从几千年朝代循环的旧轨道中跃出，在思想观念、制度和技术等不同层面上下求索，国家、社会和个人经历深刻变迁，探寻一条符合自身发展的现代化之路。当前整个国家的经济基础、社会结构和生态景观正在被重塑和重构，对此，需要国家治理的价值排序、制度安排与政策供给根据进程适时适当地做出自觉性、针对性的调整。

改革开放以来，我国推行的改革主要集中于经济领域，社会体制、生态文明体制改革相对迟缓，是一种"非均衡式"改革。这种改革路径之下积累了一系列深层次的结构性矛盾，这些矛盾使得我们的发展无法体现"包容式增长"，很难具有"可持续性"。尤其受到工业化、城镇化高速发展等因素冲击，生态环境成为"公地悲剧"最为高发的领域，已然反向威胁到经济社会安全。当前，我国经济发展进入新常态，面临一系列关键转折，又逢世界百年未有之大变局，亟须主动适应国际国内形势变化，应认识到：中国迈向现代化的过程不应也不能只局限在经济社会领域；中国迈向环境治理现代化的过程需要有长期的战略定力，尤其应重视思想观念变迁的影响；建设现代环境治理体系是国家治理现代化过程中一个非常重要的环节，是推动我国上层建筑更好地适应经济社会基础的一项重要途径，是建立和完善社会主义市场经济体制的客观需要。

20 世纪 70 年代以来，主要发达工业化国家纷纷强化环境保护责任，加快政府环境监管体系的制度建设和能力建设。如 1970 年美国设立国家环境保护局（EPA），通过建立标准、监管执法、创新市场监管工具等手段，对美国环境污染实施有效监管，保障了美国环境质量的稳步提高，也推动了美国经济、社会、环境三个系统的良性兼容。从产业结构及污染物排放趋势来看，我国 2010—2020 年这一阶段大致相当于欧美国家污染物排放实现转折的 20 世纪 70 年代，属于"先污染、后治理"阶段中"先污染"阶段的"终结"阶段。正是由于种种历史必然性，《指导意见》的出台恰逢其时，尽快依据《指导意见》，加快推进生态环境治理体系创新，弥补短板、漏洞与弱项将成为重要的历史使命。

2. 深刻理解把握环境治理现代化的理论逻辑

中国环境治理体系现代化改革，将是一个价值观念导向调整优先于治理技术革新的过程，是一场深刻的认知革命。只有深刻理解把握了这一理论逻辑，环境治理现代化才能够获得源源不竭的创新动力。

首先，从国家治理现代化理论看，世界政治文明的多样性和历史传承性决定了每个国家治理模式的差异性，我国将治理理论上升到国家顶层设计层面是十分重要的理论创新，为现代环境治理体系提供了顶层指引。党的十八届三中全会首次明确地将"推进国家治理体系和治理能力现代化"作为全面深化改革的总目标，到党的十九大将"推进国家治理体系和治理能力现代化"列入习近平新时代中国特色社会主义思想，并纳入新时代中国特色社会主义基本方略，再到《中国共产党章程》修订指出："要全面深化改革，完善和发展中国特色社会主义制度，推进国家治理体系和治理能力现代化"，再到《决定》的正式发布，一步步将"推进国家治理体系和治理能力现代化"与"全面深化改革"系统联系起来，将"推进国家治理体系和治理能力现代化"与"完善和发展中国特色社会主义制度"系统联系起来，最终将其规范化和制度化，使之成为治国理政的重要指导原则，表明党对实现社会主义现代化的内涵理解不断丰富和自信，对社会主义社会的发展规律有了更新的认识，对完善国家职能有了更新的认识，更加突出强调国家治理应着眼于维护好最广大人民的根本利益，发展创造良好的社会环境和自然环境的公共管理与社会服务职能，形成了对马克思主义国家理论新的发展。与此同时，"五位一体"总体布局、"四个全面"战略布局、新发展理念的提出，意味着系统论、整体论、协同论成为国家治理现代化的重要方法论，协同水平越高，现代化水平越高。经济、政治、文化、社会、生态文明和党的建设等领域必须紧紧围绕全面建成社会主义现代化强国的总目标，推进治理方案协同、治理落实协同、治理效果协同，促进各项治理举措在目标取向上相互配合、在实施过程中相互促进、在改革成效上相得益彰，从而实现更优的治理效能。这种国家治理的顶层设计和整体布局，有利于克服环境治理现代化过程中可能遇到的观念方面和体制方面的障碍，有助于生态环境部门协同其他相关部门形成更统一广泛的行动战线。

其次，从习近平生态文明思想理论看，"道法自然，天人合一"是中国先哲对人类生态思想的智慧贡献，习近平生态文明思想则提供了一套新时代生态文明建设的思想论、认识论、方法论，向世界宣示和诠释了生态发展的中国道路。时代是思想之母，实践是理论之源。党的十八大以来，生态文明首次成为国家战略，随后相继出台了《中共中央　国务院关于加快推进生态文明建设的意见》《生态文明体制改革总体方案》等40多项涉及生态文明建设的改革方案，构建起我国生态文明建设的"四梁八柱"。在这一过程中，以习近平同志为核心的党中央深刻回答了为什么建设生态文明、建设什么样的生态文明、怎样建设生态文明的重大理论和实践问题，提出了一系列新理念新思想新战略，形成了习近平生态文明思想，集中体现了生态兴则文明兴、生态衰则文明衰的深邃历史观，人与自然和谐共生的科学自然观，绿水青山就是金山银山的绿色发展观，良好生态环境是最普惠的民生福祉的基本民生观，山水林田湖草是生命共同体的整体系统观，用最严格制度保护生态环境的严密法治观，全社会共同建设美丽中国的全民行动观，共谋全球生态文明建设的共赢全球观。推动环境治理体系现代化，最根本的就是要深入学习贯彻习近平生态文明思想。

最后，从人的全面发展理论看，2019年年末，我国常住人口城镇化率达到60.60%，比1949年年末提高了48.96个百分点，意味着经济社会的城市性量变已累积到质变的阶段，"乡土中国"正逐渐让位于"城市中国"，社会的公共需求和国家治理的公共供给正面临一个新的发展提升转折点，即从满足人的"生存性需求"向实现人的"发展性需求"转变：①超越单纯的物质财富衡量，着眼于提高人身心发展的质量和效益，更加关注文化、健康、生态等新需求。②从权力逻辑向权利逻辑的转变，需要建立"多元价值观"的观念，构建"现代民主制度"和"现代市场制度"，同时伴随着传统乡土社会的解构，"契约"关系取代"亲缘、血缘、家族、行会"等传统小团体关系成为支配社会运行的根本关系，"现代法律制度"保障契约关系的执行。③从相对粗放的选择性保障向动态均衡的广覆盖、普惠性保障转变，更加追求一种机会平等、过程公开和结果公正的机制设计。④城市将成为现代科技进步最大的集成创新体，各种科技成果将在城市的各个领域得以广泛应用，经济—社会—生态运行面临颠覆性变革。从社会整体发展导向来看，"效率优先、兼顾公平"逐步转变为"有效率的公平"，以更高质量的公共供给引领和满足新的公共需求，成为未来国家治理的新态势。为此，面向人的全面发展，要有一套兼具规则意识和人文情怀的"认知—制度—行为"治理模式，从而夯实国家治理存续与成长的坚实基础。

综上，在中国这样一个国情特殊的社会主义大国实现环境治理现代化，没有现成范例可参照，也没有现成模式来遵循。鞋子合不合脚，自己穿了才知道。这就需要我们在"地方治理、国家治理与全球治理"三重互动下，在价值理念与思维方法方面树立正确的"破立观"，在现代国家价值与传统治理智慧之间寻找"均衡点"，深刻把握环境治理和经济、社会、政治发展的内在联系，牢牢把握社会主义民主政治的特点，以习近平新时代中国特色社会主义思想为引领，继承发扬中华民族优秀的环境治理智慧，学习借鉴全球范围内环境治理成果，探索形成中国特色的现代环境治理理论，并随着治理体系的深化不断加以发展，形成"实践—认识—再实践—再认识"的循环上升的"知行合一"过程。

3. 深刻理解把握环境治理现代化的实践逻辑

中国特色社会主义不是从天上掉下来的，而是在改革开放 40 多年的伟大实践中得来的，是在中华人民共和国成立 70 多年的持续探索中得来的。中国环境治理现代化之路也是这样一步步从实践中走过来的。1973 年 8 月，国务院召开第一次全国环境保护会议，审议通过"全面规划、合理布局、综合利用、化害为利、依靠群众、大家动手、保护环境、造福人民"的环境保护工作 32 字方针和中国第一个环境保护文件——《关于保护和改善环境的若干规定（试行草案）》，中国环境保护事业开始起步。1979 年 9 月，第五届全国人大常委会第十一次会议原则通过新中国的第一部环境保护基本法——《中华人民共和国环境保护法（试行）》，中国的环境保护工作开始走上法治化轨道。1982 年，城乡建设环境保护部设立环境保护局。1983 年 12 月，国务院召开第二次全国环境保护会议，明确提出，保护环境是中国一项基本国策。1992 年联合国环境与发展大会之后，中国在世界上率先提出了《环境与发展十大对策》，第一次明确提出转变传统发展模式，走可持续发展道路。1994 年 3 月，中国第一个民间环保组织——自然之友成立。1998 年，新的国家环境保护总局（正部级）成立。2015 年，以新的《中华人民共和国环境保护法》的实施和《生态文明制度改革总体方案》出台为重要标志,包括环境治理体系在内的生态文明制度建设进入重要攻坚期。2018 年,国家机构改革组建成立生态环境部,第八次全国生态环境保护大会召开,明确提出美丽中国建设路线图,梳理八次全国环境保护大会的主要贡献,从中可以充分感受到国家对生态环境保护治理的认识、地位上升到前所未有的高度,自上而下加强环境保护的政治意愿不断强化。历次全国环境保护会议基本情况见表 3-1。

表3-1　历次全国环境保护会议基本情况

会议次序	主要贡献	召开时间
第一次全国环境保护会议	正式提出"全面规划,合理布局,综合利用,化害为利,依靠群众,大家动手,保护环境,造福人民"的32字方针,这是我国第一个关于环境保护的战略方针,会议最大功绩在于面向全国宣传和认识环境问题的严重性,并将其摆上工作议程	1973.8.5—8.20
第二次全国环境保护会议	正式确立保护环境是国家的一项基本国策,提出经济建设、城乡建设和环境建设要同步规划、同步实施、同步发展	1983.12.31—1984.1.7
第三次全国环境保护会议	评价当前的环境保护形势,总结了环境保护工作的经验,提出了环境保护目标责任制、城市环境综合整治定量考核制、排放污染物许可证制、污染集中控制和限期治理等新的五项制度,继续实行环境影响评价,以推动环境保护工作上一个新的台阶	1989.4.28—5.1
第四次全国环境保护会议	提出保护环境是实施可持续发展战略的关键,保护环境就是保护生产力。确定了坚持污染防治和生态保护并重的方针,实施《"九五"期间全国污染物排放总量控制计划》和《中国跨世纪绿色工程规划》两大举措。环境保护工作进入崭新的阶段	1996.7.15—7.17
第五次全国环境保护会议	提出环境保护是政府的一项重要职能,要按照社会主义市场经济的要求,动员全社会的力量做好这项工作	2002.1.8
第六次全国环境保护大会	提出"三个转变",一是从重经济增长轻环境保护转变为保护环境与经济增长并重;二是从环境保护滞后于经济发展转变为环境保护与经济发展同步;三是从主要用行政办法保护环境转变为综合运用法律、经济、技术和必要的行政办法解决环境问题,提高环境保护工作水平	2006.4.17—4.18

续表

会议次序	主要贡献	召开时间
第七次全国环境保护大会	强调坚持在发展中保护、在保护中发展，积极探索环境保护新道路，切实解决影响科学发展和损害群众健康的突出环境问题，全面开创环境保护工作新局面。会后，迅速发布"水十条""大气十条""土十条"等环保措施	2011.12.20—12.21
第八次全国生态环境保护大会	会议提出，加大力度推进生态文明建设、解决生态环境问题，坚决打好污染防治攻坚战，推动中国生态文明建设迈上新台阶。习近平总书记在讲话中强调，生态文明建设是关系中华民族永续发展的根本大计。生态环境是关系党的使命宗旨的重大政治问题，也是关系民生的重大社会问题	2018.5.18—5.19
第九次全国生态环境保护大会	强调会后5年是美丽中国建设的重要时期，要深入贯彻新时代中国特色社会主义生态文明思想，坚持以人民为中心，牢固树立和践行绿水青山就是金山银山的理念，把建设美丽中国摆在强国建设、民族复兴的突出位置，推动城乡人居环境明显改善、美丽中国建设改得明显成效，以高品质生态环境支撑高质量发展，加快推进人与自然和谐共生的现代化。	2023.7.17–18

近年来，雾霾爆表、垃圾围城、重金属超标、水污染事件等一系列生态环境事件的爆发，导致公众对生态环境的关注达到了历史新高。人们日益增长的对美好生活需要和生态环境治理体系和治理能力发展不平衡不充分之间的矛盾，昭示了推进我国环境治理现代化的迫切需要。与此同时，我们还需要认识到当前环境治理实践面临一系列深层次困境。

① 传统的线性认知和管控思维影响仍根深蒂固，治理创新面临"问题倒逼"导向路径。人们普遍认为环境治理就是问题管理，以结果为导向，"维稳"诉求高于"良治"诉求，多采取运动性治理或压力回应型治理为主的治理模式，导致面对日益复杂的环境问题与利益格局时，在行动持续性、资源节约度和效果常态化等方面面临巨大挑战。模式背后潜藏的"摆平就是水平、搞定就是稳定、没事就是本事"的效能效率价值导向，一方面导致不能系统性、源头性、综合性地根治问题，另一方面制约理念的创新和管理运行体制机制的创新，如生态环境分区管治、质化与量化相结合的分级监管、社

会参与和公众监督的创新、有预见性地创设环境治理的基础性和结构性议题等，无法突出治理的超越性和引导力，故而常常陷入"被动救火"的局面。

②多元环境治理主体行动碎片化，加之治理资源配置上的"虹吸效应"致使效能散溢。一方面，当前以地方政府为主体、环境行政部门牵头、各职能单位协同治理的格局，在日趋复杂的环境问题面前，特别是面对跨区域性的大气污染、土壤生态、水资源安全监管时，存在职责边界模糊不清、推诿扯皮等现象。与此同时，环境治理责任逐级向下递增，基层行政治理主体、企业和社会公众受限于治理能力、治理资源、角色定位、制度空间的不足，高压之下常出现选择性治理、敷衍性治理、规避性治理、替代性治理、歪曲性治理、感性治理和激情治理等治理行动的异化，导致环境治理成效大打折扣。另一方面，有些地区为完成特定环境问题的定期治理而大规模地投入资源，虽然采用这种资源配置模式事出有因，也可收获一定的短期之效，但是从长远看，这对于环境治理的体系优化、机制创新、方式手段进步，以及治理长效性的巩固和发展作用甚微，治理效能面临一种收益边际递减的状况。因此，突破"问题孤岛"，形成体系化的治理资源配置和运行非常关键。

③从"权利环境"出发，强化环境治理的人民性，和从"效能环境"着眼，优化环境治理的绩效化，这两个层面缺乏足够的深度拓展。"权利环境"表达的是对个人基本权利的尊重与维护，"效能环境"吁求的是环保工作的能力评价与绩效考量，它们体现着环境治理的发展力量和实力水平。从人民性看，在现有治理框架和经济效率优先的导向下，环境治理常让位于地方经济发展，导致信息公开不及时，公众难以有效参与环境治理，甚至还存在"走过场"的现象，最终出现"一面点烟，一面灭火""政府忙死，群众旁观"的治理陷阱。从绩效化看，环境治理在政策规划、工程治理、实施监督等诸环节上存在大量"断链"与"梗阻"，呈现出一种碎片化的行动结构，严重制约着环境治理效力的高质量发挥。

我国现代化进程面临着最初的效率危机到分配危机，再到权威危机，乃至认同危机，如果这些危机交叉耦合，处理不当，极易造成系统性的治理危机，甚至威胁国家现代化进程。为此，需要党和政府在不断变化中的新的"治理底板"前，积极主动地回应工业化、城镇化、信息化、市场化、全球化浪潮的叠加冲击。从这个意义上看，环境治理现代化的过程就是一个不断克服治理危机的过程，治理危机正是环境治理现代化的实践逻辑起点。

通过三大逻辑的递进分析可以看到，治理体系现代化作为治理能力现代化的结构支撑，具有"质"的规定性，决定着治理机制的发展目标和治理结构的现代化转型，是治理能力现代化的落脚点和归宿。《指导意见》提出："以坚持党的集中统一领导为统领，以强化政府主导作用为关键，以深化企业主体作用为根本，以更好地动员社会组织和公众共同参与为支撑""建立健全环境治理的领导责任体系、企业责任体系、全民行动体系、监管体系、市场体系、信用体系、法律法规政策体系""实现政府治理和社会调节、企业自治良性互动，完善体制机制，形成工作合力，为推动生态环境根本好转、建设生态文明和美丽中国提供有力的制度保障"。这是对新时期环境治理认知模式、制度规则、创新领域、路径机制等的内生性升级，深度推进国家环境治理能力的现代化。《指导意见》的一个本质性贡献，就是着手探索消除长期以来在环境治理系统与经济、社会两大发展系统间的一种结构性对立，实现一种人民性的"权利再造"。

（二）转化之法以立本：现代环境治理体系的制度化规则规范

制度是国家之基、社会之规、治理之据，治理是制度的有效运用、功能发挥和实践拓展。正如习近平总书记在《关于〈中共中央关于坚持和完善中国特色社会主义制度 推进国家治理体系和治理能力现代化若干重大问题的决定〉的说明》中指出："相比过去，新时代改革开放具有许多新的内涵和特点，其中很重要的一点就是制度建设分量更重，改革更多面对的是深层次体制机制问题，对改革顶层设计的要求更高，对改革的系统性、整体性、协同性要求更强，相应地建章立制、构建体系的任务更重。"规范是治理之要，推进规范治理是国家治理现代化的关键要点。《决定》提出"推进国家治理体系和治理能力现代化，就是要全面系统地改革与完善国家治理制度设计和操作，实现各项事务治理制度化、规范化、程序化，善于运用制度和法律治理国家，在各个领域形成联动与集成的总体效应"。为此，《指导意见》提出，完善法律法规、加强司法保障、完善环境保护标准、开展目标评价考核、深化生态环境保护督察、完善监管体制等系列举措，体现了治理规范化所强调的法治化、科学化、标准化特征。

1. 系统严密构建环境治理现代化的法治规则

《决定》提出坚持全面依法治国，建设社会主义法治国家，切实保障社会公平正义和人民权利的显著优势。在全社会奠定法治规则的价值，将带给每个个体一个稳定的预期和一种共同的知识，有利于引导各类主体行为的理性化和合作程度的提高，塑造出一个有秩序的关系共同体，进而从深层次支撑环境治理现代化内核。为此，《指导意见》提出部分环境法规制修订，并努力构建从源头预防、过程控制、损害赔偿到责任追究的完整的法治体系，提出在高级人民法院和具备条件的中、基层人民法院调整设立专门的环境审判机构、鼓励有条件的地方在环境治理领域先于国家进行立法，探索建立"恢复性司法实践＋社会化综合治理"审判结果执行机制等，将有力推进科学立法、严格执法、公正司法、全民守法局面形成。

2. 系统科学构建环境治理现代化的标准规则

标准及其标准化过程本质是社会分工和协作深化的产物，也是环境治理专业化、社会化、现代化的必然要求。利用标准化的思路和方法协调各方利益，将环境保护进行规划、实施、管理与服务的活动以科学化、规范化的形式固定下来将对环境治理现代化大有裨益。《指导意见》立足国情实际和生态环境状况，制订修订环境质量标准、污染物排放（控制）标准以及环境监测标准等，从而推动完善产品环保强制性和指导性国家标准，做好生态环境保护规划、环境保护标准与产业政策的衔接配套，健全标准实施信息反馈和评估机制，鼓励开展绿色矿山等各类涉及环境治理的绿色认证制度，通过"技术、标准、体系"的融通，将其渗透到环境治理的各个环节之中，实现精细化的治理供给，更好地满足公众对生态环境治理的更高质量需求。

3. 系统高效构建环境治理现代化的监管规则

制度的生命力在于执行。从现代国家的国家建构角度看，监管是现代国家的基本职能，监管制度是现代国家的基本制度安排。从各国发展历史看，政府环境监管体制是环境治理体系最为重要的组成部分。长期以来，我国"环境违法是常态"的本质是环境监管有效性不足。《决定》在"严明生态环境保护责任制度"部分提出"建立生态文明建设目标评价考核制度、推进生态环境保护综合行政执法，落实中央生态环境保护督察制度"均在《指导意见》中得到明确落实体现。而通过这些依法、公平、透明、专业、可问责的监管程序与举措建立起层层的制约机制，每一道就像设定了一道安全阀，把环境治理风险降至最低，把治理效益提至最大。

（三）转化之势以立人：现代环境治理体系的多元化主体协同

政党治理、政府治理、市场治理、社会治理是构成现代国家治理的四个要素，四个要素之间的相互回应和有效互动是国家治理形态成熟的基本标志，也是国家治理现代化的内在规定。《决定》提出"完善党委领导、政府负责、民主协商、社会协同、公众参与、法治保障、科技支撑的社会治理体系，建设人人有责、人人尽责、人人享有的社会治理共同体"，明确了国家治理体系和治理能力现代化方案的治理主体结构与功能内涵，是各领域进一步落实方案的基础和前提。《指导意见》提出，构建党委领导、政府主导、企业主体、社会组织和公众共同参与的现代环境治理体系，并从健全环境治理领导责任体系、健全环境治理企业责任体系、健全环境治理全民行动体系三个部分加以重点阐释，以一种开放的大视野、大境界构建出顶层、中层、基础三级协同联动的环境治理工作大格局。

1. 党建引领创新环境治理现代化的顶层协同

由一个强有力的政党来领导是所有国家在迈向现代化过程中都需要遵循的普遍性规律。顶层治理就是要从总揽全局的顶层高度，兼顾国家各领域、各层次、各要素的利益诉求，在最高层次上寻求善治之道。中国共产党领导作为中国特色社会主义最本质的特征，是中国特色社会主义制度的最大优势，是最高政治领导力量。《指导意见》要求，坚持党的领导的基本原则，实行生态环境保护党政同责、一岗双责，由党中央、国务院统筹制定生态环境保护的大政方针，提出总体目标，谋划重大战略举措。这就是对《决定》关于"坚持党的集中统一领导，坚持党的科学理论，保持政治稳定，确保国家始终沿着社会主义方向前进的显著优势"要求的直接体现。在此基础上，抓住"关键少数"，通过生态环境保护责任清单与考核问责实现"把权力关进制度的笼子"的分权治理与"让权力在阳光下运行"的阳光治理，成为环境治理走向现代化的有力保障。同时落实《决定》中健全充分发挥中央和地方两个积极性体制机制的要求，明确国家、省级与市县党委和政府对生态环境保护的责任分工，制订实施生态环境领域中央与地方财政事权和支出责任划分改革方案，使其各负其责、权责对等，从而为基层治理建立解决问题的顶层源头机制，为生态环保工作创造更有利的条件。

2. 政企分工推动环境治理现代化的中层协同

我们党一直在根据实践拓展和认识深化寻找对政府和市场的关系的科学定位，《决定》中将其界定为"充分发挥市场在资源配置中的决定性作用，更好发挥政府作用"，是对中国特色社会主义建设规律认识的一个新突破。在社会主义市场经济条件下，环境污染背后常有"市场失灵"与"政府失灵"的双重影子。为此，中层协同治理就是要把市场"看不见的手"和政府"看得见的手"都用好，找准市场功能和政府行为的最佳结合点，切实把市场和政府对环境治理的优势充分发挥出来。《指导意见》在当前深化行政体制改革与优化政府职责体系的"放管服"改革基础上，从依法实行排污许可管理制度、推进生产服务绿色化、提高治污能力和水平等方面健全环境治理企业责任体系，让更多市场主体创新参与、承担责任，扭转过去那种以政府为主体、以行政权力和资源垄断为主的"保姆式"环境治理。

3. 全民行动夯实环境治理现代化的基层协同

"求木之长者，必固其根本；欲流之远者，必浚其泉源。"以人为本、形成共识是一个意义建构和国家治理现代化双向推进的过程，也是一个优势建构的过程。只有优势建构成功，国家治理能力的现代化水平才能提高，国家治理现代化才会大踏步前进。我们应清醒地认识到国家的一切权力属于人民，必须牢牢坚持人民主体地位，坚持和完善共建共治共享的社会治理制度。《指导意见》提出，需通过强化社会监督、发挥各类社会团体的作用、提高公民环保素养三条路径健全环境治理全民行动体系，体现出环境治理现代化坚持"以人民为中心"，并"以满足人们日益增长的美好生活需要为出发点和落脚点"。这不仅成为贯通顶层与基层之间联动治理的模式和格局的

基石，更将是环境治理现代化与人的现代化完美结合的过程。

（四）转化之术以立策：现代环境治理体系的精细化路径集成

生态环境保护是一个系统工程，需要强化统筹协调，把握时机节奏和工作力度，把改革力度、发展速度和社会耐受度统一起来。从发达国家环境政策工具的发展演变来考察，"命令－控制类"监管工具是早期最重要的监管方式，市场化监管工具则多用于污染物排放跨越峰值之后的阶段。"十三五"时期，我国环境治理的主线之一是实现污染物大幅度减排，目前来看，主要高污染高耗能产业陆续达到峰值，工业源污染物的产生量呈现增速递减或绝对递减的趋势，但有部分领域污染物排放仍处在"平台期"，故"命令－控制类"监管工具与市场化监管工具仍需兼顾。为此，《指导意见》从强化环保产业支撑的产业路径、加强财税与完善金融支持的资金路径、强化监测能力建设的监测路径入手，为现代环境治理体系的实施提供了更具操作性的精准政策配套支持。

1. 精明设计赋能环境治理现代化的产业路径

《指导意见》提出，需强化环保产业支撑，加强关键环保技术产品的自主创新，做大做强龙头企业，培育一批专业化骨干企业，扶持一批专特优精中小企业，鼓励企业参与绿色"一带一路"建设，带动先进的环保技术、装备、产能走出去。特别是首次提出推动环保首台（套）重大技术装备示范应用，加快提高环保产业技术装备水平。这是向环境产业市场释放积极信号，通过营造良好的环保产业市场环境，鼓励市场主体参与环保事业，以竞争激励提升行业业务水准、技术水平，在垃圾焚烧飞灰和二次铝灰等危险废物资源化处理处置、水生态监测等环境治理恢复、环保设备装备制造等领域实现专业化、技术化的进一步提升，最终通过提升产业专业化水平为生态环境保护提供更好的技术服务支撑。

2. 精准设计赋能环境治理现代化的资金路径

环境治理是一项与国计民生息息相关的公共产品与公共服务，随着国家和公众对其品质的要求日益提高，环境保护与污染治理所需的资金投入不断增加，如果不建立一个健康的环境保护资金运转体制，恐难持续维系。《指导意见》提出，应建立健全常态化、稳定的中央和地方环境治理财政资金投入机制，健全生态保护补偿机制，促进环境保护和污染防治的税收优惠，设立国家绿色发展基金，建立环境污染强制责任保险制度，研究探索对排污权交易进行抵质押融资，鼓励重大环保装备融资租赁，统一国内绿色债券标准等精准又富有创新的政策工具。这将为破解治理资金筹措难题、保障环境治理体系运行提供更多的可为空间。

3. 精细设计赋能环境治理现代化的监测路径

我们面对流动社会、风险社会必须具备高水平的监测预警体系和能力。"十四五"期间，生态环境保护工作将面对更加复杂的生态环境形势、不确定性的环境风险和繁重的监测任务要求，亟须尽快依靠"大智移云"等新技术系统赋能监测能力建设来提升现代环境治理效能。《生态环境大数据建设总体方案》对生态环境的大数据发展进行了顶层规划，《指导意见》进一步提出加快构建陆海统筹、天地一体、上下协同、信息共享的生态环境监测网络，全面提高监测自动化、标准化、信息化水平，形成生态环境数据一本台账、一张网络、一个窗口。这些将为打造全域感知、全局洞察、系统决策、精准调控的"超强环境大脑"，推进环境管理转型、提升生态环境治理能力打开一条高科技之路。

（五）转化之器以成事：现代环境治理体系的无缝化工具支撑

现代环境治理体系得以有效落实的核心是有一批具有现代化治理能力的环保工作者进行承载和执行。专业的知识体系和系统的处理技术是环保队伍建设的立身之本，践行现代环境治理体系建设要求这支队伍掌握更多样的知识和工具。队伍所处的每个省份、每个城市、每个县域、每个村庄都有其自身独特的生态环境状况和环境问题，不同阶段、不同时节、不同时间也有其不同的环境问题和处理手段，不同行业、不同企业更是有着差异化的技术特点和排污特征。《指导意见》为有效满足这些需求，提供了市场体系、诚信体系与信息体系三大工具，全面渗透到环境治理的各个环节之中，实现"价值无缝、信任无缝、智慧无缝"的治理供给覆盖，从而更加公平地满足与保障公众对生态环境的需求。

1. 价值无缝完善环境治理现代化的市场体系

现代环境治理体系若要能够有效实施，需要在获得更多环保收益的同时降低环保成本。市场体系建设可以从制度上节约交易成本，改变每个主体的利益权衡。面对环境问题，大家都是命运共同体，人人都有自利的一面，也有利他的一面。自利的一面可以通过市场机制这个"看不见的手"来解决，利他的一面则可以通过环境公益性市场来释放，最终从微观层面切实改变公众的消费行为、企业的生产行为和地方政府对生态环境保护的判断。因此，《指导意见》提出，应构建规范开放的市场，平等对待各类市场主体，形成公开透明、规范有序的环境治理市场环境；创新环境治理模式，积极推行环境污染第三方治理，开展小城镇环境综合治理托管服务试点，对工业污染地块采用"环境修复＋开发建设"模式，更可以尝试探索治理许可人制度、治理者跟投业主项目制度等；健全价格收费机制，落实"谁污染、谁付费"政策导向，建立健全"污染者付费＋第三方治理"机制等一系列政策工具，将极有可能推动环境治理体系模式出现政策创新、技术创新、服务创新、商业模式创新等集成的混合创新模式。

2. 信任无缝织补环境治理现代化的诚信体系

信用是市场经济的通行证，现代市场经济就是建立在法制基础上的信用经济。信任机制是实现善治的关键基础，因为信任有助于加强环境治理主体之间的合作，而合作带来的好处又反过来会促使主体间的进一步合作。来自公众行为统计、政府官方文件和生态危机事件的典型证据表明，我国生态信任层次仍处于初级阶段。生态信任水平的升级，需要依托生态政策信任网络、生态市场信任网络和生态社会信任网络的协同，构建生态信任治理网络。《指导意见》提出，加强政务诚信建设，建立健全环境治理政务失信记录，并归集至相关信用信息共享平台，依托"信用中国"网站等依法依规逐步公开；加强企业信用建设，依据企业环保信用评价结果实施分级分类监管，建立排污企业黑名单制度，建立完善上市公司和发债企业强制性环境治理信息披露制度等有力工具，将对环境治理体系和治理能力现代化的实现，完善社会主义市场经济体制，调动凝聚社会力量，增强社会资本产生十分积极的影响。

3.智慧无缝提升环境治理现代化的信息体系

全面、准确、及时的信息是消除不确定性的最好办法，是支撑现代环境治理体系的重要基石。面对百年未有之大变局，一方面环境主管部门要能够根据不断变化的生态环境形势和人民群众利益需求，及时调整不适应发展的治理体系与治理能力，满足人民群众的新要求；另一方面，需要打破长期以来自上而下的信息输送模式，形成上下左右信息互通有无、治理主体互动有序的治理格局，使得相关治理政策的实际效果得到客观反馈，以便做出及时、科学的调整。为此，应将互联网、大数据、人工智能等技术手段与精细化治理的理念、手段与目标相融合，解决官僚科层制和条块分割带来的环境治理"痛点""盲点"与"死角"，建设起"全球—全国—区域—省—市县—乡镇—村"全覆盖、全方位、全过程、立体化的信息体系，建立起一套世界领先的"用数据说话、用数据决策、用数据管理和用数据创新"的环境治理新机制。

总之，可以结合"十四五"规划编制认真研究《指导意见》，制定具体落实措施，明确时间表、路线图，确保各项任务扎实有序推进，进一步推动我国生态环境治理体系和治理能力现代化进程发生历史性、转折性、全局性变化，实现"治理的覆盖度＋治理的包容度＋治理的敏捷度＋治理的反应度＋治理的精准度＋治理的执行度＋治理的协同度＋治理的智能度＋治理的开放度＋治理的创新度"的最佳集成与运行。

第三节　七大治理体系

《指导意见》首次明确提出要以推进环境治理体系和治理能力现代化为目标，建立健全环境治理的七大体系。这是新时代以改善生态环境质量为核心，完善生态环境分区管治制度，推进生态文明建设的有力保障。

一、总体框架

生态环境分区管治制度框架分为国家级、省级、市县级以及乡镇级。总体原则为实施权下放、监督权提升。

生态环境分区管治框架图如图3-2所示。国家级，以法律法规政策体系为依据，提出"三区"差异化的法律法规；省级，推行市场体系重点管治方法分区，推行信用体系重点管治标准分区；市县级，领导责任体系落实管治方法分区，明确不同空间负责人的职责，企业责任体系注重管治标准分区；乡镇级，全民行动体系重点管治组织方式分区、监管体系管治程序的分区。

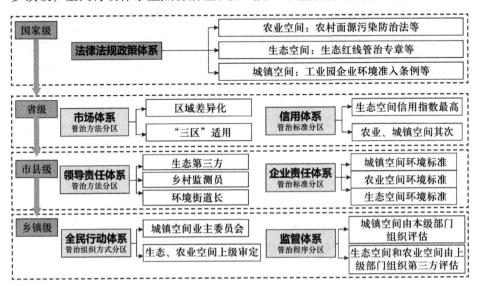

图3-2　生态环境分区管治框架图

法律法规政策体系是基础性制度，市场体系构建整个生态分区管治的运行环境，同时建立领导责任体系进行刚性管治，更好地推进环境监管体系的运行，通过全民行动体系和环境信用体系保障监管体系的高效性。生态环境分区管治体系关系如图3-3所示。

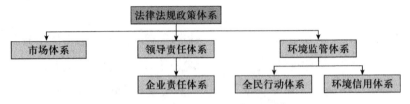

图3-3　生态环境分区管治体系关系

二、领导责任体系

领导责任体系职责：①通过建立中央统筹、省负总责、市县抓落实的工作机制，明确党和政府在环境治理中的责任，理顺中央政府、地方政府、市县政府的责任关系。②通过明确中央和地方财政支出责任，清晰划分财权和事权，解决一些跨区域、跨流域等环境重大事务的支出责任，解决财权与事权的不匹配问题。③开展目标评价考核，将环境质量改善指标纳入到各类专项规划，合理评价领导责任履行情况，将环境质量与地方政府的考核评价紧紧挂钩，对责任落实的结果作出科学、全面、精简的评价。④深化生态环境保护督察，通过两级生态环境保护督察体制的实行，压实生态环境保护责任。

领导责任体系有两大创新亮点。第一个亮点是，《指导意见》创新性地将重点流域区域划入中央财政支出范畴，指出要针对"重点区域流域"，明确中央和地方财政支出责任，这有效解决了重点流域区域内不同行政区划由于经济水平和生态环境状况的差异导致的环保努力程度异化问题，更加符合财力与事权相匹配的原则，进一步理顺了中央与地方收入划分和完善转移支付制度改革中统筹地方环境治理的财政需求。第二个亮点是，《指导意见》指出要对相关专项考核进行"精简整合"，随着生态环境领域中不同专项考核的开展，共性指标和专项指标数量大幅增加，存在指标重复交叉、多头考核等问题，大力精简整合各类考核指标，有助于帮助地方政府厘清考核目标，抓住工作重点，也有助于上一级政府抓住问题本质，找到核心抓手，避免"浮云遮望眼"。

领导责任体系的重点是明确了三大空间不同的领导责任。城镇空间，实施环境街道长管理制度；农业空间，按农业用地性质网格设置环境监测员，管控农业要素；生态空间，按照生态板块进行第三方环境评估。

（一）环境体检制度：实时掌握三大空间的生态环境变动情况

具体措施：①在环境体检制度基本指标体系的基础上，探索增加特色指标，研究指标体系判定标准，科学准确进行环境体检。②对应新发展理念和生态环境高质量发展内涵，找准"环境病"病因，发现在生态环境质量发展方面存在的问题。③坚持问题导向，制定有效到位的"体检＋治病"系统性改进措施，全面提升环境综合承载力，形成一系列具有地域特点的可复制、可推广的经验和做法。环境体检实施路径如图 3-4 所示。

1. 典型地区先行体检

选取环境基础信息较为完善，环境问题较为典型的地区作为试点。

2. 全面开展指标数据调查填报工作

对于提报类指标，相关部门与典型城区同步提报；对于获取计算类指标，相关部门要深入开展数据调查，根据自身职能进行采集、汇总，建立各行业指标数据库，翔实准确提报基础数据资料并明确数据来源，按时完成环境体检指标数据填报工作。各地区要根据生态、城镇、农业三大空间填报相关数据。

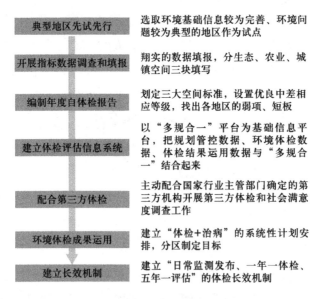

图3-4 环境体检实施路径

3. 编制年度自体检报告

年度自体检报告包含一个总报告和生态空间、城镇空间以及农业空间等若干个专项分报告。自体检报告要对城市体检指标数据进行全面、客观的分析评价，设置优良中差相应等级，找出生态环境管治的弱项、短板，厘清阻碍发展的症结所在，客观分析评价生态环境质量及存在问题，提出相应治理对策建议。

4. 建立体检评估信息系统

以"多规合一"平台为基础信息平台，把规划管控数据、环境体检数据、体检结果运用数据与"多规合一"结合起来，同时与生态安全管理平台进行整合，构建运行、发现、治理相结合的环境体检评估信息系统，实现平台数据统一收集、统一管理、统一报送，对环境体检指标进行实时监测，并定期发布监测报告，为年度重点任务和关键问题分析提供数据基础，同时形成数据定期采集、更新和发布的机制。

5. 配合第三方体检

有关部门要统一思想认识，强化责任担当，密切协作配合，高标准高质量准备各项基础资料，积极主动配合国家行业主管部门确定的第三方机构开展第三方体检和社会满意度调查工作。

6. 环境体检结果运用

建立"体检＋治病"的系统性计划安排，分别制定三大空间改进目标。结合环境体检工作进展及阶段性成果，重点围绕三大空间环境标准、污染防治、准入清单、强制管控范围等方面，对生态环境管治工作进行及时反馈和修正，制订有针对性的治病计划，为下一年度生态环境管控提供解决问题的思路。

7. 建立长效机制

结合建立信息系统和管理机制，逐步形成"日常监测发布、一年一体检、五年一评估"的体检长效机制，充分发挥环境体检工作对促进生态高质量发展的推动作用，实现人民群众满意度的不断提升。

（二）城镇空间：分区分级管理，实施环境街道长管理制度

城镇的环境街道长管理制度坚持条块结合、分级负责。具体措施：①为辖区内每个街道设置一名责任街长，由街道主要领导、分管领导担任。②为了快速发现问题、解决问题、强化工作措施、协调各方力量，街道实行分级负责原则，即每条道路设置一名路段长，由各部门主任、各管区主任、各社区书记担任，并与居民签订责任书。③明确街长职责，街长负责对分包的街道进行巡查，并将发现的问题及时通知到户，要求2日内对照整改到位。同时，制定《街道人居环境整治村民积分管理办法（试行）》。公示参与单位（如园林市政巡查队、交通委、民警、城管科、宣传部、城管队、食药所、园林绿化队、保洁队、环境业主委员会）的成员。

环境街道长制度的具体内容包括："九看"，即按照区街长巡查要求，对各自负责路段市容秩序、广告亮化、市政设施、空间立面、环境卫生、园林绿化、管理执法、停车秩序、小区楼院九个方面进行查看；"看投诉"，即根据社会治理平台反映的投诉件，对各自路段出现投诉频率高的问题每天进行巡查，直至彻底根除；"看热点"，即对市、区关注的热点问题，街道居民关注的热点问题，每日进行查看了解，第一时间了解、解决、上报。

（三）农业空间：按农业用地性质网格设置环境监测员，管控农业要素

网格化土壤监测：根据每个地区地块的土壤透水率及环境气候状况，科学调整灌溉渠网，实现节水、节肥目标，进行土壤环境影响评估和管理，建立网格化土壤监测参数。

网格化水体监测：根据水体污染特点、分布情况和环境条件，追踪寻找污染源、提供污染变化趋势，为实现监督管理、控制污染源提供依据。收集被监测水域（或水体）本底数据，积累长期监测资料，为研究被监测水域（或水体）的环境容量、实施总量控制、目标管理以及预测预报环境质量提供数据。

网格化空气质量管理：针对无组织排放、道路扬尘、施工工地、工业园区、化工厂、餐饮油烟等空气污染源，建立网格化空气质量探测标准。

（四）生态空间：按照生态板块进行第三方环境评估

第三方评估，即由独立于政府及其部门之外的第三方对生态治理体系和治理能力进行评估。作为一种必要而有效的外部制衡机制，第三方评估凭借自身独立性与专业性的优势，弥补了政府自我评估的缺陷。

第三方评估实施路径：由生态环境部牵头，联合自然资源部和国家发改委制定生态环境保护评估体系。第一步，选取试点。依据环境监测结果、土壤详查结论、地质调查数据和森林普查等资料，在生态环境保护工作做得好的地区建立试点。第二步，制定第三方评估单位遴选办法和对第三方评估单位的监督管理办法。定期公布第三方评估机构名单，让第三方评估机构竞

争公平、工作透明，从而提高公信力、可靠性。第三步，构建评估指标体系，确立评估标准以及评估实施方案。每个评估的关键环节都具有很高的专业技术含量，评估指标、方法、数据来源、结果必须具有可检验性。第四步，建立评估信息和评估结果公示制度。建立开放和接受监督的评估系统，对评估信息事前公示，对评估结果事后公布，公开接受社会各界的监督和检验。最后，评估结果运用系统，与问责机制、干部考核等直接挂钩、密切结合。

三、企业责任体系

企业责任体系职责：实行排污许可证管理制度，摸清家底，为环境监管提供全面、准确的依据；推进生产服务绿色化，从全过程管理入手，将污染治理前置，节约治理成本；提高治污能力和水平，加强企业环境治理责任制度建设，推动企业环境治理行为由以环境领域规章制度为驱动力的"他治"，转变为以成本内部化为驱动力的"自治"；公开环境治理信息，要求企业向公众公开环境治理信息，调动社会组织和公众共同参与。

在企业责任体系中，有一个创新亮点。《指导意见》明确要求，排污企业通过企业网站等途径依法公开主要污染物名称、排放方式、执行标准以及污染防治设施建设和运行情况。传统的环境管理模式将政府与企业视为监管与被监管的关系，将公众的角色预设为环境污染的受害者。这种模式不仅导致了政府与企业的紧张关系，而且使得公众长期缺位环境治理。事实上，在生态环境领域，政府与企业的关系不仅仅产生于监管过程中，还可以建立起共赢机制；公众也不仅仅是环境污染的受害者，还可以成为污染的治理者。实现上述角色转变的关键就是信息公开。大量企业环境数据的公开，既保障了公众的知情权，为公众提供更加全面的数据服务，也能帮助政府部门快速获取环境信息，从而为构建环境治理共同体提供开放、透明、准确、及时的环境数据。明确城镇、生态以及农业空间的环境目标，建立三个不同的空间标准，企业责任体系中"三大空间"环境治理表，见表3-2所示。

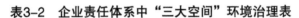

表3-2 企业责任体系中"三大空间"环境治理表

项目		城镇空间	农业空间	生态空间
治理目标	环境质量	环境恶化得到全面控制，并趋向好转，区域环境质量得到显著改善	环境恶化得到遏制，环境质量逐步好转，生态环境功能开始恢复	杜绝环境恶化，进行强制性保护，维持稳定良好的环境质量
	生态修复	不断改善生态，形成宜居生态环境	提高生态服务功能，成为生态安全重要支撑地	保护生态环境，保障其生态服务核心功能
	污染减排	大幅减少排污，增加总量控制因子，做到增产减污	治理、限制或关闭排污企业，禁止新扩建排污企业	依法关闭所有排污企业，确保污染物"零排放"
	节能降耗	确定各区域单位GDP能耗、水耗及其他资源消耗强度，制订温室气体减排目标		
环境标准	环境准入	实行更加严格的排污标准，强制推行清洁生产审核	农业集约化生产，设定农药、化肥等施用标准，禁止与保护无关的活动进入生态脆弱区	评估重点生态区游客承载量，禁止一切开发活动进入核心区和缓冲区
	污染控制	推动循环经济，加强重点行业污染防治，健全排污许可证制度，完善生活污水管网设施，推进垃圾分类回收	现有污染源应尽快搬出，推行集约化、规模化的农业生产	根除现有污染，推行无污染、无破坏的实验区旅游、科研模式
	生态补偿	污染者治理原则、使用者付费原则、投资者受益原则		
	环境经济	建立排污权交易制度，巩固排污收费作用，推行绿色信贷，对"两高一资"企业实行强制环境责任险等	对排污企业实行强制环境责任险，保证环保财政的稳定投入	建立由中央财政直接支付的生态保护和管理维护机制
环境保护行政法规	绩效考核	考核资源利用、污染排放水平及强度，重点考核水、土地和环境容量等资源，考核经济增长质量	考核生态脆弱性和重要性，兼顾既有资源利用、污染排放水平及强度	考核生态脆弱性和重要性及经营性活动的生态环境压力
	信息公开	保障公众的知情权和监督权，构建政府、市场、企业和公众的四维模式，采用听证会、宣讲会、企业信息公开等方式		
	资金	解决资金来源、分配、有效利用及效果评估等问题，拓宽来源渠道，建立生态补偿基金		
	法律	加快生态补偿制度、污染赔偿、排污交易等的立法工作，调整和完善自然保护区管理制度		

（一）环境准入标准

1. 城镇空间

城镇空间实行更加严格的排污标准，强制推行清洁生产审核。应充分发挥清洁生产协会等社会组织的作用，建立咨询机构自我约束机制，努力加强咨询机构能力建设。高等院校清洁生产课程设置要与企业清洁生产工作接轨，清洁生产审核要有行业专家介入。目前，生态环境部对强制性审核咨询服务机构的条件作出了具体规定，要求其熟悉相应法律、法规及技术规范、标准，熟悉相关行业生产工艺，熟悉污染防治技术，有能力分析技术报告、监测数据，能够独立完成工艺流程的技术分析，进行物料平衡、能量平衡计算，能够独立开展相关行业清洁生产审核工作和指导编写审核报告。

需要严格执行清洁生产审核评估验收要求。评估验收组成员应熟悉清洁生产审核程序要求，明确审核范围和深度要求，严格红线问题。评估验收过程中，不仅要求评估验收专家指出项目实施过程中存在的问题，还要求专家提出解决问题的参考意见。企业对评估验收意见有异议时，评估验收组有义务作出进一步解释或以案例说明。如果一时无法取得一致，可由行政主管部门组织清洁生产技术委员会裁定。此外，应组织相关专家进行集训，交流学习相关法律法规，通过案例分析统一评估验收尺度，逐步实现审核过程、报告编制、评估验收、专家库管理、咨询机构能力建设等有章可循。

由于不同区域的经济社会发展水平存在差异，各地在制定本区域清洁生产相关政策时应充分考虑自身条件。东部地区的企业技术进步较快，生产经营活动中不合规的现象相对较少，审核工作重点主要是通过使用新工艺、新装备、新材料和调整产品结构减少生产活动对生态环境的影响。西部地区企业技术进步相对较迟缓，存在的不合规性问题相对较多，在审核过程中应注重合规性评价，努力防范生产经营活动形成的潜在环境风险。在管理区域清洁生产工作时，要注意树立清洁生产审核典型企业，以点带面推动工作开展。

2. 农业空间

需要设定农药、化肥等施用标准，禁止与保护无关的活动进入生态脆弱区，开展退耕还林工程，筑起中国生态脆弱区生态屏障，深入开展全国环境保护大检查，重点排查各类工业园区和重点排污企业的污染物排放情况，依法严肃查处、整改存在问题，督促各地区、各部门强化环境保护政策在产业转移过程中的引导和约束作用，严格限制在生态脆弱或环境敏感区建设高污染、高耗能项目，从源头上预防环境污染和生态破坏行为。

3. 生态空间

评估重点生态区游客承载量，禁止一切开发活动和旅游活动进入核心区和缓冲区，发展生态旅游时，生态环境须保持完好无缺。要对开展旅游的自然保护区的生态环境有科学的认识，做好科学规划。在旅游过程中严格规范旅游行为，不惊扰野生动物，不带入外来生物，不影响生物的自然活动，做到污染物低排放或"零排放"。

（二）污染控制标准

1. 城镇空间

具体措施：推动循环经济，加强重点行业污染防治，健全排污许可证制度，完善生活污水管网设施，推进垃圾分类回收。加强工业、燃煤、机动车三大污染源治理。强化水、土壤污染防治，加快治理黑臭水体，防治农业面源污染，推进重点流域和近岸海域综合整治。加强固体废弃物污染防治，加大城市污水管网和处理设施建设力度。改革完善环境经济政策，健全排污权交易制度。加快发展绿色金融，培育一批专业化环保骨干企业，提升绿色发展能力。垃圾分类处置，促进减量化、资源化、无害化。加强污染防治重大科技攻关。

2. 农业空间

具体措施：现有污染源应尽快搬出，推行集约化、规模化的农业生产。实施耕地分类管理，以耕地重金属污染问题突出区域和铅、锌、铜等有色金属采选及冶炼集中区域为重点，开展涉镉等重金属重点行业企业排查整治。加强农村饮用水水源保护，着力解决养殖业污染。

3. 生态空间

具体措施：推进山水林田湖草生态保护修复工程试点。持续抓好国土绿化，加强荒漠化、石漠化、水土流失区域治理。加大生物多样性保护力度。继续开展退耕还林还草还湿。深化国家公园体制改革。健全生态补偿机制。

（三）生态补偿标准

1. 城镇空间

地方政府财政上缴，可以通过转移支付等方式进行间接纵向补偿，建立区际补偿基金，直接进行横向补偿。

① 建立稳定投入机制。可通过多渠道筹措资金，加大生态保护补偿力度。中央财政考虑不同区域生态功能因素和支出成本差异，可以通过提高均衡性转移支付系数等方式，逐步增加对重点生态功能区的转移支付。中央预算内投资对重点生态功能区内的基础设施和基本公共服务设施建设予以倾斜。各省级人民政府要完善省级以下转移支付制度，建立省级生态保护补偿资金投入机制，加大对省级重点生态功能区域的支持力度。同时，各省级人民政府还要完善森林、草原、海洋、渔业、自然文化遗产等资源收费基金和各类资源有偿使用收入的征收管理办法，逐步扩大资源税征收范围，允许相关收入用于开展相关领域生态保护补偿；完善生态保护成效与资金分配挂钩的激励约束机制，加强对生态保护补偿资金使用的监督管理。

② 完善重点生态区域补偿机制。继续推进生态保护补偿试点示范，统筹各类补偿资金，探索综合性补偿办法。划定并严守生态保护红线，研究制定相关生态保护补偿政策。健全国家级自然保护区、世界文化自然遗产、国家级风景名胜区、国家森林公园和国家地质公园等各类禁止开发区域的生态保护补偿政策。将青藏高原等重要生态屏障作为开展生态保护补偿的重点区域。

2. 农业空间和生态空间

具体措施：首先，应补偿当地居民、政府以及生态建设工程，保障补偿资金的稳定性和持续性。建立补偿标准体系，创新生态补偿模式。其次，相关部门要建立生态补偿制度，在补偿途径、补偿标准和补偿方式等方面不断探索。再次，各级政府应加强不同地理空间的补偿等级划分和幅度选择，科学确定生态补偿指标体系、实施原则与计算方法，根据各领域、不同类型地区特点，以生态产品产出能力为基础，完善测算方法，分别制订补偿标准。最后，政府应运用市场调节实现生态环境保护外部性的内部化，让生态保护成果的"受益人"支付相应的费用，探索市场化的生态补偿机制，创新生态补偿模式，推行排污权、碳排放权、用能权、水权和林权等生态产权交易。

① 推进横向生态补偿。横向生态补偿是通过采用公共政策或市场化手段调节，虽不具有行政隶属关系，但生态关联性强的地区间利益关系的制度安排，是纵向生态补偿的有益补充。地区间横向生态保护补偿机制能够引导生态受益地区对保护地区、资源消费区对资源产区、粮食主销区对主产区、上游对下游和东部对西部进行生态补偿，从而逐步建立体现生态价值和代际补偿的资源有偿使用制度和生态补偿制度。

② 完善重点生态区域补偿机制。推进生态保护补偿试点示范，研究制定相关政策，将重点生态区域发展定位与生态环境改善结合起来，形成动态的生态系统服务功能调节机制。设立重点生态功能区生态补偿基金，重点用于为维持限制和禁止开发区域的生态服务功能需要，而进行的生态修复、环境治理、生态建设、生态环保基础设施建设等项目投入。

（四）环境经济标准

1. 城镇空间

在城镇空间中，政府应建立排污权交易制度，巩固排污收费作用，推行绿色信贷，对"两高一资"企业实行强制环境责任险等。建立完善的空间环境管控，尊重自然环境与自然规律是城镇化发展的首要条件。严格的空间环境管控制度，人口与资源环境相协调的格局，是优化城镇化发展的必要手段。

无序的城镇发展和空间蔓延，往往突破环境资源底线，造成极大地浪费。新型城镇化的重要内容应该是遏制对大自然无限制的索取，因此要切切实实以环境资源承载力为基础，制定最大水资源开发利用总量、污染物排放总量、土地开发比例等环境资源开发利用底线。

2. 农业空间

政府应联同保险公司设立事故排放（超标排放）险种，同时对事故排放（超标排放）等违法行为规定高额处罚和赔偿。目前，管理部门着眼点主要是突发性污染事故，对累积性污染事故重视不够。但污染物累积到一定程度，同样会对第三方造成人身或财产损害，且后者出现的频率要比前者大得多。对那些虽然不属于高风险企业，但污染物排放量大的企业应划入强制投保责任险范围（应覆盖排污总量的80%），可以投保事故排放（超标排放）险。只要被监管部门发现超标排放，而且合乎投保条款，都可以由保险公司承担罚金。

管理部门应在各农业空间中划定环境敏感区域。环境敏感区可以参照《建设项目环境影响评价分类管理名录》（2021年版）的划定办法，或根据实际情况划定。在环境敏感区周边一定距离内划定一定范围作为环境风险管理敏感区，在其范围内的所有排污口必须强制投保，可投保事故排放（超标排放）险。进入环境风险管理敏感区的运输车辆船只，除危险品、危险废物以外，干散货（船运煤、砂石等）、其他制造行业运输原材料及产品（液态、粉态、气态），如涉及基础化工、制药等行业物料，也必须提交"进入敏感区保险"投保证明（此投保险种应该分级别），否则不得进入。

相关管理部门应联合保险公司设立低保费、高赔率的人身环境污染损害保险险种。应强制高风险企业给周边一定距离范围内居民购买环境污染损害保险，附近居民也可以自己投保这种险，或者任何公民觉得自己存在环境污染损害风险时，都可以投保。

设立建设期环境破坏险种。对那些虽然不属于高风险企业，但其建设过程中可能对土壤地表、河流水环境造成较大破坏影响的，如公路、铁路、桥梁、管线及土方量较大的站址项目，在建设期应纳入强制投保范围。

3. 生态空间

应建立由中央财政直接支付的生态保护和管理维护机制。

相关管理部门应联合保险公司带头建立国资委所属的各大央企、国企的全生产线实时控制系统，打造绿色数据平台，从无害化、资源化、能源化三个维度分别减少污染物排放、提高资源利用效率、降低能源消耗，实现风险控制，见诸效益；建立各投保企业的企业标准自我声明信息服务平台，汇集检测报告、验证报告、认证报告，对企业产品和服务进行全生命周期评价，从设计创新、原料利用、生产过程、产品亮点、服务承诺共五个方面进行企业标准绿色声明评价，作为企业绿色责任险的投保依据和企业进入政府绿色采购清单的保障措施。

生态环境保护部门应主动获取地方政府生态环境大数据的支持，包括生态空间安全管控系统、黑色生产力淘汰系统、国家减排计划及污染物排放总量控制系统、地方资源环境承载能力预警调控系统，以及各地方开列的生态环境影响负面清单的有关信息。

各级政府应联合打造新的生态环境安全实时调控系统，使生态环境质量保护目标数据与企业排污数据影响生态环境活动数据构成预防体系、调控体系，实现对生态环境污染从原因到结果的全过程控制。同时，管理部门及企业可依靠污染责任强制保险来提高发生事故后的生态补偿和修复费用，依靠绿色保险机制来推动企业为绿色生活提供绿色消费产品、为绿色生产提供绿色循环技术、为绿色生态提供发展模式。

四、全民行动体系

《指导意见》首次较为系统地提出了公众参与的途径与方法，从环保举报热线、新闻媒体的曝光、生态环境公益诉讼的开展等方面强化社会监督；发挥各类社会团体的作用，充分调动群团组织、行业协会、商会等社会团体参与环境治理；提高公民环保素养，使绿色发展的理念深入人心，引导绿色消费和生活方式，进而从需求端倒逼企业环境行为的改进。

在全民行动体系中，有一个创新亮点：《指导意见》指出要"加大环境公益广告宣传力度，研发推广环境文化产品"，这不仅拓展了生态环境价值内涵和外延，还有助于从观念和思想上引导绿色消费和生活方式，形成全民行动体系的巨大推力。从古至今，生态环境保护都作为一种伦理观和道德观被社会重视，因此，生态环境保护不仅仅是环境治理，更深层次的是一种文化。只有将生态环境保护作为文化加以传播，才能将生态文明建设根植于每个人的心中，引导人们采用绿色生活方式；只有将生态环境保护的文化元素植入到产品、建筑的设计理念中，减少过度包装，充分利用可再生资源，才是从源头上节能减排；只有将生态环境保护的文化植入到全民，尤其是学生的可持续发展的教育中，才能让我们的子孙后代尽早树立正确的发展观，正确看待人与自然的关系，才能真正将生态环境治理的工作前移。当然，研发推广环境文化产品还有很多未知和挑战。例如，如何选择环境文化产品的载体，如何提高环境文化产品的附加值，如何借助其他文化产品的推广平台和渠道，更快地推广环境文化产品。这些问题都是需要进一步探讨的。

从社会角度来说，可以建立环境业主委员会，委员由不同行政管辖范围按比例推选，进行宣传、督导、提交评估表，业主委员会接收报表并组织会议，上报主管部门，由主管部门审定后执法。生态空间和农业空间环境业主委员会由上级主管部门组织成立。

制度保障方面，应组织相关专家及部门编制《生态环境分区监管公众参与说明》，全过程参与生态环境项目、规划等。措施实施落地前、实施中、收尾后，管理部门都要做到合法信息公开，听取公众意见，适当采纳。纳入信用体系，结合政府信用体系、企业信用体系以及个人信用体系，对参与的方式结果考核。生态空间和农业空间环境业主委员会由上级主管部门组织成立。

五、监管体系

环境监测网络的全覆盖、监测技术的完善、监测主体的明确，都可以提高环境监测的质量，为环境监管提供准确而充分的依据，使之成为环境监管的眼睛。生态保护执法队伍职责的整合、环境执法的统一化，能够开启"双随机、一公开"的环境监管模式，为环境监管安装上"利齿尖牙"。监管体系通过加强司法保障，建立生态环境保护综合行政执法、公安、检察、审判机关的联动机制，能够由此探索创新环境审判制度。

监管体系的核心又可以概括为如下三个亮点：首先是环保与公检法的联动。《指导意见》提出要建立生态环境保护综合行政执法机关、公安机关、检察机关、审判机关信息共享、案情通报、案件移送制度。这将解决环境监管体系中的部门协调问题，有助于进一步加大对生态环境案件的惩处力度，同时对可能和潜在的违法行为形成震慑，争取在环境违规行为发生之前做到有效阻止。其次是实行"谁考核、谁监测"。环境监测的准确性直接影响着环境治理的精度和力度。多年以来，以属地监测为主的地方监测模式，意味着考核者的考核依据来自被考核者，这就使得被考核者有动机干预监测数据。只有做到"谁考核、谁监测"，才能从机制上保证监测数据客观、真实、可靠，真正提高现代环境治理效能。最后是环境数据的"三个一"，即推进信息化建设，形成生态环境数据"一本台账""一张网络""一个窗口"。从企业公开环境治理信息到全面提高监测自动化、标准化、信息化水平，《指导意见》对生态环境数据的途径、获取方法、质量保证作出了全面部署。"一分部署、九分落实"，环境数据的"三个一"就是确保环境数据相关部署真正落实的关键。"一本台账"可以落实环境数据监测中各个主体的责任，做到工作层层分解、责任层层压实；"一张网络"可以通过生态环境大数据、大平台、大系统的建设和统一，形成生态环境信息的"一张网络"，使之成为推进环境治理体系和治理能力现代化建设的重要手段；"一个窗口"既可以促进环境保护各类监测的办事流程规范化，还能够切实有效地解决群众实际问题，从而有效推动、促进环境监测能力的建设与提高。

环境监管体系重点是要建立环境评估—整改建议—实施路径—成果验收—适时监管的监管流程，生态空间和农业空间由上级部门组织第三方评估，城镇空间由本级部门组织评估。

改革后，党中央和国务院对生态环境部的基本职责定位是"监管"，统一行使生态与城乡各类污染物排放的监管和行政执法职责，监管可以说是生态环境部门的基本定位和这次生态环境领域改革的初心之一。自然资源部与生态环境部分别是自然资源资产管理者和自然生态监管者，职责各有侧重，互不冲突。

（一）许可机制

环境评价作为预防性制度，重在事前预防，是固定污染源的"准生证"，其内涵既包括对项目实施后排污行为的环境影响预测评价、环境风险防范以及新建项目选址布局等，也包括建设期的"三同时"管理，并为排污许可提供污染物排放清单。排污许可重在事中事后监管，是载明排污单位污染物排放及控制有关信息的"身份证"，是排污单位守法、执法单位执法、社会监督护法的依据之一。现阶段，二者相互补充。

坚持"划框子、定规则"两个环节：划框子指划定生态保护红线，明确区域发展定位、生态功能定位和准入条件，优化空间布局，调控环境容量；定规则以"生态保护红线、环境质量底线、资源利用上线和环境准入负面清单"为依据，强化空间、总量、准入环境管理，不断改进和完善环评管理体系。

环境评价要通过导则的修订，要明确污染物排放强度和污染物排放清单，统一环境评价与排污许可源强核算及技术方法。环境评价应依据污染物排放标准和区域环境质量管理要求，科学预测污染物排放方式、浓度和排放量，用"一套数据"作为污染物排放和环境执法的硬约束，解决现在固定污染源管理"多套数据"的问题。同时，环境评价应简化程序，取消环境保护部门环评竣工验收，落实业主"三同时"主责，并将企业落实"三同时"作为申领排污许可的前提，实现环评与许可制管理无缝衔接。

（二）环境准入机制

明确环境准入制度应首先编制环境负面清单。从环境约束的角度出发，加强环境准入是源头预防的基本工具之一。环境准入通常被视为一种许可制度，要求必须充分考虑对环境的影响并获得准入许可之后方可进行生产建设活动。

相关部门应结合现在的"三线一单"，确定环境管控单元，确定负面清单，以环境管控单元为对象，将生态保护红线、环境质量底线、资源利用上线的管控要求转化为空间布局约束、污染物排放管控、环境风险防控、资源开发利用约束等禁止和限制的环境准入要求，统筹汇总成环境准入负面清单。

空间布局方面应从环境功能维护、生态安全保障等角度出发，优先从空间布局上禁止或限制有损该单元环境功能的开发建设活动。对于已经侵占生态空间或有损环境功能的，应建立相应的退出机制，并制定治理方案及时间表。

污染物排放管控应基于环境质量底线目标，从加强污染排放控制的角度，重点从污染物种类、排放量、强度和浓度上管控开发建设活动，提出主要污染物允许排放量、新增源减量置换和存量源污染治理等方面的环境准入要求。

环境风险防控应对于所有优先保护类环境管控单元和涉及人居环境安全的重点环境管控单元，提出涉及有毒有害、易燃易爆物质项目的禁止准入要求或限制性准入条件及环境风险防控措施。

资源开发利用时应约束针对于自然资源重点管控单元区域内资源开发的突出问题，应加严资源开发的总量、强度和效率等管控要求，避免加剧自然资源资产数量减少、质量下降的开发建设行为。对于已损害自然资源的开发建设活动，应建立相应的退出机制，并制定治理方案及时间表。

（三）建立数据信息化监测平台

在分区管治体系中，应按照"山水林田湖草是一个生命共同体"的系统管理理念，构建"源头严防、过程严管、后果严惩"的全过程监管制度体系，创新监管方式，提升监管效能，推动提升生态分区管治成效。

（四）构建监测体系

国家和省级建立生态用地监督平台数据库，市县级建立生态用地管理与核查系统，分级构建监测评估体系。

构建监测体系，对生态用地状况进行监测、评估以及管理。成果形式可以采用生态用地监管通知单、生态用地评估报告以及生态用地专题数据产品等呈现。适时监管要包括开展中央环保督察，重点盯住中央高度关注、群众反映强烈、社会影响恶劣的突出环境问题及其处理；重点检查环境质量呈现恶化趋势的区域流域及整治情况；重点督察地方党委和政府及其有关部门环保不作为、乱作为的情况；重点了解地方落实环境保护党政同责和一岗双责、严格责任追究等情况。

生态空间主要监管内容有生态廊道、生态斑块、生态修复工程的完成情况、生态服务功能维持情况。城镇空间主要监管内容有城镇预留区、生态格局的连续性。农业空间主要监管内容包括耕作强度、乡村人居环境整治情况。

生态保护红线主要监管保护对象的分布和保护程度。城镇开发边界主要监管绿带、绿心以及建设活动的绿色化、低污染。永久基本农田控制线主要监管内容是农田生态效益的实施情况。

六、市场体系

《指导意见》用与监管体系相同的篇幅对市场体系作出了全面部署包括：构建规范开放的市场，以促进各类资本参与环境治理投资、建设、运行；通过环保产品自主创新的支持和环保企业的培育，强化环保产业的支撑；创新环境治理模式，提高环境治理公共物品的提供效率，扫清环境治理死角；健全价格收费机制，借助大数据精准刻画企业和居民的环境行为，完善差别化价格机制。市场体系中有三个创新亮点。

首先，对于政府来说，监管与市场是实现环境治理目标的两个互补手段，前者的力度强、见效快，而后者的成本较低，不容易造成资源错配和扭曲。对于不同类型的生态环境问题和环境治理的不同阶段，应当发挥两种机制的互补作用。监管与市场之于政府，等同于约束与激励之于企业。唯有合理利用两种机制，才能做到环境治理短期效果与长期效果的有效衔接。《指导意见》对于健全环境治理市场体系的论述，充分体现了市场竞争精神和原则。《指导意见》指出，要"打破地区、行业壁垒，对各类所有制企业一视同仁，平等对待各类市场主体，推动各类资本参与环境治理投资、建设、运行"，这正是市场中性原则在环保领域的体现。现有研究证明，任何违背市场中性原则的行业，都会存在一定程度的资源错配和价格扭曲，进而降低行业竞争力。对于环保行业也是一样，只有对所有企业一视同仁，打破地区、行业的壁垒，才能让资源充分流动起来，提高全行业的全要素生产率，从而实现降低排污企业环境治理成本的最终目的。

其次，《指导意见》提出加强关键环保技术产品的自主创新，推动环保首台（套）重大技术装备示范应用，加快提高环保产业技术装备水平。一个对外依存度较高的行业固然是好的，因为这样可以充分发挥不同生产环节的比较优势，做到互赢互利。然而，一旦发生紧急事件，要保证行业生产不受影响，关键还在于对关键技术的掌握。因此，推动环保首台（套）重大技术装备示范应用才是促进环保产业长久发展的根本所在。

最后，《指导意见》还提出，对工业污染地块，鼓励采用"环境修复＋开发建设"模式，这是创新环境治理模式的大胆设想和尝试。对污染地块的处理不是停留在环境修复，而是要进一步开发、建设、运作起来，充分发挥生态环境治理资金的带动引导作用，提高社会资本进入环境治理的积极性，打造循环经济发展新模式、新业态。

可以看出，《指导意见》的重点是要构建环境治理和生态保护的市场体系，从生态清退和生态补偿体系、投融资体系、市场交易体系和环境污染责任保险体系四维度构建生态环境保护市场体系。

（一）生态清退和生态补偿体系

推动生态清退与修复工作，不仅应配合生态补偿政策实施，做到刚性和弹性的相互联动，提高生态环境治理的效率，还应对不同强度的生态空间分级别管理。针对一级管治区，进行生态清退工作时，应进行规模指标控制，随着强度降低，生态清退和修复的力度也要调整。

1. 生态清退实施路径

在生态环境管治分区划定的基础上，应进一步强化生态核心区域的生态清退与修复工作，要求核心生态区域逐步强制性开展建设用地清退和修复工作。编制《建设用地清退工作方案》，明确期限内区域建设用地清退总规模不低于的面积，年度清退指标通过纳入近期建设与土地利用规划年度实施计划，经上级政府批准后下达各区实施。上级政府与各区政府签订年度建设用地清退目标责任书，全面加快推进生态建设、生态清退和生态修复等工作。

2. 生态补偿实施路径

单纯的货币补偿形式，给财政带来了巨大压力。要完善如图 3-5 所示的生态补偿实施路径，需进一步研究健全生态补偿机制，探索通过项目资金扶持、生态用地以租代征、线内线外建设项目捆绑、容积率转移等多种手段实施生态补偿，通过各种生态补偿及转型引导政策，让原线内社区居民切实感受到"守住了青山绿水、就是抱住了金山银山"。

（1）生态价值评估手段

评估手段主要包括通过具备提供生态价值产品的生态资源的地租体现所有权的收益，通过租金资本化表现对让渡生态资源使用权等权利的补偿，通过征收环境税对生态资源环境权进行价格补偿。

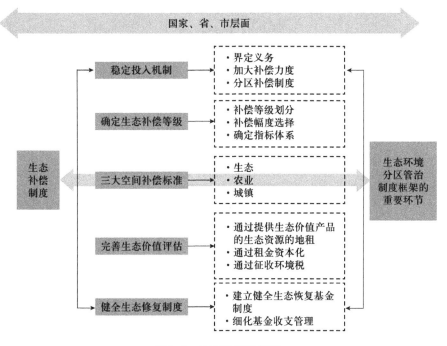

图3-5　生态补偿示意图

（2）生态环境补偿标准级别

跨省级区域生态环境补偿的由中央确标，省内的由省级生态环境行政管理单位确标，市内由市级生态环境行政管理单位确标。

（3）三大空间生态环境补偿标准

生态空间补偿标准：根据生态清退的必要性，评估绝对生态空间、生态修复空间、功能生态空间以及一般生态空间，确定清退项目和标准。

农业空间补偿标准：根据农业产业园发展的生态需求，适当补偿。

城镇空间补偿标准：对自觉选择低污染发展方式的企业予以奖励。

（二）投融资体系

随着市场经济体制的逐步建立和企业经营机制的转换，政府、企业和社会公众将在遵循一定投融资原则的基础上重新划分原先为政府独立承担的环境保护事权，见表3-3。

表3-3　投融资事权划分

投融资主体	投融资原则	投融资事权
政府	公共物品效益最大化	制定法律法规、编制环境规划；环境保护监督管理；组织科学研究、标准制定、环境检测、信息发布以及宣传教育；履行国际环境公约和义务；生态环境保护和建设；承担重大环境基础设施建设、跨地区的污染综合治理工程与公益性环保企业的建设与经营等
市场	污染者治理原则 使用者付费原则 投资者受益原则	治理企业环境污染，实现浓度和总量达标排放；不自我治理污染时，交纳排污费；自觉遵守环境法规；生产环境标志产品、有机食品和绿色食品；环境保护技术设备和产品开发、环境保护咨询服务
个人	污染者付费原则 使用者付费原则 投资者受益原则	交纳环境污染费用；自觉遵守环境法规；有偿使用或购买环境公共用品或设施服务；购买环境标志产品、有机食品和绿色食品；自觉监督企业的污染行为；参与环境保护间接性投资并获取相应收益

1. 分区评估

有关机构要定期对生态文明建设的投融资政策效果进行评估，以便有针对性地对不同地域的特点和优势的生态文明建设进行投融资服务。在生态文明建设过程中，要区分不同地域环境特点，实施有差异的绿色金融支持政策。投融资分区评估如表3-4所示。

表3-4　投融资分区评估

地区类型	侧重点
生态空间	侧重做好环境保护的投融资支持工作，杜绝掠夺性开采，保障可持续发展；在林业地区侧重推动森林碳汇和林下经济转型的投融资支持工作，完善林区经济结构
城镇空间	侧重做好节能减排的投融资支持工作，强化实施循环经济，减少污染物的排放
农业空间	在农业地区侧重做好生态农业的投融资支持工作，推动循环型农业的发展

2. 投融资渠道

生态文明建设属于公共领域范畴物品。生态文明投融资的发展需要政府财政和市场化融资的支持，渠道见表3-5。

表3-5　投融资渠道

融资主体	融资渠道
政府	政府环保投资的资金来源主要包括部门预算资金、环保专项资金、预算内基本建设资金。
企业	企业融资渠道主要包括留存收益提取、固定资产折旧、票据贴现融资、信用贷款、保证贷款、抵押贷款、收费权（排污权）质押贷款、委托贷款、信托贷款、政策性贷款、民间借贷、资产典当融资、融资租赁、短期融资券、中期票据、企业债券、可转换公司债券、资产证券化、天使投资、风险投资、私募股权以及上市融资等

3. 投融资监管控制

应该从机构监管、同行监督、自我规制三个方面推动形成长效监管机制，如表3-6所示。

表3-6　投融资监管方式

监管主体	侧重点
机构监管	金融监管部门应通过加强现场检查与非现场监督，不定期对金融机构参与绿色金融发展情况进行评估，将评估结果作为监管评级的重要参考
同行监管	实施同行监管。金融机构同行监督具有必要性、可行性、一致性，金融机构间的利益竞争关系使其比普通公众更有意愿了解其他金融机构所开展的具体业务，更便于通过设立便捷与高效的投诉机制实施监督
自我规制	加快制定完备的社会与生态环境责任准则，并通过强化激励与约束机制、培育环境责任的公司文化等措施加强自我规制

（三）市场交易体系

生态环境市场交易体系是一个旨在提高环境保护质量和实现可持续发展的市场机制。这个体系主要基于区域间环境和综合实力差异，依赖于排放权、使用权和排污权等环境权益交易，通过市场运行方式优化环境和资源配置，以保障环境保护目标的实施。

在生态环境市场交易体系中，政府首先设定环境容量底线、环境质量目标和排放限制，然后通过拍卖或发放排污许可证的方式，将排放权分配给排放源。这些排放权可以在市场上进行交易，交易收入应主要投入到生态环境治理中，形成资金闭环，实现环境减排减污目标。

企业可以根据自身情况，通过买卖环境权益实现自身生产工艺改进、转型发展或直接获取经济获益。如果企业能够以更低成本实现减排，就可以通过出售排放权获得经济利益。这种激励机制可以促使企业更加积极地参与到环保行动中。

生态环境市场交易体系还可以促进地区间的环境合作。例如，发达地区可以通过向欠发达地区购买排放权，注入资金或技术，欠发达地区将市场交易获利资金用于产业和经济发展，经济收入与发达地区分摊，从而缓解地区间发展不平衡问题。而发达地区可将分摊的收益用于环境质量提升，最终实现区域经济和环境的协调发展。

此外，建立健全的市场监管机制和政策框架在生态环境交易体系中十分关键。通过生态环境周期性综合考量、评估和预测，确定不同周期内合理的环境权益价格，避免出现潜在的过度投机和市场失灵等问题。适时制定对应政策措施保证生态环境市场交易的健康环境。

总的来说，生态环境市场交易体系是一种依托市场调节的环境管理工具，能够促进区域间经济发展和环境保护协调发展的良性循环。未来，随着环保意识的不断提高和技术进步的推动，生态环境市场交易体系有望发挥更大的作用。

（四）环境污染责任保险体系

环境污染责任保险是以企业发生污染事故对第三者造成的损害依法应承担的赔偿责任为标的的保险。1996年到2005年，我国环境保险基本处于停滞状态。随后逐步开展试点工作，直至2017年4月26日，中国保监会发布了《化学原料及化学制品制造业责任保险风险评估指引》（JR/T0152—2017），对化学原料及化学制造企业的环境污染风险从政策、经营、管理、工艺、存储运输、行业、标准评级、敏感环境、自然灾害九个方面提供了量化分析参考。这是我国首个环境责任保险金融行业标准，为我国环境污染责任保险的风险评估及业务开展提供指导作用。

考虑到市场特性，推行保险制度，首先取决于国家的奖惩力度，其次也要考虑到地区的财政基础，因此建议发达地区先试先行，逐步推进，优先东南地区，再向西部和中部地区推广。

建立责任保险体系，首先应制定法律法规，明确对环境侵权行为的界定，完善对诉讼流程、责任追究原则、安全生产监督等方面的具体规定。其次要确定投保模式，生态空间污染行业。法律层面上统一规定强制性投保。农业空间污染行业：各地乡镇政府机构应该对高污染行业的范围做出明确的规定，采取强制保险与自愿保险。城镇空间污染行业：采用对投保企业给予一定的税收优惠、提升信贷级别等方式激励企业投保。再次应完善环责险的运行机制，政府可以引导建立第三方独立的环境风险评估人才体系，大力引进化学、物理、地质学、环境工程学、医学等专业的人才，主要从事环境风险评估、提供风险防范建议、污染治理方案设计、事后损失预估等工作。最后，为保证保障环责险体系的持续发展，政府可以通过财政补贴或者建立保险基金等方式对保险公司给予支持。另一方面，政府还可以通过引导经营此类业务的保险公司组建共保联合体、安排再保险、发行风险证券等方式分散风险，激发保险公司的积极性。

环境污染责任保险参与主体有保险公司、高风险企业、环境管理部门以及保险监管部门。

1. 明确环境污染责任保险的投保主体

根据环境状况和企业特点，将生产、经营、储存、运输、使用危险化学品企业、危险废物处置企业等六大类行业企业纳入试点范围，制定《环境污染强制责任保险名录》，明确投保主体。

2. 创新环境污染责任保险产品

保监局应联合保险公司、保险经纪公司结合投保企业生产经营特点和保障需求，扩大保障范围，开展保险产品创新。

3. 建立环境污染风险评估和环境损害鉴定评估机制

根据环境污染责任试点范围要求，相关部门应尽快制定电镀、印刷电路板、危险处置企业等环境风险评估技术规范。此外，可以同时推动成立环境损害鉴定评估中心，建立环境污染损害鉴定评估机制，制定环境损害鉴定评估技术规范。

4. 建立规范的投保、理赔程序

应从环境风险评估、投保档次、办理投保手续、风险管理服务、续保等环节建立投保业务流程；从责任认定、环境污染损害鉴定、定损、履约、费率设置等环境建立理赔程序。

5. 建立投保企业、保险公司的激励和约束机制

相关管理部门建立应保未保企业的约束措施和对已投保企业的激励措施，将投保情况纳入企业上市再融资、评优评先等环保守法情况审查范围，加大对应保未保企业的监管力度。同时，要求各保险公司应严格执行在保险监管部门报备的条款费率，公平竞争、规范经营、加强服务，严格按照环境风险评估工作程序（图3-6）及相关要求开展承保工作。

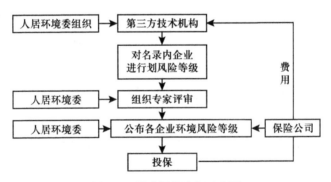

图3-6 风险评估流程示意图

七、信用体系

生态环境污染与破坏问题的产生来源于市场失灵，长期以来，困扰生态环境治理的一大难题也正是市场失灵。市场失灵包括三种情况：信息不对称、外部性、公共物品。现代环境治理正是对生态环境领域存在的这三种市场失灵的有效解决。首先，在环境治理体系中的不同参与者之间，存在不同程度的信息不对称。解决各级政府之间的信息不对称才能确保地方政府的监管到位，解决地方政府与企业的信息不对称才能保证环境执法的公平公正，

解决企业与公众的信息不对称才能让公众真正参与到环境治理中。其次，生态环境问题产生的根源就是外部性，即企业污染环境，却没有付出相应成本。再次，环境治理体系的建设本身就是生态环境作为公共物品的提供过程。在经济学中，解决市场失灵的重要手段就是建立信用体系，信用体系本质上就是将行为主体的当期行为与未来收益挂钩的机制，也是解决市场失灵问题中最一劳永逸的办法。

《指导意见》指出，要加强政府诚信建设、企业信用建设、全民信用建设，这三个信用体系的建设正是解决上述市场失灵问题的突破。首先，应加强政府诚信建设，为环境执法人员和地方政府戴上"紧箍咒"，迫使各级环境监管部门一方面要加大环境监管力度，做到应罚尽罚，另一方面也要斟酌监管方法和力度，做到罚必适度。否则，就算是监管者已经调离岗位，也需要为此付出代价，这就有效解决了上下级政府之间的信息不对称问题，也有助于环境治理这一公共物品提供的数量和质量保证。其次，应加强企业信用建设，建立完善上市公司和发债企业强制性环境治理信息披露制度，解决企业与政府、企业与投资者、企业与公众的信息不对称问题。再次，应充分发挥资本市场的定价作用，使企业环境行为在资本资产定价中充分体现，提高环境行为与财务绩效、市场价值的关联性，做到外部性成本的内部化，将企业当期环境行为与未来经济收益挂钩。最后，还要探索开展全民信用建设，一方面将破坏环境行为纳入居民信用体系，用市场力量监管居民环境行为；另一方面将环境友好行为也纳入居民信用体系，通过消费优惠、信用修复等方式，引导居民的绿色消费和绿色生活。

需要注意的是，在环境治理过程中，企业和公众的共同心理都是趋利避害的，占用更多的公共资源，使用更少的自我成本，获得更多的私人收益，这一行动逻辑对于企业和公众都是成立的。因此，在生态环境被破坏时，人们希望那些危害自己的问题得到迅速解决，这将给生态环境治理提出更大的挑战。与此同时，在企业和公众生态环境治理行为变被动为主动的情况下，还应当警惕企业和公众行为的盲动性。共情时代下，既不能无动于衷，也不能反应过激。

（一）信用管治体系

行政单元、企业以及个人三种信用体系，在三区都适用。环境信用体系如图 3-7 所示，政府信用体系、企业信用体系、个人信用体系相互促进，互相监督，构建良好的环境市场环境。政府信用体系是保障是带头作用，企业信用体系是主体，个人信用体系是基础。

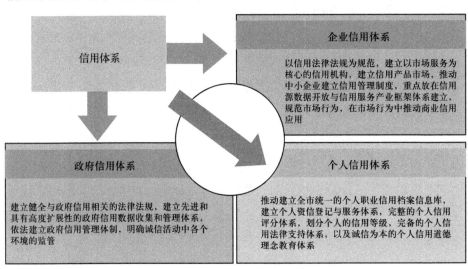

图3-7 环境信用体系

（二）政府信用体系

政府信用实施路径如图 3-8 所示。

政府信用体系实施路径	建立健全法律法规建设	建立完善政府信用相关法律法规，从法律上管控政府信用体系
	构建政府信用信息平台	对政府信用数据进行收集和管理，保证信息公开度，作为政府信用等级评价依据
	鼓励地方先行先试，继续推进试点示范工作	依靠地方政府在重点难点问题上率先突破，重视创新探索和实施评价，充分发挥政府的主动性和创造性
	完善信用监测的预警与评价机制	探索信用监测的有效预警机制与评价机制，最大限度地发挥社会信用体系在社会治理中的积极作用
	展开政府信用培训教育工作	使诚实守信成为全民的自觉行为规范，实现基层政府信用至上的良好风气
	推进联合奖惩机制，充分发挥激励和约束作用	注意加大对诚实守信主体激励和对严重失信主体惩戒力度，构建褒扬诚信、惩戒失信的制度机制和社会风尚

图3-8 政府信用实施路径

政府部门应建设诚信系统，保证政府诚信度，并推行诚信公示，对环境治理责任的失信行为进行追究。相关部门应主动公开信息，包括生态环境质量信息、生态环境许可信息、生态环境管理信息、生态环境执法信息、重要行动部署信息。生态环境部各司应明确信息权责，相互不重复，便于环境治理信息的汇总和公开。应将环境治理纳入绩效考核，让环境治理成为地方政府考核的重要指标。

（三）企业信用体系

企业信用体系应将企业履行环保法定义务和社会责任情况纳入并主动公开，以此约束和惩戒企业环境失信行为。

要建设企业信用体系，首先，要实行责任保险制度，衔接企业信用：进一步落实环境高风险领域环境污染强制责任保险制度，对应投未投环境污染责任保险的企业采取限制银行贷款措施，并将有关信息纳入征信平台。

其次，要落实主体责任，制定信用修复制度：对实行排污许可管理制度的企业，因违反规定排放污染物的，责令停止排污或者限制生产、停产整治；对整改良好的企业予以信用修复的机会。可以要求相关责任者作出信用承诺、完成信用整改、通过信用核查、接受专题培训、提交信用报告、参加公益慈善活动等。

最后，企业要履行生态修复职责，创新生态修复自我管理制度：制定企业生态环境相关定额目标，政府负责监管，企业责任方可以选择自身生态修复或者雇佣技术机构修复。评估较好的企业，可以享受收益和政府奖励。

（四）个人信用体系

要形成个人环保信用评价指标体系，就要建立个人信用信息基础数据库，规定个人实名登记，推进个人信用信息全面整合。

强化个人信用记录基础支撑包括建立个人公共信用信息基础数据库，加快个人公共信用信息管理标准和技术规范建设，建立个人公共信用信息评价指标体系。

加快推进个人诚信记录建设要做到深入推进个人实名登记，全面归集个人公共信用信息，建立重点领域个人诚信记录。

相关管理部门应推动个人信用信息共享使用，包括推进个人信用信息全面整合，建立个人信用信息共享使用工作机制。完善个人信息安全、隐私保护与信用修复机制，强化个人信息安全管理，加强个人隐私保护，建立信用修复机制。完善个人守信激励和失信惩戒机制，为良好执行环保信用个人提供更多服务便利，对环保领域严重失信个人实施联合惩戒，推动形成市场性、社会性约束和惩戒。加强个人诚信教育，包括广泛开展环保诚信宣传，积极树立环保诚信正反典型，深入开展环保信用教育培训。

八、法律政策体系

这部分内容包括两部分：法律体系、政策体系。

对于法律体系，《指导意见》指出要完善法律法规建设和环境保护标准的制修订。这两者的完善是相辅相成的，如果法律法规建设不够完善，再严格的环境保护标准也只是虚设；如果环境保护标准是滞后的、不清晰的，法律法规在执行中就会出现偏差。《指导意见》特别强调，要做好生态环境保护规划、环境保护标准与产业政策的衔接配套，健全标准实施信息反馈和评估机制。

对于政策体系，《指导意见》指出要加强财税支持、完善金融扶持。可见，作为一种公共物品，环境治理的资金来源仍然是以财税支持为主，这也是环境治理本身决定的，但如果能够充分利用好金融的扶持作用，就可以极大缓解财税压力，甚至事半功倍。《指导意见》提出，要制定出台有利于推进产业结构、能源结构、运输结构和用地结构调整优化的相关政策。这句话的意义不仅仅在于提出四个结构，而在于它道出了环境治理的本质。环境治理不等同于治理环境，而等于"治理环境 +N"，这个 N 就包括四个结构的优化调整。当经济社会发展与生态环境保护的关系开始紧张甚至恶化时，环境治理就是一个有效的调控工具和体系。通过现代环境治理体系的建设，倒逼企业转型升级，推进产业结构的调整优化，促使企业从源头做起，降低能源消耗，使用清洁能源，促进能源结构的调整优化；鼓励公民绿色出行，推行绿色运输方式，在实现节能减排目标的同时，促进运输结构的优化调整；规范土地使用，将生态环境的成本和收益纳入土地使用决策，促进土地结构的优化调整。

法律法规体系重点内容主要有：制定生态分区管治法，制定三区的差异化管理的法律法规，建立环境业主委员会实施条例，构建环境监管督察制度，实行重要生态空间的管理条例，重点空间重点管控。

（一）制定生态分区管治法

制定三区的差异化管理"法律法规＋实施政策＋标准规范"的生态空间施政体系。

法律法规分级实施路径如图3-9所示。具体来说，应按管理层和实施层两个层级落位，在国家、跨省区域和省级层面重点健全法律法规体系，包括优化传统环保法律体系、制定生态环境分区管治法、制定地方规章；在此基础上推进专项治理，包含八类专项治理行动和制定绿色发展路径等。在市县层面对国土空间提出三区实施要求，生态环境在镇村层面重点开展生态保护红线管治工作，落实精准。

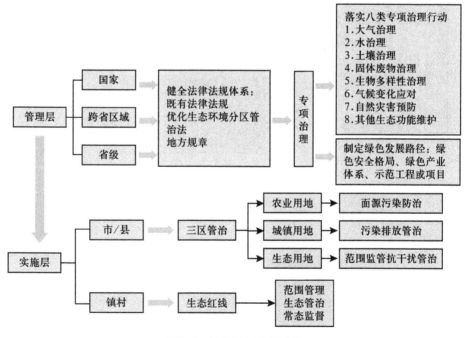

图3-9 法律法规分级实施

（二）建立环境业主委员会实施条例，构建环境监管督察制度

环境业主委员会是城市居民自治一种新的表现形式，要提高环境业主委员会的资质审核，与环境管治要求挂钩。明确环境业主委员会的法律效力和

性质，环境业主委员享受法律的权利，履行法律的义务；增加环境业主委员会实施性法律条例，明确具体操作运行的法规指导，区域的管治环境内容具体化；定时督察住区环境，重点对环境实施不定时督察，配合相应奖惩。

（三）实行重要生态空间的管理条例

实行重要生态空间的管理条例，应重点空间重点管控，划定级别明确保护强度。应结合国家划定生态区要求，参考《生态保护红线划定指南》，启动基本生态空间管理优化工作，在生态空间上划定等级分区。同时，要区分不同管理部门的生态空间管理范围和对象，启动管理政策的修订，配合空间分级分类，制定不同的管理要求，如图 3-10 所示。

自然保护区管理办法	风景名胜区保护条例	湿地保护管理办法
核心生态保护区	**生态安全及修复区**	**自然保留区**
以国家公园、自然保护区等自然保护地为主	以生态保护、修复为主要功能导向的区域，包括自然保护区、海洋特别保护区、森林公园、以自然资源为主的风景名胜、饮用水源地以及其他需要保护修复的生态区域	规划期内不利用、应当予以保留原貌的陆地自然区域，一般不具备开发和利用条件
最严格的准入制度，依靠法律和行政督察强制实施	适度开发观光、旅游、科研、教育活动，限制企业准入、限制生产类开发活动	限制新增开发建设行为，区内经评价对生态环境不影响情况下，适度开发

图3-10　生态空间重点管控要求

第四章

健全生态环境分区管治制度

第一节 完善生态环境分区管治制度

生态环境分区管治是生态文明在空间方面的重大创新和载体抓手，是推进城乡高质量发展的重要技术手段。生态环境分区管治应在用途和功能管控基础上更进一步地治理，通过多元（多要素、多空间、多维度、多线路、多角色）对话、多方面协调合作，实现效益最大化。

一、主要内容

国土空间生态环境分区管治制度不同于以往的环境保护制度，预期性更强，管治要求更高，管治过程更高效；不仅突出源头管理和过程管理的特征，还突出了生态优先和生态文明的更高要求；不仅突出环境保护，还强调绿色发展。主要包括以下内容：

1. 各类生态功能载体的管控

管控包括严格控制各类生态功能载体，按管理层和实施层两个层级落位。国家、跨省区域和省级层面重点健全法律法规体系，包括优化传统环保法律体系、制定生态环境分区管治法和地方规章；在此基础上推进专项治理，包含八类专项治理行动和制定绿色发展路径。市、县层面对国土空间提出的"二区"实施生态环境管治，管治重点因区而异，结合智能化、数字化、可视化监控管理。通过"三区"治理工作，实现生态空间按照生态优先前提，限制开发项目审批；农业空间最大限制控制面源污染，限制农药和化肥类别，土壤严重污染地区实行休耕和生态安全修复；城镇空间发挥生态调

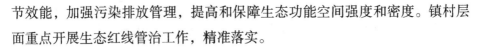

节效能，加强污染排放管理，提高和保障生态功能空间强度和密度。镇村层面重点开展生态红线管治工作，精准落实。

2. 确定生态环境补偿标准制度

对于以往生态环境扰动程度，应评估其影响程度，提出管治要求，并建立补偿标准，通过区域统筹确定补偿对象，通过法治监管实施到位。补偿制度的实施可以划分三个级别：跨省级区域的由中央确标，省内的由省级生态环境行政管理单位确标，市内的由市级生态环境行政管理单位确标。

3. 奠定法律基础

依法管治制度应持续推进。按照生态环境分区管治的新要求，相关部门应结合生态环境分区管治的法律修订、规章制度、国家标准以及地方条例，明确生态环境分区管治的范畴、政策和相关标准。确定分区管治实施事权机构，建立专业队伍，分解日常管理，建立上下协调的长效管理机制。

4. 确定管治责任人制度

管治责任人制度应明确生态环境分区管治责任人的选拔标准和责任范围，规定责任内容，建立相关管治规定、违规违法处理制度等。建立责任人定期巡查制度，可按照月度、季度、年度报告形式报上级生态环境行政管理机构。上级生态环境行政管理机构接到报告后，通过抽查及评估等开展督查工作，并反馈相关意见，包括维持现状、优化提升和全面整改三方面内容。管治责任人采用聘任制，聘期为一年，原则上不限制聘任次数，优先选聘前任管治责任人。对于聘期内出现失误的管治责任人，应根据其影响程度给出整改自评、不再续聘、通报批评并承担一定处罚、行政诉讼等四类处理。

5. 建立目标评价制度

加强生态环境保护规划管理，应建立目标评价制度。目标评价制度中，应依法制定生态环境保护规划，依法加强专项规划编制和审批管理，创新生态规划理念和框架体系，科学确定生态规划方法，综合考虑生态价值评估、地域特色、空间管治等多种因素，把生态优先、源头管控、分区施策、底线控制、区域补偿、生态发展等生态文明理念融入生态环境规划全过程。应从区域生态系统的高度确定生态价值，制定生态优先和生态功能保障的作用机制；统筹协调国民经济和社会发展规划、国土空间规划、各类专项规划工作，进一步完善提升生态功能，提高生态治理水平。

6. 建立公约制度

相关部门应通过宣传媒介，开展全民行动，实施社会监督管理。生态文明关乎人类的未来发展，与公众个体或群体息息相关，应该充分调动公众参与的积极性和创造性，并通过建立公约制度有效保障生态环境分区管治的成果。

7. 制定生态环境分区管治考核机制

各级政府应围绕上报考评、暗访抽查、年度或季度点评、上下双向考评、管治责任人制度、大众舆论监督（网络舆情）等方面建立考核标准和机制，周期性推进。通过奖罚有度的处理办法，维护公平合理的生态环境分区管治制度。

二、生态环境分区管治面临的挑战

我国国土辽阔，多样性、非均衡性、脆弱性的特点突出，不同区域资源环境承载能力各异，发展基础、条件和水平不同，要尊重自然、顺应自然、保护自然，就必须采取差异化的生态保护策略，为此，"十三五"生态环保规划要求"分区施策"，追求环境质量改善要"以解决生态环境突出问题为导向，分区域、分流域、分阶段明确生态环境质量改善目标任务"，落实分区管治时要"实施差异化管理，分区分类管控，分级分项施策，提升精细化管理水平"。

当前，国内外环境正在发生深刻复杂变化，经济发展外部环境更趋复杂严峻，不稳定、不确定因素增多，生态环境保护面临的形势依然严峻，推进环境治理体系和治理能力现代化面临多重挑战。就生态环境分区管治而言，面临着以下挑战。

1. 生态环境分区管治的原则和思路还不清晰

一方面，环境功能分区和分类方法与国土空间规划确定的功能空间不对应，且空间尺度常常存在差异，使生态环境分区管治的具体要求难以落实；另一方面，生态环境分区管治缺乏空间规划层面的工具，而土地用途和强度管控作为国土空间规划的主要工具，在环境分区管治方面难以有效发挥作用。

2. 生态环境分区管治的效能不足

政策措施在自上而下的层级传递过程中存在误导、误解和误为等问题，上下级联动推进和灵活调整能力不足。一些施政理念和措施仅仅停留在文件传达层面，并没有得到实际落实。虽然逐步建立了生态环境问责制度，但制度仍然不健全。地方政府对上级政府指令的执行有时过于机械化、流程化，有的缺乏分门别类的精细化管理细则，造成部分地区出现"一刀切"的情况。部分省市级政府层面生态环境责任不明确，只起到了传达指令的作用，环境管理效率偏低，环境治理能效较低。基层政府层面专业化人才不足，环境管理能力有限，对自身主体责任认知不清。

3. 多元共治的格局还未形成

环境治理仍以政府主导为主，市场参与有限，全民共治的能动性没有激发出来，行业管理不足，市场监管机制滞后。投融资体系、市场交易体系、生态补偿体系、环境保险制度等不健全，导致综合服务能力偏弱，创新驱动力不足，市场不规范，市场潜力未能得到有效释放。此外，安全风险和应急管理机制尚未建立起来，危机应对能力有很大缺口。

三、生态环境分区管治制度完善的方向

深入推进生态环境领域国家治理体系和治理能力现代化，要坚持以习近平生态文明思想为指引，以建设美丽中国为目标，以改善生态环境质量为核心，以解决制约生态环境保护事业发展的体制机制问题为重点，贯彻落实《指导意见》，加快建立健全生态环境治理的架构体系。完善生态环境分区管治制度，要着力抓好三个方面工作。

1. 深化顶层设计

相关部门要按照新国土空间规划制度，结合国土空间规划成果划分空间和管辖范畴，在生态空间、农业空间和城镇空间"三区"中建立健全并落实"七大体系"，依据不同空间属性建立区域差异化的管治制度，构建多维度的生态环境分区分级管制框架。还应系统梳理不同地区不同行业的发展现状，统计分析各地区以往发展路径的科学合理性，按照高质量发展的目标审查不同地域行业和环境问题，提出多样化的整治方案，提高防范意识，责任到

事、到人、到空间，探索精准化管治方法。分区曝光突出生态环境问题及整改情况。完善公众监督、举报反馈机制。

2. 建设"七大体系"

生态环境部应组织专家和部门完善生态环境保护法律体系，加快制定和修改长江保护、海洋环境保护、固体废物污染防治、生态环境监测、排污许可、碳排放权交易管理等方面的法律法规，加大生态环境违法犯罪行为的制裁和惩处力度。建立健全领导责任体系和企业责任体系，建立事前预警、事中督办及事后问责机制，针对不同空间和问题确定相应责任主体，推行领导责任和企业责任双轨制，制定实施细则。持续推进全民行动体系、监管体系、市场体系、信用体系的建立，逐步建立常态化、稳定的财政资金投入机制，落实生态补偿制度。加快制定健全有利于推动绿色发展和生态环境保护的价格、税收、金融、投资等政策。发展绿色信贷、绿色债券等金融产品，能发挥好国家绿色发展基金作用，在环境高风险领域建立环境污染强制责任保险制度。健全生态环境信用评价、信息强制性披露、严惩重罚等制度。深化"无废城市"建设、固体废物进口管理等。此外，还应加强农业农村环境污染防治。

3. 强化保障工作

工作中应完善污染防治区域联动机制和陆海统筹的生态环境治理体系，落实中央生态环境保护督察制度，制定实施中央和国家机关生态环境保护责任清单，实行生态环境损害责任终身追究制，推进生态环境保护综合行政执法，全面完成省级以下生态环境机构监测监察执法垂直管理制度改革。应健全生态环境监测和评价制度，落实生态环境损害赔偿制度，构建以排污许可制为核心的固定污染源监管制度体系，加快建立"三线一单"制度。

四、生态环境分区管治的推进路径

各级政府在统一环境质量持续改善的战略观指引下，按照事权清晰的原则设定不同时间空间的环境治理任务与成效目标，因地制宜地精准施策，注重综合运用经济、法律、技术等手段，激励引导企业主体自主进行环境保护。引入公民团体参与制衡，提升治理能力的同时更加强调治理绩效，确保生态环境保护"量质并举"。

依托分地区分行业关系图，按照生态、农业、城镇的三类空间分类，确定生态环境分区管治路径，如图4-1所示。

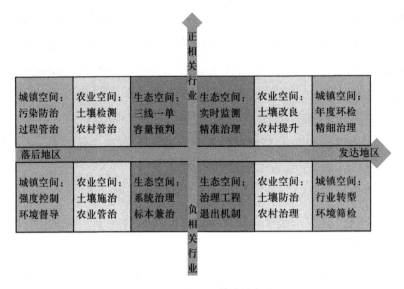

图4-1 环境分区管治分析图

在第一象限，行业发展与环境保护、经济发展正相关，应未雨绸缪，持续保持高质量发展的良好势头，生态空间内通过实时监测进行精准治理；农业空间内通过土壤改良实现农村提升；城镇空间内通过年度环检推行精细治理。

在第二象限，行业与环境保护正相关，但发展落后，发展方式合理，环境治理压力较小，生态空间注重"三线一单"和容量预判，确定发展门槛；农业空间强化土壤检测和农村管治，发挥综合效益；城镇空间注重污染防治和过程管治，把好发展过程的环境质量关。

在第三象限，与环境保护负相关行业和落后发展双重压力导致环境治理滞后，是短视的发展方式，应在生态空间中加强系统治理，制订标本兼治的实施方案；在农业空间中通过土壤施治和农业管治，实现农业农村良性发展；在城镇空间中加强强度控制和环境督导，改变城镇空间环境质量。

在第四象限，发达地区以与环境保护负相关行业为支撑，这是不可持续的发展方式，应及时修正，生态空间内明确治理工程和退出机制，遏制环境恶化趋势；农业空间注重土壤防治和农村治理，缓解发展中的环境问题；城镇空间中促进行业转型，进行环境筛查和检测，制订明确的治理方案，不断改善人居环境。

五、生态环境分区管治的政策选择

生态环境保护治理领域应是公众参与和社会治理机制共同作用的领域，环境问题表象在技术手段，深层原因在制度。环境治理体系既是新时代国家治理体系的重要组成部分，也在实践意义上引领着新时代国家治理体系的走向，因此生态环境分区管治按不同的划分依据所选择的政策内容有所不同。

1. 按地域划分

按地域，生态环境分区管治可划分为目标治理、底线治理和全过程治理，其中不仅有问题治理，还应包括预防治理。在京津冀地区、长江经济带、粤港澳大湾区等发展潜力巨大的区域，应建立目标治理体系，通过统一的治理体系和标准，推行统一的政策和制度，针对区域内个性问题，建立统一治理机制，逐步推进落实各项环境治理工程。对于东北地区、西部落后地区应关注基于底线控制的环境治理体系，并建立合理的财税机制，合理降低环境治理成本，有效推动环境治理行动。对于中原城市群、成渝地区等发展中地区，应加强环境监管，建立过程治理体系，在环境治理方面促进长效机制的建设，注重资源节约、环境保护、经济发展和社会稳定等多目标的实现，加强过程环境治理。

2. 按内容划分

结合对山水林田湖草的空间功能划分，实现统筹治理，管治内容可划分出系列治理工程，生态环境部梳理总结出打好污染防治攻坚战的"7+4"行动，即打赢蓝天保卫战，打好柴油货车污染治理、城市黑臭水体治理、渤海综合治理、长江保护修复、水源地保护、农业农村污染治理七场标志性重大战役和落实《禁止洋垃圾入境推进固体废物进口管理制度改革实施方案》、打击固体废物及危险废物非法转移和倾倒、垃圾焚烧发电行业达标排放、"绿盾"自然保护区监督检查四个专项行动，涉及大气、水、土壤和生态等生态环境的主要领域。江河湖海流域注重上游、中游和下游实现一体化

保护，山水林田湖草注重栖息地保护。

3. 按主体划分

按管治主体划分，党委政府负领导责任，企业负主体责任，公众和社会组织参与其中。各主体应严明自然资源利用上线与环境质量安全底线责任制度，建立相关目标评价考核制度，包括生态保护红线划定与调整、绩效考核、责任追究、生态补偿、公众参与等。明确生态保护红线管理的责任主体，中央和地方政府应各自明确责任和义务，坚持"党政同责""一岗双责"，明确并落实地方政府在生态保护红线管理中的主体责任。各级部门应厘清部门职责与分工，建立生态保护绩效评估考核系统并纳入相关政府绩效考核体系，界定不同类型生态保护红线区域的补偿标准和补偿使用方式。随着政府职能的不断转变和行政方式的创新，行政效能将不断提高，但是环境治理的特殊性造成"木桶原理"式发展路径，总有短板，主要原因是尚未激发社会公众认知。各主体应理顺政府与市场、社会的合理边界，发挥社会公众的集体效率，创造良好治理机制；坚持运用市场监督和部门监管两种手段，发挥市场在社会资源配置中的决定性作用，通过环境业主委员会模式，激发全民积极性的同时更好地发挥政府作用，放大行政体制效能。另外，明确责任也有利于主管部门依法行政，社会监督会推进各部门、各级政府制定政策协调一致并公开透明，避免政策冲突、叠加，减少不必要行政执法事项。

4. 按机制划分

在管治中，既应有各项常规环境治理制度的不断健全和完善，又应建立全方位应急制度与及时响应制度，分别服务于日常管理和"战时管理"。日常管理严明责任主体和程序流程，发挥各层次作用，上级重在宏观调控，下级重视实施和及时总结上报；"战时管理"强调程序从简，处理方法鼓励有效创新，处理结果建立容错机制，处理责任和处置风险上下共担。遇到任何突发事件迅速启动"战时管理"机制，突发事件结束后应详细完成总结报告，经过周密的调查研究提出绩效和失误的内容，并根据处理经验及时修正"战时管理"机制。

第二节　"双碳"目标下生态环境分区管治理论框架

随着我国碳达峰、碳中和目标的提出，生态环境保护和治理面临新的课题。由于污染排放和碳排放具有高度的同源性和空间重叠性，减污降碳协同增效已经成为新时期生态环境治理的首要目标。"双碳"目标将以"三线一单"为主要内容的生态环境分区管治又向前延伸到资源能源等原材料的消耗管理层面和再生产全过程的前端，这对新形势下生态环境分区管治体系的发展提出了新的要求，以减污降碳协同增效为导向的生态环境分区管治理论框架的构建迫在眉睫。

一、"双碳"目标下生态环境分区管治理论框架构建意义

国土空间是经济社会体系的基本组成部分，同时涉及供给和需求，既是承载体，又是生产体，还是最具活力的生产要素。随着环境保护观念和制度的变化，基于空间属性的生态环境分区管治逐渐被接受，尤其"三线一单"的提出，推动环境管治从减污为主转变为减污降碳协同增效；推进从窄向宽转变，从以环境功能分区为主转变为国土空间规划单元和功能边界的综合管治；推进从低到高的转变，由环境要素管治转变为环境质量、资源利用和产业准入规则等制度性管治；推进从量到质的转变。生态环境分区管治的落地性越来越强，方法体系也越来越完善。但是生态环境分区管治的理论框架尚不明晰，锚定减污降碳协同增效的空间优化管治尚未开展，协同增效在新发展阶段缺乏理论创新和实践突破，对未来环境治理现代化的模式缺乏有效依据和科学指导。

因而，如何将"双碳"目标嵌入生态环境分区管治体系，是当前环境治理体制机制建设的重要课题。"双碳"目标下的生态环境分区管治，必须更深入地把发展与环境融合在一起，完善其基础理论框架体系。应该科学精准、有的放矢，以降碳为重点战略方向的定位统领为纲，以促进经济社会发展全面绿色转型为本，以推动减污降碳协同增效为要务，以实现生态环境质量改善由量变到质变为基，以正确处理好时间秩序、力度节奏和效益效率的

关系为道，提出明确的空间分区目标，切实加强碳和环境要素协同管治，规定适当行为、恰当行为、应当行为，达到"管以成协、治以求同"，加快构建与现代环境治理体系相衔接的制度体系和监管模式。

管治是一种实力，科学有效的生态环境分区管治是保障社会经济高质量发展的基础和维护国土空间生态安全的抓手。其特征是制度与行动的高度统一，基于两者的耦合关系建立"制度综合体"，才能保证生态环境管治"有形、适量、适地、适时"，实现战略性、前瞻性、针对性、动态性、系统性、安全性和协同性的目标。实践证明，唯有"制度—行动"的框架，才能应对多元主体协同共治的需求，包括构建更加严密的管治规范体系、高效的实施体系、有效的救助体系、严密的监督体系、有力的保障体系等。

长期以来，我们对社会、经济发展与生态环境保护之间相互影响的认识是模糊的、粗线条的，已不能完全适应精准实施国土空间用途管制和环境监督的现实需求，在"双碳"目标的背景下，更是面临空前的挑战。我国的国土空间用途管治和环境监督制度，一直以来虽然以可持续发展理论和人居环境科学理论为基础，但是对新时期国土空间生态价值的深入研究很少，且缺乏系统性、精准性。在新一轮国土空间治理体系改革中，资源承载与环境保护已经成为限制开发的底线标准，但因为缺乏理论依据，底线定线的精准度不高，能源、结构、交通和用地等管理工作统筹协同性不足。当前，现代化的治理体系要求统一协同、无缝衔接和精准施策，更需要科学的理论指导。尤其是世界处于百年未有之大变局，全球变化及风险加剧，我国人口和产业格局迅速演化，新业态等不断促生发展与保护的新型博弈，为了实现环境质量根本好转的中远期目标，在深化认知的基础上调整发展方式、完善生态环境管治的体制机制是当务之急。

（一）生态环境分区管治的理论创新

生态环境分区管治是在把握环境保护规律从实践认识到再实践再认识的重大理论创新。人类社会进入现代化以来，从总体的社会经济要素的变化速度来看，经济要素最快，环境要素较慢，碳排放居中。但三者的关系在全局之下又存在很多微妙的差异，所以要在不同的空间尺度上揭示三者的相互关系。一是通过生态环境空间管治落实资源承载能力的底线要求，框定不同功能空间的赋能和转换规则，明确合理、预警、过度的开发强度；二是使生态环境空间管治成为环境保护成果的"稳固器"，在发展和保护间建立有形的桥梁，将保护的成果更有成效地拓展；三是通过生态环境空间管治的实施保证资源承载和环境保护的持续性，不仅要明确现阶段的制度框架和行动内容，而且要明确长期的制度和行动目标。

现代化生态环境治理效果是以融合"双碳"目标的生态系统生产总值（GEP）来体现的，不仅要包括传统意义上生态系统提供的物质产品、调节服务和文化服务的价值，还需要强化碳的物质循环。为此，目前的生态环境分区管治体系在逻辑基础、技术手段、执行—应用框架体系、方向引领等方面亟须理论指导。

1. 逻辑基础

在逻辑基础方面，体系需要建立内在统一的内容逻辑（理论与实践的逻辑关系）和形式逻辑（范畴和现象的逻辑关系）。在历史发展的时间轴线上，环境治理的内在逻辑的内涵是不断变化的，理论依据、方法手段、政策工具一直都在改变。当务之急，必须厘清"双碳"目标下的生态环境分区管治的目标是什么、对象是什么、怎样分区、如何管治、谁来管治等一系列问题，对现代化生态环境治理内涵的科学解释，是工作实施的必须基础。

2. 技术手段

在技术手段及执行—应用框架体系方面，创新理论不仅需要对生态环境分区管治的作用和效果进行解释，还需要对未来进行合理的模拟和预测。所谓解释，就是说明生态环境治理的技术方法体系为什么要融合"双碳"目标，为什么必须结合空间属性进行分区管治。所谓预测，就是把握未来特定时空条件下社会经济系统、生态环境系统可能发生的变化及其后果，并前瞻性地制定应对措施。"双碳"目标提出后，深化减污降碳协同增效让生态环境分区管治进入了一个瓶颈期和关键节点，需要突破和重塑以往的认知，并进行整体的理论构建。如图4-2所示，2020—2060年，我国排污量（实线表示）和排碳量（虚线表示）并非完全一致，随着新技术和新材料的应用，以及新管控的实施，排污量将出现不断减少的趋势；而排碳量会由于2030

157

年、2060 年两个时间节点的提出而受到较大的人为干预。在这种倒逼机制下，现有的减污管控机制亟须融入降碳原理，形成新型的协同管治体系。

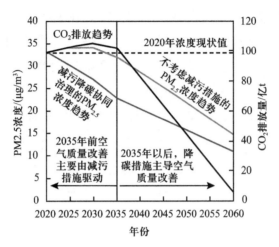

数据来源：生态环境部环境规划院研究。

图4-2　大气环境质量减污降碳协同治理中长期路线示意

3. 方向引领

在方向引领方面，从现有排碳量和排污量出发实现双低模式的路径有两个（如图 4-3）：一是先降碳再减污；二是先减污再降碳。两种路径孰优孰劣应针对不同的地域功能具体判别，才能达到整体上的最优效率。因此，以地域功能为导向的分区管治和差异化指引是必不可少的。"双碳"目标下生态环境分区管治的理论框架需要提出相应的科学基础和差异化指引的模式和路径，从而为现代化的生态环境治理确定方向和定力。

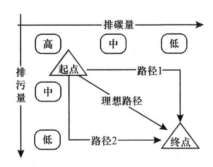

图4-3　减污降碳路径示意分析图

（二）生态环境分区管治的沿革

生态环境分区管治是在环境保护发生历史性、转折性、全局性变化的过程中逐步形成的。依据《中共中央关于党的百年奋斗重大成就和历史经验的决议》，党的十八大以来，全面加强生态环境保护，组织实施主体功能区战略，建立健全国土空间开发保护制度，优化国土空间开发保护格局，加强大江大河和重要湖泊湿地及海岸带生态保护和系统治理，加大生态系统保护和修复力度，推动形成节约资源和保护环境的空间格局、产业结构、生产方式、生活方式。积极参与全球环境与气候治理，作出力争 2030 年前实现碳达峰、2060 年前实现碳中和的庄严承诺。党中央以前所未有的力度抓生态文明建设，我国生态环境保护发生历史性、转折性、全局性变化，生态环境分区管治在这个变化过程中进行了实践探索、奠定了制度基础、取得了初步成果。

2012 年，环境保护部组织大连、嘉兴等 24 个城市开展城市环境总规编制试点工作，在浙江等 13 个省（自治区）开展环境功能区划编制试点工作。2014 年，国家发展改革委、国土资源部（现划归自然资源部）、环境保护部、住房城乡建设部在全国选择 28 个市县开展"多规合一"试点工作。2015 年7 月，环境保护部联合发展改革委印发《关于贯彻实施国家主体功能区环境政策的若干意见》，对优化开发区、重点开发区、重点生态功能区、农产品主产区提出了环境分区管治要求。同时，在全国范围内开展以"三线一单"为主体的区域空间生态环境评价工作，以区域空间生态环境基础状况与结构功能属性系统评价为基础，形成以"三线一单"为主体的生态环境分区管控体系。组织编制了京津冀协同发展有关生态环境保护的规划、《长江经济带生态环境保护规划》、《大运河生态环境保护修复专项规划》、《长江三角洲区域生态环境共同保护规划》、粤港澳大湾区有关生态环境保护的规划等重点区域规划，着力加强区域生态环境保护，推进区域协同绿色发展。2019 年 5月，《中共中央　国务院关于建立国土空间规划体系并监督实施的若干意见》明确提出"坚持山水林田湖草生命共同体理念，加强生态环境分区管治"。

当前，生态环境分区管治面临国土空间生态环境保护水平和质量不高、主体功能循环不畅等问题。随着生态文明建设体制走向成熟，我国将进入全

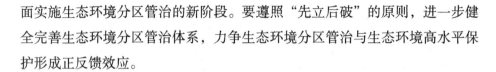

面实施生态环境分区管治的新阶段。要遵照"先立后破"的原则,进一步健全完善生态环境分区管治体系,力争生态环境分区管治与生态环境高水平保护形成正反馈效应。

(三)建设美丽中国的迫切需要

"美丽中国"是中国共产党第十八次全国代表大会提出的概念,强调把生态文明建设放在突出地位,融入经济建设、政治建设、文化建设、社会建设各方面和全过程。党的十九大报告提出,从 2020 年到 2035 年,基本实现社会主义现代化。到那时,生态环境根本好转,美丽中国目标基本实现。

当前,"双碳"成为中长期发展框架,空间稳定优化成为稀缺资源,生态环境分区管治是实现减污降碳协同增效目标和生态环境质量根本改善"幸福门"的"金钥匙"。根据美丽中国的空间图景,西部地区要逐步成为太阳能和水能供给端和算力中心,东西互补实现空间共富;同时,生态空间和农业空间也得到更大的重视,作为碳汇空间对冲城市建设用地和产业发展的碳排放。美丽中国的蓝图给国土空间布局优化和结构调整确定了方向,但在实现蓝图的过程中,需要各个地方协同治理、有序推进。为此,需要在合理的时间和空间尺度上确定生态环境管治的指标、清单和举措等,以有效规避个别地方的碳冲锋、攀高峰等行为带来的总体效率的损失。可见,完善适应新阶段国情和发展需要的、具有更强韧性活力的环境分区管治理论框架,增强国土空间的稳定性、均衡性,已经成为时代和现实的紧迫之需。

二、"双碳"目标下生态环境分区管治理论框架体系

(一)内在逻辑

生态文明建设推动了生态价值理论的发展,促使人们的思想观念发生了从"征服自然"向"人与自然和谐共生"的重大改变,同时也促进了生态环境资源价值观念的转变。碳达峰和碳中和的目标将在中长期的时间尺度上构成发展的约束条件,空间再生产的公平和公正目标以及生态价值最大化目标的实现都将建立在这一约束条件之上。土地经济学和空间经济学中的"资源资本化"思想为揭示资源空间要素及其功能的演化规律提供了基础,揭示了

资源在不同用途中的环境功能和角色转换规律。我国国土辽阔，国土空间使用差异性显著，不同区域资源环境承载力各异，发展基础、条件和水平不同，这些都增加了生态环境的非均衡性、不确定性和复杂性，为此必须采取具有差异性的生态环境分区管治策略。从环境保护和管理演化的趋势来看，环境保护需要向源头治理升级，空间再生产要由能源消耗量大、污染排放强度高的主导行业向绿色低碳行业转型，其中"双碳"信用是政府干预空间再生产的手段，"双碳"目标下的生态环境分区管治自然成为关注的焦点问题，"双碳"目标的有效实施对生态环境分区管治效果具有正向作用。资源生态化、空间生态化和"双碳"信用化是生态环境分区管治中的三个阶段，三者相辅相成、相融共促的内在关系夯实了减污降碳协同增效的生态环境分区管治的内在逻辑基础。

（二）复合目标

现代化环境治理是在复合型底线目标下进行的多目标协同治理，包括排污目标、"双碳"目标、生态目标和分区管治目标。

1. 排污目标

排污目标指在确定水、气、声、渣等既有排放管控标准基础上，推行环境保护负面清单制度，严格环境准入条件；加强监测和督察力度，提升环境保护执法效能；引导环保新材料、新工艺、新技术的研发，加快环保新设备、新技术的推广应用；推动传统产业转型升级，促进环保产业高质量发展，为生态环境减负减压，和经济社会的发展腾出空间。

2. "双碳"目标

"双碳"目标即如期实现 2030 年前碳达峰、2060 年前碳中和的目标。碳排放具有明显的地区发展阶段性特征，不同发展阶段下碳排放特征和碳减排手段有所不同，应分时序、有侧重地实施差异化的减排策略。科学谋划各地区、各行业碳达峰的优先次序，充分考虑地区发展的阶段性差异，立足各地区主体功能定位，按照共同但有区别的原则，制定各地区碳减排或转化路径，明确各地区各行业的"路线图"，绘好"时间表"，制定"任务书"，确保 2030 和 2060 两个年份的目标如期实现。

3. 生态目标

生态目标指在现有资源环境和因发展规划而变化的资源环境之间的生态价值变化目标，包括生物量、开发强度、生态密度、生态足迹等标示生态价值的指标，要突出生态文化和谐理念，并在尊重自然、维护生态系统平衡的前提下，规范人本身在自然界中的行为。

4. 分区管治目标

分区管治目标指因地理条件和使用用途改变而产生的不同质的生态环境，需要在一定区域范围内挖掘同一性变化规律，依据不同空间属性建立区域差异化的分区系统，明确多维度的生态环境分区分级管治目标。

（三）多维视角

"双碳"目标下分区管治涉及多层次视角、多中心视角和多功能视角。

1. 多层次视角

多层次视角应从城镇发展区、农业农村发展区和生态保护区三大类国土空间出发，按照其内部功能空间的细分单元实行严格的分区管治。城镇发展区由中心城市、市域都市圈、广域都市圈、城市群四个层次构成，必须综合考虑不同层次的空间异质性，分层次确定"三线一单"和"双碳"目标，自上而下统筹城镇发展和产业布局，实现各项标准在统计表、排放标准、"双碳"目标、时间节点、空间图纸的五个统一。在农业农村发展区，根据生产力布局及空间生产和再生产的规律，结合农牧业等用途分区，建立土壤环境管治体系，在土壤严重污染地区实行休耕和生态安全修复。在生态保护区，要根据核心区、过渡区和协调区的层次结构与空间差异性，完善差异化管治策略，突出生态功能的保育、恢复和持续保障。

2. 多中心视角

每个分区层次都具有多中心属性，包含政治、经济、文化、产业、娱乐休闲等多种中心类型。不同中心功能的发展主目标和减污降碳的管治要求都不相同。因此，不同中心应遵循"中心限高""区域平衡"的原则，结合自身实际特点和承受能力制订排放"天花板"。在"双碳"目标方面，同时推进自主平衡和区域平衡两个方案，实现碳减排配额在地区间的科学分配。

3.多功能视角

每一个中心根据其不同的类型、性质，及其在地区中发挥的作用，形成各自的主导功能。同时，每一个中心都具有多功能性质，围绕着政治、经济、文化、生态、交通等形成多功能的混合体。各类中心附加的交通流、物质流、能量流和信息流不同，导致其辐射范围和影响腹地的大小不同，各个中心之间以及中心内各要素之间相互作用，形成了点—线—网状的复杂关联结构，加剧了生态环境的治理难度。例如，有形的生态环境边界被无形的流通廊道融入、交叉、切割和融合，边界的模糊和功能的混淆等都对生态环境治理能力提出更高的要求。

（四）框架体系

"双碳"目标下生态环境分区管治理论框架体系有着丰富的内涵，涉及综合技术、管治协同、空间优化和复合目标等多个方面（如图4-4）。

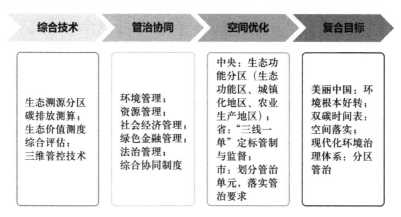

图4-4　"双碳"目标下生态环境分区管治理论框架体系图

1.综合技术方面

综合技术主要分为三类：第一类，为集范围设定、标准制定、关键要素、强度限定于一体的生态功能价值前置测度的技术方法；第二类，为开发强度综合测量并分区施策的技术方法，即通过建立空间管治效能指标体系，兼顾经济发展和社会健康需求，建立生态空间与其他空间耦合模式，从而制定生态空间适宜性比例及优化方法；第三类，为三维理念引领的分级综合管治方法，是在大量实践基础上确定的，从宏观到微观的，兼用途管控、功能

管控、环境管控的管治方法。

2. 管治协同方面

环境管理应从条块管理向协同管理转型，探索委员会、联合办公等协同审批模式；将环境管理与资源管理充分结合，并在生态溯源基础上加强生态环境管理；结合空间用途管理，兼顾社会经济要求，进行用态（空间利用状态）协同管治；推进法治建设，辅助绿色金融，在支撑体系方面建立综合协同制度。

3. 空间优化方面

空间优化应从三个层面综合考虑。在中央层面，加强"数控"，根据各省份资源本底条件、发展诉求、主体功能定位等确定生态功能区、城镇化地区、农业生产地区的范围和数量，明确各区发展目标。对"三区"实行差异化生态环境分区管治：在生态功能区是高明管治，突出生态功能的持续改善；在城镇化地区是精明管治，严格限制碳排放；在农业生产地区是聪明管治，兼顾农业和生态双重效益，适时推进碳交易市场机制。"三区"相互之间的交界区是智慧管治，确保问题隐患动态清零。在省级层面，全面推进"三线一单"定标管治与监督制度，对规划编制进行环境干预，对规划实施加强环境监督，定期公开发布碳排数据，进行年度总结报告。在市级层面，实行全域划分管治单元，推行严格的"线控"机制，即通过划定生态保护红线、永久基本农田和城镇开发边界三条控制线，在适当维护社会效益、充分发挥生态效益的基础上，最大限度增加经济效益。

4. 复合目标方面

要立足美丽中国，实现生态环境根本好转的中长期目标，就要完善现代化生态环境分区管治体制框架，以低碳理念贯穿城市规划始终，在全国范围内开展低碳城市规划；建立分区"双碳"时间表，将源头管控、系统治理、溯源型生态保护、精准施策等纳入管治体系，构建可持续、可控制、可调节、更公平的现代环境治理体系。

（五）组织能力

中央—省—市三级分区管治体系中，应明确牵头部门和责任部门，建立责任人制度和专属委员会制度；建立生态价值评估制度，完善现有的生态补偿制度，并制定相应的技术规范、法律规定；实行技术、管理、工具协同的分区管治制度创新、加快法治建设、进行战略规划、制定监督体系。

三、未来展望

从理论层面上说，一是应发展理论基础，生态本身就是一种经济，经济社会发展不能触碰生态环境"天花板"，经济发展不能跨越生态保护的红线，超出部分必须及时纠正；二是理论框架设计需要结合自然，经济社会发展需要遵循自然的规律而不是自以为是，这是生态保护和"双碳"发展能够起作用的理论基础。

"双碳"目标下的生态环境分区管治，由之前的绿色方法和制度设计提升为可持续的方法和制度设计，这样做回答了以下三个问题：一是"是什么"，可持续设计是基于"三线一单"、生态效益和绿色低碳发展的，绿色设计基于单纯的环境保护和生态效率；二是"为什么"，可持续设计实行绝对脱钩，绿色设计则是相对脱钩；三是"怎么做"，可持续设计强调全生命周期预防，绿色设计强调结果。

从实践层面来说，结合国土空间规划编制、"三线一单"推进的契机，建立宏观"数控"和中微观"线控"相结合的机制，按照各省份的控制"数"，督查各市"线"的落实情况，按月度、季度、年度监测碳排放数据，落实双碳目标。

第三节　健全完善碳排放信息披露制度

2020 年 9 月 22 日，国家主席习近平在第七十五届联合国大会一般性辩论中发表重要讲话，并提出，中国的二氧化碳排放力争于 2030 年前达到峰值，努力争取 2060 年前实现碳中和。

为实现这一目标，必须采取更加有力的政策和措施，尤其是以激发企业内生动力为目标的政策手段。推进碳信息披露，是一项符合国情、国际通用的有效政策手段，能够有力推动企业自主节能、降碳、减污，还能促进企业的技术创新和应用。企业是碳排放的主要来源，碳信息披露是监管部门、投资者和公众了解企业碳排放现状、督促企业绿色低碳转型的重要途径，也是企业自主践行企业社会责任的重要内容，能够推动绿色发展和高质量发展。2016年《碳排放权交易试点有关会计处理暂行规定（征求意见稿）》规定了碳信息披露的内容，2022年开始实施的《企业环境信息依法披露管理办法》将碳排放信息纳入披露规定，然而，碳信息披露内容、质量、覆盖范围等相关信息都无法满足交易市场以及利益相关者的需求，企业碳信息披露也存在"不主动、不充分、不规范"等问题。因此，有必要进一步健全完善碳排放信息披露制度。

一、国际经验

为应对温室气候排放，努力达成全球温控目标，世界范围内的诸多国家、组织对温室气体（GHG）排放和碳信息披露达成高度共识，已建成法律制度健全、披露内容全面、信息监管有力、兼顾财务风险的碳信息披露框架。

法律制度方面，以立法和第三方标准相结合的形式固化碳信息披露责任。世界范围内，制定企业碳信息披露规则的方法主要有两种：一是将碳信息披露纳入法律法规；二是由非政府组织制定并不断完善在一定区域内统一的碳信息披露标准。在立法方面，英、美、法、澳等国均出台了相关法律法规以强化上市公司及碳排放量大的企业的碳信息披露的法律义务和责任。同时，通过出台相关报告规则、指南等规范企业的具体披露行为。作为世界首个确立强制减少温室气体排放法律制度的国家，英国的《气候变化法案（Climate Change Act）》第三部分专门就碳排放交易体系明确了有关规定，后续又通过《碳减排承诺制度（Carbon Reduction Commitment）》《温室气体排放披露指南》《CRC能源效率计划》《强制碳排放信息披露报告规则》《公司法（2013）》等文件，进一步强化了企业对于减少温室气体排放的强制性披露要求及相关监管和处罚措施。美国环境保护局制定了《温室气体强制报告规则（Mandatory Reporting of Greenhouse Gas）》，对强制性温室气体报告要求进行了规范。澳大利亚发布的《国家温室气体与能源报告法（National

Greenhouse and Energy Reporting Act 2007）》也要求能源生产与消耗以及碳排放量超过规定临界点的企业和设施必须提交碳排放报告。在自愿性碳信息披露标准方面，自 2005 年加拿大特许会计师协会发布全球首份《气候风险披露指南（Building a Better MD&A-Climate Change Disclosures）》以来，国际各机构陆续颁布了碳信息披露指引与框架，要求企业集中披露公司战略、风险机遇、减排管理及温室气体排放等信息。其中，气候披露准则理事会（CDSB）和气候风险披露倡议（CRDI）侧重于碳风险信息的披露，普华永道会计公司（PWC）与全球报告倡议组织（GRI）侧重于披露企业的碳排放量及其产生的影响，碳信息披露项目（CDP）则是基于投资者保护的角度强调碳减排治理和碳风险管理。

从企业性质、实际排放量等方面划定强制性碳信息披露义务。在碳信息披露内容方面，二十国集团金融稳定理事会气候相关财务信息披露工作组（Task Force on Climate-related Financial Disclosures，TCFD）针对《京都议定书》规定的六种温室气体，要求企业披露包括能源使用情况、排放因子、排放总量、不同环节排放量、计量方法、气候风险应对策略等在内的全流程碳排放信息。英国规定从 2013 年起所有上市公司披露温室气体排放情况，欧盟则要求超过 500 雇员的上市公司、银行、保险公司和国家指定的公共利益实体披露相关目标、应对策略、各环节温室气体排放等信息。美国环境保护局要求化石燃料和工业气体供应商、汽车和发动机制造商、GHG 年排放量超过 2.5×10^4 吨的设施向美国环境保护局提交 GHG 年排放报告，美国证监会也要求所有上市公司披露自身及供应链气候相关信息。日本要求年度能源消耗超过 1 500 千升石油当量或运货量超过 300 辆火车 /200 辆卡车 /20 000 吨船载量的企业披露温室气体排放量。韩国要求温室气体年排放量在 15 000~25 000 吨 CO_2 当量的企业披露直接和间接温室气体排放量、排放活动等。加拿大要求每年排放温室气体超过 10 000 吨的企业披露温室气体排放量。法国国家环境法（Grenelle Ⅱ）第 225 条款中要求 500 雇员以上或 1 亿欧元交易额以上的国有或私有公司，在年报中必须披露其环境及社会业绩方面的信息，且需要覆盖所有子公司。澳大利亚约 500 个年排放量超过 25 000 吨的大型排放设施需要提交碳排放报告，覆盖了能源、采矿、工业生产、垃圾填埋和部分交通行业等方面。

在披露气候风险的同时，要求披露气候风险引发的财务风险。被世界多数国家、组织认可和借鉴的 TCFD 披露框架一直致力于满足投资者对企业气候相关风险信息及气候风险导致的财务风险信息的双重需求，除将与低碳经济转型相关的风险和与气候变化的实体影响相关的风险等气候相关风险信息纳入披露框架外，更进一步关注企业因气候风险导致的收入、支出、资产及负债变化、资本和融资情况等信息，以便于投资者结合企业因气候风险导致的财务信息变化情况进行投资或经营决策。气候披露准则理事会和气候风险披露倡议构建的框架要求企业披露与排放温室气体相关的信息，但这些信息的披露也主要是围绕气候变化对企业经营与财务等方面所产生的各种风险而展开。美国证券交易委员会（SEC）指出企业应在财务报表附注的"风险因素"中披露其气候变化的重大风险，例如总量交易机制的财务影响。此外，美国保险监督官协会（NAIC）也要求保险公司披露气候变化相关的财务风险和减排行动。法国则要求上市公司在年报中详细披露与气候变化影响相关的财务风险、公司为了降低这些风险在其每项经营活动中采取的方法，以及公司活动对气候变化造成的影响等信息。总体而言，实施碳信息披露为企业营造了良好的发展空间，比如 CDP 项目能帮助公司披露气候变化应对战略、公司财务表现和 GHG 减排等方面的信息，能较充分地展示公司碳排放情况且能满足投资者需求。

加强监管提升碳信息披露质量。通过多重核准保障数据真实有效，例如，法国在碳排放监管中规定企业的碳排放数据必须采用不同性质的设备和有区别的方法计算和监测得出，减少了因为监测设备和计算方法不同导致的数据失真。违规处罚、随机抽检让企业不敢触碰违规披露的"禁区"，英国明确企业未按规定披露将受到相关处罚，同时每年由环保部门随机抽取有关企业并由第三方机构开展相关数据审计。美国的环境信息披露形成了较完整的制度规范，美国环境保护局就排放的有毒化学物品建立一个数据库，并将该数据保留在《有毒物质排放清单》的类别中，公众可通过互联网查询相关信息。加拿大专门出台了披露指南、碳计量方法以及鉴证制度，规范企业披露行为。澳大利亚还建立了统一的信息平台，并要求企业必须通过该平台披露碳信息，强化了数据的归集与可追溯性。

二、健全完善碳排放信息披露的必要性

从目前情况看，发达国家普遍将目标设定为在自然达峰 60 年后实现碳中和，而我国仅有约 30 年时间，加之我国所处发展阶段、产业结构、技术水平等因素，我国节能减碳面临结构型、复合型、压缩型的严峻形势。开展碳排放信息披露是一项有力的制度创新，能够推动构建良好的企业"碳自律""碳约束"框架，加快构建现代环境治理体系，开展生态环境分区管治工作，为实现碳达峰碳中和目标提供有力制度保障。

（一）促进碳交易市场机制充分发挥作用

价格是市场的基础信号，有效信息是有效价格形成的基础。企业碳排放数据缺乏，一方面影响全社会对技术研发、工艺更新等方面的有效供给，另一方面也影响制定减排目标，碳交易制度中总量设定、配额分配和交易价格等制度政策的充分供给，不利于低碳技术和减排专业市场的发展。通过开展碳排放信息披露，提供全面准确的碳排放信息，可以发挥市场的资源配置作用，加快技术创新，制定有针对性的政策举措，助力经济低碳转型升级。

（二）推动企业减污降碳和绿色低碳转型

碳排放信息披露对企业的经济发展影响重大，能够减缓企业和投资者之间的信息不对称，影响企业融资约束、融资成本进而对企业绩效产生重大影响，提高资本配置效率，推动企业降碳减污，推动企业绿色低碳转型。

（三）促进精准节能降碳政策制定

信息是决策的基础。目前，我国在碳排放、碳计量的监测、统计、报告与核查体系的完善程度、制度透明度和数据质量等方面还有明显的改进空间，也没有形成统一的碳排放信息披露的制度框架和政策安排，距离满足《巴黎协定》尚有差距，也不能为协同减排、监管考核、结构调整等各环节政策，以及针对碳排放绩效差别化监管、财税、产业、金融等各领域政策制定提供数据支撑和技术支持，成为环境治理体系现代化的短板，亟待补充

完善。

（四）促进全民投入节能减碳行动

碳达峰碳中和目标实现，需要生产方式和消费模式的全面向低碳化甚至"零碳化"转变，需要全社会共同有序行动。开展碳排放信息披露将进一步凝聚社会共识，采取共同行动，促进公民对低碳产品、交通、居住的判断与选择，同时提升公众对企业碳排放监督的积极性和有效性，推进企业间形成低碳供应链和产业链，形成全社会合力深入推进节能减碳行动，推动绿色生产和生活方式的形成。

三、健全完善碳排放信息披露制度的工作建议

健全完善碳排放信息披露制度能够进一步彰显我国实现碳达峰碳中和的决心，帮助有关管理部门进一步掌握企业实际碳排放情况，助力生态环境分区管治制度，便于制定和完善碳减排、碳排放交易的相关政策、措施，有效推动企业节能降碳、绿色转型和污染减排，帮助企业在生产经营环节有效识别风险和机遇、提高竞争力和商誉，在此基础上，形成高效的现代环境治理体系，推动形成绿色的生产方式和生活方式，高水平推进生态文明建设。

（一）快速推进碳排放信息披露工作

①坚持共同但有区别责任原则，落实企业主体责任。作为碳排放主体的企业，理应担当碳排放信息披露的责任和义务。要在现有法律、制度、政策体系下，落实企业主体责任：在《企业环境信息依法披露管理办法》所规定的碳排放信息披露企业主体基础上，鼓励大企业、平台企业等龙头企业积极披露供应链的能源消费和碳排放情况，积极履行碳排放信息披露责任。

②坚持共享但主责主业原则，督促有关部门尽快推进碳排放信息披露。要充分发挥党的领导和我国社会主义制度能够集中力量办大事的政治优势，政府和行政管理部门、金融监管部门、市场交易部门应尽快共享碳排放信息披露的数据，如碳排放权交易市场管理部门可以按年度发布典型行业市场交易主体的能源消耗信息和碳排放信息，金融监管部门可以按年度发布绿色贷款与绿色债券等的碳信息，电力市场交易管理主体可以按年度发布重点行

业、重点企业的能源消耗信息和碳排放信息。

③坚持多元共治原则，推动全社会形成碳排放信息披露氛围。鼓励各个主体自愿披露能源消耗和碳排放信息披露情况，借助新技术手段形成全社会的良好氛围。积极引导平台企业、销售商标示产品的能耗、碳排放、绿色标识等，形成良好的消费氛围。积极引导大众和消费者的选择权和自觉意识，鼓励大众和消费者去"晒"个人或家庭的能耗和碳排放信息，鼓励大众和消费者去选择能耗低、碳排放低的产品，通过形成积极的绿色生活方式去引领绿色生产方式。

（二）审慎推进碳排放信息披露工作

相关部门既要充分认识碳排放信息披露在达成碳中和、推动绿色发展方面的重要性和意义，也要充分认识碳排放信息披露责任履行的成本和负担。要立足中国政府对全球气候变化的庄严承诺及对应的企业碳排放信息披露责任，做到应披露尽披露、能简化尽量简化，并尽可能减少企业主体的负担与成本。能源消耗大、温室气体排放大的企业应该主动承担碳排放信息披露责任，在此基础上鼓励其他企业也主动承担碳排放信息披露责任，同时鼓励企业自愿披露更多碳排放及相关信息。坚持审慎原则，在既有法律法规、制度政策的框架内，适时出台相对规范和统一的碳排放信息披露内容框架，同时稳妥推进治理体系和治理能力现代化。此外，还要充分认识碳排放信息披露对于我国参与全球气候变化治理的作用和价值，在借鉴全球各国推进碳排放信息披露工作的经验基础上，积极参与全球碳排放信息披露规则与指引的协调与协作，贡献中国方案的智慧。

（三）协同推进碳信息披露工作

碳信息披露立足碳排放和污染排放的同步性，协同推进温室气体排放控制和污染治理工作，协同推进能源、水资源、原材料消耗的节约高效，协同推进碳排放信息披露和环境信息披露工作，落实《环境信息依法披露制度改革方案》《企业环境信息依法披露管理办法》，形成企业自律、管理有效、监督严格、支撑有力的信息强制性披露制度。相关政府部门要协同推进，加快建立统一的碳排放信息披露平台，在提高披露内容的及时性、完整性、可比性、可理解性和可靠性的基础上，建立可操作化的、相对完善的碳排放信息披露评价体系，引入第三方进行评估，提高碳排放信息披露水平。建立碳排放信息披露审核机制，加强对碳排放信息披露数据的监管，确保数据的真实性、及时性和准确性，并将监管过程和结果纳入政绩考核；构建政府、第三方评估机构、企业"三位一体"的碳排放信息披露监管机制，确保企业碳排放信息披露内容的真实性、准确性和完整性。

第四节　生态环境分区管治制度实践探索

一、成渝地区"双碳"实施路径研究

2020年1月3日，习近平总书记主持召开中央财经委员会第六次会议，作出推动成渝地区双城经济圈建设、打造高质量发展重要增长极的重大决策部署。成渝地区双城经济圈是长江上游生态屏障的重要组成部分，生态环境质量的维持和改善对其长远发展具有更为深远的影响。因此，在成渝地区双城经济圈建设发展过程中，推进成渝地区双城经济圈生态环境共建共治，把生态环境保护纳入成渝地区双城经济圈发展规划，是成渝地区双城经济圈高质量发展的客观要求。

（一）长江生态大保护给上游地区带来的转机

1. 脆弱的生态环境迫切需要大保护

长江上游地区水土流失严重，大面积的森林遭到砍伐，致使每年数百万吨的表土流失，这也是中下游河道淤积、洪涝频繁发生的主要原因之一。物种灭绝危机出现，长江中的白鱀豚、中华鲟、长江鲟、白鲟、鲥鱼等珍稀野生鱼类已经濒临灭绝。此外，岸线管理混乱、环保设施滞后、沿江城镇水污染严重，生态环境风险巨大。据统计，长江经济带的废水、化学需氧量、氨氮排放总量分别占全国的43%、37%和43%，生态系统格局变化剧烈，农田、森林、草地、河湖、湿地等生态系统面积减少，沿江湿地生态系统功能退化。

2. 环境合作机制日臻完善

2016年1月5日，习近平总书记在重庆召开推动长江经济带发展座谈会，指出长江是中华民族的母亲河，是我国重要的生态宝库。当前和今后相当长一个时期，要把修复长江生态环境摆在压倒性位置，共抓大保护，不搞大开发。要把实施重大生态修复工程作为推动长江经济带发展项目的优先选项，实施好长江防护林体系建设、水土流失及岩溶地区石漠化治理、退耕还林还草、水土保持、河湖和湿地生态保护修复等工程，增强水源涵养、水土保持等生态功能。

国家层面编制了长江岸线保护和开发利用的总体规划，明确了长江水资源、水环境保护的目标、范围、任务和措施。2020 年 12 月 26 日，中华人民共和国第十三届全国人民代表大会常务委员会第二十四次会议通过《中华人民共和国长江保护法》，自 2021 年 3 月 1 日起施行。这是我国第一部针对一个流域的专门法律。

双城之间通过合作协议机制约束双方并共同发展。从成渝到川渝，从区内到区际，从跨区县合作到跨省际合作，从官方到企事业单位，无论是合作的广度还是深度都在加强。截至 2020 年 11 月，川渝、成渝之间签署的合作协议高达 50 项左右，不仅涉及各个领域，还在省市级各个纵深层面广泛开展协作（见图 4-5）。包含综合类 5 项、生态共建类 2 项、水污染联防联控类 28 项、大气污染联防联控类 6 项、固体废物联防联控类 1 项、危险废物联动管理类 3 项、突发事件联合应急处置类 3 项、环境联合执法类 2 项、科研合作类 1 项。

3. 携手绘制一幅画卷

成渝经济一体化规划提出重塑"构成形式"。构建"一轴两核两圈两翼七江"的城市群空间发展格局，即以成渝为发展主轴，以成都、重庆为双核，积极培育成德眉资都市圈和环重庆都市圈，优化发展"达州—万州—广安—涪陵"和"内江—永川—泸州—合川""两翼"。完善"蓝绿组织"，构建沿江沿岸生态廊道，依托长江（金沙江）、嘉陵江、岷江、沱江、涪江、渠江、乌江七大流域沿江城市打造蓝色发展带。科学划定城镇开发边界线，以存量空间优化调整和揭高土地利用效率为抓手，打造绿色生态城市群；建构"生态肌理"，联合开展川滇森林及生物多样性生态功能区、秦岭—大巴山生物多样性保护与水源涵养重要区、武陵山区生物多样性保护与水源涵养重要区、大娄山区水源涵养与生物多样性保护功能区保护修复工作，加强自然保护区保护和天然林管护力度，推进大熊猫国家公园建设，增强全域生态涵养，全面提升生态服务功能。

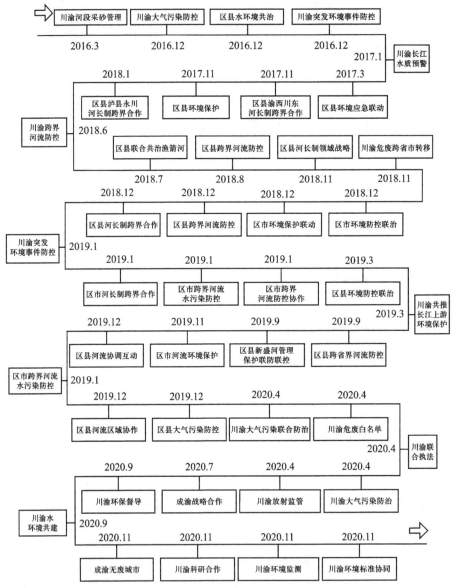

图4-5 2016年3月—2020年11月川渝两地生态共建环境共保合作历程

通过可持续的"构成形式""蓝绿组织""生态肌理"，推动双城携手共同绘制长江上游美丽画卷。

4.推动成渝两地协作的深度思考

随着成渝两地环境协同机制的推进，跨行政区划界线的环境污染问题日益凸显。成渝地区跨界污染主要是水污染和大气污染。其中，水污染较为突出，2019 年，跨界河流的 33 个监测断面中 5 个断面水质不达标（劣 Ⅴ 类 1 个、Ⅳ 类 4 个），主要是总磷、化学需氧量和高锰酸盐指数超标。大气污染交叉影响，成都平原城市群、川南城市群和渝西片区是大气污染较重的地带，且受城市群中部通道影响，川南城市群和渝西片区大气污染互相跨界传输影响明显。跨界污染成因较为复杂，工业废水、生活污水和垃圾、农业面源污染物、畜禽水产养殖排泄物、跨界倾倒（转移）危险固废物是跨界水污染的主要原因。防治难度较大，成渝城市群污染物存量大、增量大且交叉影响，"小、散、乱、污"企业和作坊较多，跨界污染防治难度较大。

由于双城监管政策标准不协同、生态环境行政执法不同步、处罚标准不同、环境保护督察机制差异大、工作联动协同性不够、生态环境司法保护不协同的现存问题，造成跨界地区实际执行中产生分歧，从而推动两地协作的深度思考。

在两地共同努力下，双城环境建设初战告捷。2019 年，重庆主城区空气质量优良天数达到 316 天，空气中主要污染物 PM_{10}、$PM_{2.5}$、SO_2、NO_2、CO 和 O_3 六项指标均同比下降，$PM_{2.5}$ 浓度为 38 $\mu g/m^3$，同比下降 5%；四川省全省优良天数率为 89.1%、同比增加 0.7 个百分点，未达标城市细颗粒物（$PM_{2.5}$）平均浓度 38.6 $\mu g/m^3$、同比下降 0.8%，新增遂宁、雅安、资阳、广安、内江 5 市达标，实现了"一降一升五进"。成都市全年优良天数 287 天，较 2018 年增加 36 天，优良率 78.6%，PM_{10}、$PM_{2.5}$ 浓度分别为 68、43 $\mu g/m^3$，首次全面消除全年重污染天气，首次实现 SO_2、CO、PM_{10}、O_3 四项指标达标，其中，PM_{10} 首次达标。

（二）双城开发新格局下对环境保护提出高要求

2020 年 10 月 16 日，习近平总书记主持中共中央政治局会议，审议《成渝地区双城经济圈建设规划纲要》，会议强调要使成渝地区成为具有全国影响力的重要经济中心、科技创新中心、改革开放新高地、高品质生活宜居地，打造带动全国高质量发展的重要增长极和新的动力源。2021 年 10 月，

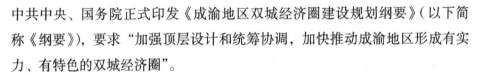

中共中央、国务院正式印发《成渝地区双城经济圈建设规划纲要》(以下简称《纲要》),要求"加强顶层设计和统筹协调,加快推动成渝地区形成有实力、有特色的双城经济圈"。

1. 什么样的环境质量才能匹配全国高质量发展的重要增长极

《纲要》提出,要合理建设现代基础设施网络、协同建设现代产业体系、共建具有全国影响力的科技创新中心、构建双城经济圈发展新格局、打造富有巴蜀特色的国际消费目的地、共筑长江上游生态屏障、联手打造内陆改革开放高地、共同推动城乡融合发展、强化公共服务共建共享等举措。匹配《纲要》高要求的高质量,一定是全要素的环境保护治理、全流程的环境法治建设、合力实现的源头防控。

《纲要》提出,要统筹山水林田湖草沙系统治理,加强土壤、水、大气的全要素治理,加强污染物产生、排放、处理的全链条管理,整体性、系统化推进生态环境质量持续向好。一是加强交界区县产业布局协同,协同规划建设集中的农业、工业园区,加强污染源集中管理和治理。二是构建跨界河流"上下游、左右岸、干支流"共建共保共治共享格局,加快沿线的生活污水及垃圾的收集、转运、处理等基础设施建设,协同治理畜禽水产养殖污染,常态化开展跨界河流两地河长联合"巡河",开展跨境断面区域联防联控和水域清漂联动联控,让上下游都是"一江碧水向东流"。三是增加交界区县生态用地,采取建设生态沟渠、减施农药化肥等方法,防治农业面源污染和土壤污染。四是加大工业源、生活源等大气污染源的联防联控力度,区域重污染天气统一应急启动地方标准,联手打好大气污染防治攻坚战。

2. 什么样的协作才能成就未来的高目标

任何层次的协作都存在壁垒,研究以往的区域合作,虽然有决策会商平台,但不是每个问题都能在平台沟通,普遍存在关心保护自身利益、在一些细节问题上相互扯皮斤斤计较、等着上级决策、虽有协调和执行机制但仍会各自为政等问题(见表4-1)。

表4-1　典型地区协作机制对比分析

典型地区	试行机制	决策层	主要措施	主要成效	现状问题	开始时间
京津冀	生态共建共享协商制度	国务院下设京津冀协同发展领导小组	制定统一环境标准	有效推进大气、水污染防治	1.受限于行政分割与经济基础； 2.缺乏长效机制； 3.行政壁垒造成省级协作向市级合作传导有限	2014年8月
长三角	跨区域、多政府主体为架构的制度	主要领导座谈会决策，联席会议协调，联席办公室和重点合作专题组执行	建立区域大气污染防治协作小组	长江三角洲区域环境合作宣言	1.跨界环境污染的问题客观存在； 2.受限于行政壁垒和地方利益，协调困难； 3.缺乏强有力的执行机构，公共生态重灾区现象存在	2014年初
粤港澳	以行政协议为顶层设计，以合作联席会议、专责小组为基础的协作治理机制	粤、港、澳三地环保部门	大气污染防治	《粤港澳区域大气污染联防联治合作协议书》	1.现有粤港澳环保合作机制缺乏决策功能； 2.一事一议型的合作模式难以推进大湾区综合决策； 3.现有环保合作对执行及目标实现的约束力较弱	2014年9月

成渝地区的协作必须打破这种僵局，建立统一目标和标准、深化决策机制改革、创新执法督察机制。建立"具有全国影响力的重要经济中心、科技创新中心、改革开放新高地、高品质生活宜居地"相适宜的生态环境标准体系。标准的统一可以遵循从严从多、分期分区推进的原则。近期哪个地区标准严格按哪个执行，哪个地区标准多按哪个执行，列出分区分期计划表。重庆市现有地方污染物排放标准15个，四川省现有地方污染物排放标准6个，远期应实现两地标准管控的行业类别、污染物种类、排放限值统一化。建立统一的环境法制体系、制度体系、环境技术标准体系、环境建设目标体系以及统一的管控体系。

现有的决策会商机制体现出流程多、沟通难深入、实施易走样、补救措施滞后等问题，以流域治理为例，各自为政的困局尚未打破，上下游、左右岸污染联防联治、基础设施共建共享推进缓慢。少数跨界河流治污不到位，由川入渝的平滩河、琼江、坛罐窑河、姚市河和由渝入川的濑溪河、渔箭河水质有超标现象。上游污染、下游治理的现象不同程度存在。两地仍有少数化工、原料药生产等工业企业分布在沿江 5 公里范围内，历史遗留废渣、尾矿库仍然存在，存在水环境风险隐患。区域大气污染联防联控还需加强，成渝地区大气污染相对较重城市主要集中在川南城市群和渝西片区，受大气环流和地形作用，大气污染物跨界传输对两地空气质量均造成影响。用于调节这些问题的生态补偿方案推进困难，因此创新决策机制要建立新型的生态补偿制度，两地预留一定的生态补偿专项资金成立生态基金，可以吸纳民间资本，出现环境污染状况且双方未及时会商解决，基金由上级政府授意解冻，上游赔偿下游，上风向赔偿下风向。建立一支执法监督队伍，各省份分别成立，交叉执法，即重庆的环保执法队伍在四川行使职责，四川的环保执法队伍在重庆行使职责，使其成为长期、稳定、持续的制度。

3. 如何跨越资金门槛以多元投入实现高目标

当前国土空间格局还存在较多问题，经济开发与生态保护冲突、区域发展不均衡且整体偏低、开放型大通道类基础设施建设滞后、产业结构层次偏低，国土空间开发格局的优化需要一系列重大支撑项目，投入资金缺口巨大。川渝两地均为全国关于建立以国家公园为主体的自然保护地体系的试点省市，应坚决贯彻落实中共中央办公厅、国务院办公厅印发的《关于建立以国家公园为主体的自然保护地体系的指导意见》精神，携手推进两地自然保护地优化调整工作，共同在国土空间规划中统筹划定落实三条控制线，共同开展国土绿化提升行动。以"两岸青山·千里林带"等核心工程为抓手，着力提升森林数量、森林质量，充分发挥森林工程的生态效益、经济效益和社会效益，着力加强自然生态资源保护。积极争取国家三峡后续工作、退耕还林、天然林保护、退化防护林修复、石漠化综合治理等重点项目支持。资金筹措方面除申请中央拨付专项资金支持长江流域的生态补偿以外，还应增加财政投入，鼓励发展绿色金融和共建基金，保障环保投入。探索财政政策类型和绿色金融资金的筹集渠道，成立区域合作环境保护专项基金。

（三）双城经济圈生态环境保护工作存在的短板

在看到相关工作进展的同时，也要看到成渝两地生态系统仍然脆弱，地质灾害易发多发，水土流失较为严重，部分流域、区域环境质量不佳，合作机制还不健全，跨界区域尚存扯皮现象，生态环境保护各行其是的问题尚未根本解决，对标"统一谋划、一体部署、相互协作、共同实施"的要求还有差距。具体而言，主要存在以下问题：

1. 发展目标清晰，实施路径各异

由于成渝两地发展目标和现实问题不同，在实施过程中，受目标引领和问题导向影响，两地实施路径各异，导致共同的目标虽清晰但实现困难，共同的问题虽明朗却短期解决不了。围绕两地产业结构特点和生态环境特征差异，标准尚未一体化。即使成渝统一规划，在下一层级的国土空间规划或专项规划中，又做不到一致化，重点突破的领域也存在差异，实施下去依然是两条路径。四川的阶梯式城市群结构不同于重庆的圈层结构，在城镇发展平均水平和生态环境质量水平上，圈层结构更有利。在产业结构调整方面，四川的多样化和多链条延伸，相较重庆更有利于转型调整。

2. 协调机制明确，实施效能不高

成渝两地虽然建立了多层级互通的协调机制，但是实施重点和治理时序差别较大，影响实施效能。例如两地应把重点放在解决长江上游生态屏障建设、三峡库区保护、区域大气复合型污染治理、区域资源环境绩效水平较低等区域突出性问题上。聚焦跨界环境问题，保证跨界区域上下管控尺度统一、衔接得当。在两地协调机制运行过程中，遇到问题就通过会商制确定新协议，建立协调小组，过多的协调小组并未能快速解决问题，两地标准不同，一体化修订有共识却没有推动机制，改变各自传统管理习惯也有很大难度。联动机制有待健全，对于上下游之间可能引发跨界突发环境事件的特征污染物信息没有形成交换机制，各区县突发环境事件应急监测技术方法、设备物资、人员等各有千秋。建设项目审批尚未联动，难以从源头防范突发环境事件发生。

3. 规划统筹协调，实施导则不一

川渝两地在"三线一单"落实中存在管控对象的界定不一致，如"长江支流""沿江 1 公里""合规产业园区"等；清单管控尺度和内容不一致，如两地均涉及的"长江上游珍稀保护鱼类自然保护区"准入要求不同，"长江 1 公里、5 公里"准入要求不同。此外，区域重点产业发展、布局规划研究，也未做到全局一盘棋。长江经济带负面清单实施细则、"三线一单"的修订存在不一致、不协调问题，跨界信息数据缺乏共享平台，跨区域的战略性事务统筹协调和督促检查机制滞后。如在"三线一单"成果应用平台的建设中并没有做到互联互通。传统协调问题尚未解决，面向碳达峰碳中和目标的成渝"双碳"协定又出现非常急迫的形势。

4. 协同机制不断深入，示范措施缺乏

上游污染，下游遭殃。长江下游地区急切需要建立协同的监测机制，及时发现、控制、查处污染源。虽然签署了大量的相关协议，从省级到县级都有协同机制，但是整改缺乏强制性措施，生态补偿也没有统一标准，实施困难。成渝地区的环境协同将会商制度向纵深发展，从决策层向执行层转移，但是高压式传导模式不具有长效性和可复制性，维护可持续发展的示范措施缺乏。

（四）以深化改革创新环境管控机制

1. 坚持绿色发展，实现"四个一"联防联控机制

要统一目标，坚持绿色发展的总基调，实现"四个一"，建设联防联控机制，即"一张蓝图、一个目标、一支队伍、一个平台"。

①一张蓝图：规划一致，编制成渝地区双城经济圈生态环境保护规划，指导编制两省市"十四五"生态环境保护规划及低碳规划。统筹各类规划，协同编制全民所有自然资源资产保护和使用规划。探索建立成渝两地全民所有自然资源资产保护和使用规划对接平台。

②一个目标：环境目标一致，标准统一。争取国家支持川渝两地生态环境标准统一建设。支持川渝两地生态环境标准统一规划，指导形成制（修）订清单。推进一张清单管两地政策措施研究。

③一支队伍：建立决策层和执行层两级制度，按照统一标准执行环境执法。争取国家层面支持成立高规格的成渝地区双城经济圈生态环境保护协作

小组，或者采用两地两支队伍交叉管理或轮岗管理。

④一个平台：构建信息平台，搭建信息共享平台，统筹两地环境数据信息，实现环境综合治理信息共建共享，为生态治理、产业规划、环境执法等工作提供科学全面的数据支撑。

2. 坚持生态优先，先行试点绿色价值体制

①应建立生态价值引导生态补偿实施机制。决策层应改变传统的生态补偿方式，根据各地区环境治理情况直接奖惩，有效减缓各地区分歧，改变跨省市生态补偿机制建立难的现状。完善长江流域横向生态补偿机制，加大对国家重点生态功能区、限制开发区的财政转移支付力度，推动国家绿色发展基金向成渝地区倾斜。

②应建立跨区域碳汇交易、水权交易、排放权交易等生态资产市场，培育全资源环境生态产品市场交易体系，充分发挥市场在资源配置中的决定性作用。建立健全生态产品互认机制，保障生态产品在成渝两地之间互联互通。建立健全跨区域、跨流域的多元长效生态补偿机制，以更合理地平衡省际之间保护者与受益者的利益。

3. 协同加强生态空间管控，优化空间布局

应加强国土空间规划对接，共建统一审核小组，两地规划对标审核通过后才可上报。筑牢长江上游重要生态屏障，共同推进长江上游流域生态保护与生态修复，统一规划，统一实施，步调一致，共建长江及其分支生态廊道。制定统一参数，统一执行。共建生物多样性、三峡库区水源涵养与水土保持等生态功能区。推进成渝绿化扩容，优先沿江落实，协同推进生态保护红线管理。协商划定两地生态保护红线，推动建立跨界生态保护红线管控协调机制，协作开展边界区域"绿盾"自然保护地、生态保护红线监督检查。

4. 加快构建环境治理体系，开展一批先行先试示范点

示范点可试行跨区域河长制，联动推进河长制工作，尝试推行两地一条河共用一个河长制，负责人由两地轮岗。完善联合巡河和联合执法常态化机制，探索建立两地队伍轮岗制。建立健全跨界断面区域联防联控协作机制，强化跨界不达标河流污染整治，改善不达标河流水质。完善上下游水资源调度制度，保证河流生态流量。优化川渝跨省界水质考核断面设置，增设共同

担责断面。

示范点还可试行跨区化污染溯源制，开展交界地区统一重污染天气预警分级标准试点，下风向地区有权利调研污染溯源上风向区。促进跨界双方协作推进重点区域交通、工业、生活和扬尘污染治理。突出交通污染和臭氧污染联合防控，联合制定毗邻地区涉气重点行业、重点污染源整治计划，持续推动水泥、烧结砖瓦等重点行业企业错峰生产和"散乱污"企业清理整治。建设空气质量信息交换平台，实现空气质量联合预报预警。

示范点还应试行统一区域低碳规划，按照区域统筹的碳达峰和碳中和计划，实施分区管治，在次一级地域分区中强调碳减排和碳吸收目标值的差异化管理，严控时间表，引导能源结构、产业结构和消费结构调整。在不同功能分区中构建碳汇空间，并实施严格的考核、督导和推进制度。

示范点可研究建立跨区域生态保护补偿机制。联合开展生态综合补偿试点研究，探索市场化、多元化生态补偿方式。横向生态补偿机制在成渝地区落地。争取国家绿色发展基金给予成渝地区支持。加大地方政府债券用于生态环保规模，支持成渝地区实施长江经济带重大生态环保工程。

示范点还应试行排污交易与碳交易融合试点制，优先在相对下风向和下游区建立研发—测度—定价—交易—发布等阶段工作重点。试行生态监护员制，在重点生态功能区配置生态监护员，负责巡查、监测、取证、上报、处罚、监督整改等任务。

二、县级单元线控机制探索

2020年，中共中央办公厅、国务院办公厅联合印发《关于在国土空间规划中统筹划定落实三条控制线的指导意见》（以下简称《意见》），为国家构建空间治理体系奠定了技术基础，为"三线"划定提供了行政依据，有利于提高国家空间治理能力。自"三线"划定工作开展以来，各地认真贯彻实施了国家主体功能区规划，有效制约了土地浪费，已经成为当前中央和地方上下联动的重点工作。

国土空间治理已经成为各个领域的热点研究问题，在县级单元国土空间管制方面也进行了一些尝试。陈磊等从国土空间治理理论出发，将县域国土空间主体功能细分为转型发展、体制发展、重点建设、重点培育、一般农业、果林产业、禁止开发等六类，较好地诠释了分区控制的理念。丁乙宸等以延川县为例，提出了县级国土空间规划中"三区三线"划定的基本思路，建立生态空间优先划定的次序。陈磊在主体功能区管理中提出以法律规范"央地"土地关系，认识到国土空间治理体系中"央地"的差异性。杨永宏等认为县域作为国土空间管制规划的基本对象，应将生态保护红线落实到县级单元规划中。王晋梅在国土空间规划中，探讨了统筹优化三线划定的方法。秦昌波等对"三线一单"生态环境分区管控体系提出了管理、技术和应用等方面的建议。黎兵等从资源、环境、生态的关系探讨对自然资源管理的建议，侧重空间价值的综合认知。欧美的国土空间管控由来已久，主要侧重于生态保护和土地开发限制两个方面，具体表现在"区域绿地""绿带"的环境保护手段，以及城市开发边界的管控，其划定对象主要依托大都市单元，并未从基层进行探索。

作为国土空间规划体系的基层单元，县级国土空间的"三线"划定工作尤为重要，是我国国土空间治理的基石。国家层面的三条控制线是所有基层地域单元"三线"的集成，县级线控的精准有效直接影响着国家空间治理体系的成效。《意见》提出，三条控制线不交叉、不重叠、不冲突。在实际工作中，在县域空间"三线"划定时出现一些现实问题，如与县域空间实际不符合、与既有运行机制有冲突、对未来发展计划产生冲击，现有矛盾的焦点并非技术层面，更多的是线控机制层面，因此亟须完全准确全面贯彻《意见》要求，既要以新发展理念指导引领"三线"划定，又要通过线控为完整、准确、全面贯彻《意见》提供制度保障。

（一）生态保护红线划定中的"央地"争议

《意见》规定，生态保护红线是按照生态功能在生态空间范围内划定的底线，优先将具有特殊重要生态功能区域、生态极敏感脆弱区域划入生态保护红线，经评估具有潜在重要生态价值的区域也将划入生态保护红线。2018年，环境保护部自下而上划定了生态保护红线，例如涞水县当时上报的生态保护红线面积为495.2平方公里，包含褐马鸡自然保护区面积为233.28平方公里、野三坡风景名胜区核心景区为 9.80 平方公里、拒马河河道为 8.09 平方公里、南水北调为 0.80 平方公里、一级公益林及其他生态区域为 243.23 平方公里。2019 年 8 月，涞水县国土空间规划编制工作启动，直至 2021 年 8 月，历时 2 年，经过多次调整，如图 4-6 所示。

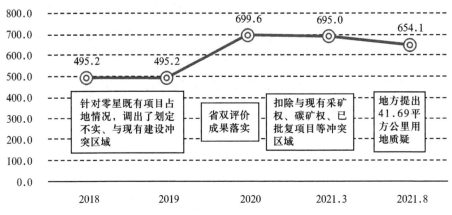

图4-6 涞水县生态保护红线面积调整历程分析

《意见》规定，生态保护红线内的核心保护区原则上禁止人为活动，其他区域严格禁止开发性、生产性建设活动，在符合现行法律法规前提下，除国家重大战略项目外，仅允许对生态功能不造成破坏的有限人为活动。

按照河北省双评价成果，涞水县调整后的生态保护红线面积为 694.91 平方公里（比原红线增加 199.71 平方公里），其中：褐马鸡保护区面积为 244.10 平方公里（根据中共中央办公厅 42 号文件，要将新调整的自然保护区纳入生态保护区范围，增加 10.82 平方公里）；野三坡地质自然公园为 241.70 平方公里，即根据《关于建立以国家公园为主体的自然保护地体系的指导意见》（中办发〔2019〕42 号）要求增加 231.90 平方公里；拒马河河道为 5.10 平方公里（优化整合减少 2.99 平方公里）；南水北调为 1.66 平方公里（保护范围增加 0.86 平方公里）；一级公益林及其他生态区域为 196.18 平方公里（优化整合减少 47.05 平方公里）；河北省摩天岭自然保护区为 6.17 平方公里，即根据《关于建立以国家公园为主体的自然保护地体系的指导意见》（中办发〔2019〕42 号）要求增加 6.17 平方公里。

涞水县对生态红线内 40.85 平方公里质疑：河北省摩天岭自然保护区属

于易县，占用涞水县 6.17 平方公里；野三坡地质公园和褐马鸡保护区涉及 5 个行政村及自然村，总面积 3.74 平方公里；其他仍有耕地、永久基本农田、合法矿业权、其他现状用地、旅游项目规划用地，共 30.94 平方公里。河北省经过综合全面考虑，最终驳回了此质疑。对于县域经济落后的地区，村庄的搬迁是难以逾越的门槛，乡镇村在生态保护红线的划定中缺乏有效话语平台，其未来的线控实施难度较大，甚至直接影响国土空间管治效能。

（二）永久基本农田保护红线划定中的现实差距巨大

涞水县永久基本农田保护红线在划定过程中也发生了变化，按照现状统计永久基本农田面积为 169.23 平方公里，占县域面积的 10.18%，基本农田储备区面积为 5.38 平方公里。结合"三调数据"进行核实整改，核实问题图斑数 3 100 个，存在划定不实 592.29 平方公里，违法违规占用 2.70 平方公里，种植影响类 40.76 平方公里。因此，第一次调整城镇开发边界内永久基本农田 15.20 平方公里，确保基本农田总量不减少。第二次调整城镇开发边界内永久基本农田 4.06 平方公里，选取耕地质量较高的区域进行补划。对于山区县而言，永久基本农田主要分布在平原地区，与城镇建设用地矛盾突出。

（三）城镇开发边界划定中的约束与反约束

城镇开发边界划定过程中面临的问题较多。涞水县作为山区县，人均村庄建设用地高达 407.19 平方米，又受限于两线（永久基本农田和生态保护红线），县城区城镇开发边界的划定困难重重。一方面，省级要求降低村庄建设用地标准，尽可能达到人均 150 平方米，因此在建设用地总量上是压缩的。涞水县短时期内无法实现村庄建设用地的大幅压缩，又希望通过县城新增建设用地提升经济实力带动全域发展，通过开展村庄空间治理满足各类用地需求的建设用地增量，由此带来繁多的协调和反复。涞水县委县政府组织各部门及重点乡镇针对发展问题、城市定位、用地挖潜、"三线"划定等召开各类对接沟通会、征询会 20 余次。河北省自然资源厅联合各省直相关部门开展联合审查 1 次，保定市听取汇报 1 次，涞水县委、县政府共召开调度会议 15 次，河北省自然资源厅、保定市自然资源和规划局组织召开专家技术审查会议 3 次。

随着自下而上征询和调研，以及自上而下的部门审查、调度，涞水县城镇开发边界在划定中发生了多次修改。

第一次：规划编制单位系统总结各方发展诉求，划定 127.31 平方公里。考虑历史遗留问题、确保已批在建项目、结合上版城乡总体规划、土地利用规划及各乡镇总体规划形成。该范围满足地方发展诉求，也覆盖了历史遗留问题，但是也存在争取未来发展权的地方"圈地"现象。

第二次：划定 134.04 平方公里。在上版总体规划基础上结合当地新增诉求增加野三坡风景名胜区旅游发展预留建设空间。

第三次：调低为 97.94 平方公里。按照河北省提出的 5% 建设用地增量要求调整。重点减少与基本农田冲突区域、野三坡景区内尚未洽谈或立项的项目区域。

第四次：调低为 86.34 平方公里。按照省级要求进一步加强土地集约节约。重点缩减经济开发区北区、中心城区规模，压缩乡镇空间发展诉求，并预留弹性发展区。

第五次：划定 66.17 平方公里。根据省级要求城镇开发边界与现状城镇用地 1.5 的比例系数调整，重点缩减滨河新区及弹性发展空间。

与此同时，城区也不断做出让步，对开发边界划定进行了 5 次调整。

（四）"三线"划定中的主要问题

涞水"三线"划定工作仍在继续，三条控制线划定的初心是实现"多规合一"，解决边界交叉、相互矛盾，从而制定一张蓝图，实现空间精准管理。然而在县级层面落实过程中出现一定的系统风险，具体表现如下：

1. 方法上尚在探索阶段

2020 年 1 月 19 日，自然资源部办公厅印发的《资源环境承载能力和国土空间开发适宜性评价指南（试行）》，是进行"生态保护红线、永久基本农田保护红线、城镇开发边界"三条控制线划定的参考依据。该方法应在实践中不断摸索，通过至少"两上两下"不断完善，才能既保证科学性，又具有操作性。

2. 要素保障作用发挥有限

要素是指影响"三线"划定的要素，包括体制、政策、资源结构、发展环境、经济基础等内容，要素保障是指中央为划定"三线"工作提供基本保障，消除基层对"三线"划定工作的各方面顾虑，保障"三线"划定工作的快速有效推进，进而保障地区有序、可持续和高质量发展。

3. 时间上未分先后

"三线"之间存在着交叉，但《意见》提出不交叉，三条控制线都是刚性约束，交叉的现状就要博弈哪条线更重要，上级要求的重要性顺序为生态保护红线 > 永久基本农田控制线 > 城镇开发边界，县级单元按本地利益更倾向的优先顺序为城镇开发边界 > 永久基本农田控制线 > 生态保护红线。两种完全相反的期望值增加了规划编制的困难，导致了规划成果提交的滞后以及后续实施难度的提升，城镇建设空间边界与永久基本农田高度重叠，城镇开发边界划定与永久农田保护冲突明显，永久基本农田控制线与生态保护红线重叠较多，处理不当会影响县域经济的根基。

4. 空间构成缺乏逻辑

空间生产上展现出发展红利之间的矛盾，如何界定哪些是科学合理发展？哪些是巨大浪费或不合理的发展思路？这些问题需要依据科学方法进行梳理、甄别并解决，但是由于委托和被委托的关系，规划编制单位成为了地方利益的代表，受到上级规定和下级诉求之间的双向挤压，最终造成国土空间规划推动乏力，甚至形成"央地"之间的博弈，加大了时间成本。

5. 历史继承性考虑不足

县域的遗留问题多，发展基础薄弱，城市发展动力不足，未来发展滞后，管控为主的三线划定造成地方被动上报，积极性不高，而且自下而上传导，易形成上级的区域平均化，忽视地区发展的不平衡。

6. 指标落实难度大

一些耕地指标在县级层面落实困难。涞水县为山区县，耕地恢复成本高、实施难度大，还涉及自然条件、农民意愿、法律政策等方面制约，面临经济成本、乡村振兴和脱贫攻坚成果、社会稳定、避免再次"非粮化"等问题。另外，现有耕地、永久基本农田保护目标和储备耕地等指标落实难。现状耕地中还有实地已发生林地化、国家确定的生态退耕用地等需要退出。按照国家要求的目标进行补足后，仍有缺口。

7. 部门统筹协调还需加强

机构改革后相关部门和行业之间在空间利用和管理上存在一定矛盾冲突。省级、市级、县级统筹工作欠缺。河湖管理范围内存在大量耕地，林地保护目标与耕地保护目标有冲突，农村土地承包经营权证书用途与耕地和永久农田保护实际有冲突。推动乡村振兴，促进农民增收，需要进行农业产业结构调整，与耕地和永久农田保护存在一定冲突；保护生态空间的完整性和系统性，需要对一部分耕地退耕还林还草还湿，产业发展、交通建设等仍需要占用一部分耕地，甚至是永久农田。

（五）从"三线"划定出发建立线控机制

为在国土空间规划体系中科学推进生态保护红线、永久基本农田、城镇开发边界三条控制线统筹划定工作，确保形成能落地、可执行的"三线"划定成果，应准确把握坚持生态优先、保护优先、集约适度和绿色发展，将三条控制线作为调整经济结构、规划产业发展、推进城镇化不可逾越的红线，要进一步统一思想，在保障生态安全、粮食安全的基础上，合理确定城镇开发边界，加强系统集成、精准施策，科学划定三条控制线，其遵循的基本原则如下：

1. 坚持底线思维

坚持底线，即因地制宜，坚守当地资源环境承载力的底线，在此基础上有"守"有"为"，确保生态主体功能区和农产品主产区的用地，保障生态安全和粮食安全，从而保障地区可持续发展。

2. 坚持上下衔接

上下衔接应将党中央提出的创新、协调、绿色、开放、共享新发展理念与地方发展现状衔接、与地方现实问题衔接，进行反复弹性协调。既要压实地方责任和担当，又要考虑现实条件。

3. 坚持先试先行

可选择典型地区进行创新尝试，获取成功经验或吸取失败教训，由点及面，渐次推进，从而实现全面布局。

（六）抓住三条控制线划定的核心任务

1. 三条控制线的有序管理

当控制线出现交叉时，优先考虑永久基本农田控制线或生态保护红线，将城镇开发边界置为最末级。再根据主体功能区设定永久基本农田控制线和生态保护红线优先级，如粮食主产区优先划定永久基本农田控制线，并易址补划生态保护红线，城镇开发边界在统筹城乡建设用地基础上严格限制。在生态功能区优先保证生态保护红线，在其他区域补划永久基本农田控制线，城镇开发边界严格限制。

2. 三条控制线的"线数"统管

控制线中，数在高层、线在基层，线数不统一成为迫切需要解决的具体问题。在国家层面永久基本农田有 18 亿亩总规模，生态保护红线在 2018 年环境保护部也进行了初步划定，也有一个总量概念（未公布，但基层有认知，并采取了项目选址邻避的发展原则），城镇开发边界基本以 2020 版本或2030 年版本的各地总体规划确定为主（不同程度的大于现状建成区）。以往各类土地资源归属不同的部门，造成各类统计重叠计算，如湿地、山地、草地、林地、园地等都有耕地，有部分重叠区，造成国家有数量控制，但基层各线交叉重叠现象。本次划定必须实现"线数"合一，严格按照三调情况划定，"数"的管理权下放到省级主管，"线"的管理权上交到省级主管，中央将各省份"数"和"线"作为重要绩效考核指标。只有"线数"合管，才能实现"线数"合一。

3. 建立两级分区管治体系

应建立中央—省两级管理体制，中央管总量，并监督各省份执行分量。省级层面强化主体功能区规划，各省份按"数"结合主体功能布"线"，建立差异化的考核体系，在城镇化地区重点考核经济密度和强度；在生态功能区重点考核"双碳"目标和生态指数；在农业主产区重点考核农业总产量。

（七）"三线"划定应不失重心：探索、实践与推广

"三线"划定是基于空间治理体系和空间治理能力的构建，是国家治理体系的核心，也是提升治理能力的关键手段。为解决规划弹性和实施刚性的

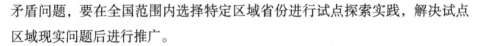

矛盾问题，要在全国范围内选择特定区域省份进行试点探索实践，解决试点区域现实问题后进行推广。

1.试点先行，由点及面

我国的资源环境受地区差异性影响，东北部地区空间优化的主要问题是产业转型和环境改善；东南部地区空间优化的主要问题是产业升级和环境根本好转；中南部地区空间优化的主要问题是激发空间生产动力、产业调整和环境改善；西部地区空间面临的主要问题是产业滞后、资源不足和环境较差。针对典型问题分别选择资源贫瘠型省份、生态良好型省份、经济发达省份、农业主产区省份等区域优先试点，并由点及面逐步推进"线数"管治、指标考核、实施监督等制度。

2.三条线用途管制与用态管治共同推进

一方面，国家层面根据主体功能区指导各省级国土空间规划，落实三线划定，环境保护部门将"三线一单"列入各省级用态考核计划，市县相关工作由省级主管部门完成，乡镇村相关工作由市县主管部门完成。

另一方面，建立三条线用途与用态衔接机制。具体包括以下四方面内容：由"三线"规划定用途，由环境评价定项目，由监测考核定用态，由用态限制用度。如图4-7所示。

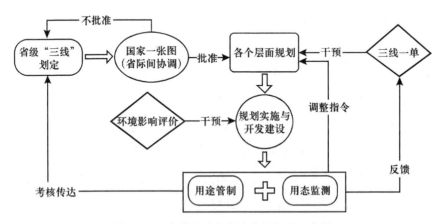

图4-7　三条线用途与用态衔接机制示意图

（八）当前"三线"划定的紧迫任务

从涞水县"三线"划定中可以看出，以下三方面制约着"三线"的划定工作：一是"央地"立足点不同，划定标准难以统一；二是"三线"划定工作推进的主动性不强，"三线"来源于基层，确定于中央，管控体系和相关政策尚不明确，基层顾虑较多；三是规划审批自上而下，线、数核定自下而上，形成"三线"难定、规划难报、全面工作受抑制的尴尬困局。要破解这些难题，必须厘清推进"三线"划定工作的重要举措。

① 加快"两线"划定工作，允许遗留问题，但必须局限在省内平衡解决。对于永久基本农田，依据国家农产品主产区分布，结合三调数据和以往耕地存量，按照国家粮食安全目标综合划定，对于确实有争议的地区，将分歧留在省内调整，禁止省际间大幅调整，小幅度内可通过经济杠杆进行省际间消化，并报中央审批（如 35 公顷以上）。对于生态保护红线，结合环境保护部初划的生态保护红线进行核定，原则上规模不变，局部可调，如是否因原有项目开天窗，是否调整边界等。2018 年，环境保护部初划的生态保护红线在基层已有沉淀和认知，之后占有情况较少，在此基础上调整易于实现。生态保护红线的遗留问题也放入省内协调。

② 加快永久基本农田和生态保护红线保护立法工作，推进国土空间规划法立法工作。由国家相关部门牵头推进，各省份可根据实际情况出台"两线"管控条例，做到有法可依、依法执政，加快落实中央提出的国家粮食安全和生态安全的战略任务。

③ 强化顶层设计，简化各级国土空间规划内容，尽快推进上报审批工作。国家层面注重"两线一数"，即永久基本农田、生态保护红线和城镇空间规模（数量）；省级层面注重区域发展战略、省内遗留问题协调和各市城镇开发边界；市县层面注重规划实施；乡镇村层面注重治理内容。

④ 充分考虑现实情况，统筹兼顾历史和现实问题，落实"三线"划定的初心。各地原有城市总体规划到期（大多数是 2020 年到期），即使有一些省份批复过 2030 年城市总体规划，但由于土地利用规划过期，也会造成城市发展无规可依、有规无指标、有指标无规划、违规操作等多重困境，导致经济发展缺乏后劲。

此外，由于城镇开发边界划定时"央地"博弈空间最大，成果上报中可考虑适当增加规模弹性，规划规模控制权在省级，新开发建设项目用地由市

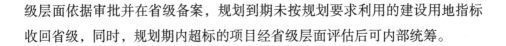

级层面依据审批并在省级备案，规划到期未按规划要求利用的建设用地指标收回省级，同时，规划期内超标的项目经省级层面评估后可内部统筹。

三、工业污染场地修复实践

随着我国城镇化的快速发展，城镇土地资源日益紧缺，对工业污染地块进行开发再利用成为不少地方政府的选择。但污染地块开发利用过程中存在环境风险。目前，我国工业场地修复尚处于起步阶段，行业标准不规范，资金来源渠道单一，给政府带来较大的资金压力。行业亟须挖掘好的盈利模式，有效发挥政策引导以及财政撬动的作用，吸引社会资本，带动市场快速发展，以更好地推进工业污染场地修复与再利用工作的展开。

（一）政策＋环境事件推动工业污染场地修复市场发展

自 20 世纪 90 年代开始，外国咨询公司进入我国，带动了工业污染场地环境本底调查工作，打破了国内相关工作的真空状态。到 2000 年左右，部分大中型城市工业污染场地污染安全事件频发，专家学者与社会公众都开始关注工业污染场地修复问题，工业污染场地修复工作进入萌芽阶段。2005 年开始，国家部委颁布了一系列政策法规，指导工业污染场地修复相关工作的开展，污染场地修复正式进入发展阶段。2016 年 5 月 28 日，国务院印发《土壤污染防治行动计划》（又称"土十条"），开启了场地修复的新篇章。近几年，随着顶层政策与行业标准规范体系的不断完善、公众环保意识的提高、场地污染调查工作的推进、社会环境事件的推动，场地修复市场即将进入爆发阶段。

1."土十条"、《土壤污染防治法》相继出台，行业规范日益健全

目前，我国土壤修复行业处于发展初期阶段，政策对行业的带动影响明显，关键政策信息见表4-2。2016 年"土十条"的出台，以及 2019 年 1 月 1 日《中华人民共和国土壤污染防治法》的正式实施，都给市场带来了强劲的推动力。同时，配套出台的《污染地块风险管控与土壤修复效果评估技术导则（试行）》（HJ25.5—2018）等文件逐步对行业的技术、修复效果等进行规范化，助力场地修复工作有序开展，促进修复市场需求加速释放。

表4-2　土壤修复关键政策信息

政策名称	文件编号	发布部门	发布时间	重点内容
土壤污染防治行动计划	国发〔2016〕31号	国务院	2016年5月28日	1.2018年底前查明农用地土壤污染的面积、分布及其对农产品质量的影响；2020年底前掌握重点行业企业用地中的污染地块分布及其环境风险情况。 2.推进土壤污染防治立法，到2020年，土壤污染防治法律法规体系基本建立。 3.实施农用地分类管理；建设用地准入管理；强化未污染土壤保护，严控新增土壤污染；加强污染源监管，做好土壤污染预防工作。 4.按照"谁污染，谁治理"原则，造成土壤污染的单位或个人要承担治理与修复的主体责任。责任主体灭失或责任主体不明确的，由所在地县级人民政府依法承担相关责任。 5.要发挥财政资金撬动功能，带动更多社会资本参与土壤污染防治。加大政府购买服务力度，推动受污染耕地和以政府为责任主体的污染地块治理与修复。 6.实行目标责任制，严格评估考核
中华人民共和国土壤污染防治法		第十三届全国人民代表大会常务委员会第五次会议通过	2018年8月31日	1.开展土壤污染状况详查； 2.明确污染责任主体、明确"预防为主、保护优先"防治原则； 3.技术路线的选择和技术标准的规范； 4.新增土壤污染防治政府责任制度、建立土壤污染责任主体制度； 5.建立土壤环境信息共享机制、土壤污染调查、监测制度等； 6.将土壤环境服务机构的虚假报告、数据等列入行政处罚，并明确了严格的违法处理

2.多地已部署开展场地污染详查工作，修复市场临近释放

大部分省（自治区、直辖市）已经于2019年开始部署建设用地污染状况详查的工作。按照"土十条"要求，建设用地污染状况详查将于2024年底完成。待详查结束后，政府将对各地各类土壤污染状况有一个更加清晰的把握，有利于制定具体的治理／风险管控规划来引导土壤修复需求有序释放，促进行业稳定健康地发展。

3. 化工园区爆炸搬迁事件催化场地修复需求的释放

近期，安徽、江苏、内蒙古等地发生了多起化工企业安全事件，催生了化工行业整治提升方案的出台。如 2019 年，江苏响水天嘉宜化工有限公司"3·21"爆炸事故发生后，江苏省于同年 4 月 1 日印发《江苏省化工行业整治提升方案（征求意见稿）》，拟大幅压减沿长江干支流两侧 1 公里范围内、环境敏感区域内、城镇人口密集区内、化工园区外、规模以下等化工生产企业；全省到 2020 年化工企业减少到 2 000 家，2022 年不超过 1 000 家。据山西证券测算，该方案有望带来超过 500 亿元的工业场地修复需求，进一步加速了工业污染场地修复市场需求的释放。

（二）我国工业污染场地项目开展实施情况

1. 我国工业污染场地项目数量和资金额情况

随着"土十条"、《中华人民共和国土壤污染防治法》的陆续出台，行业规范的日益健全，工业污染场地修复市场迅速升温。图 4-8 为依据中国环保产业协会公示项目的统计数据，得到的 2008—2018 年工业污染场地项目数量和资金额分布情况。由图 4-8 可知，2018 年工业污染场地修复项目共 200个，资金额达 60.6 亿元。

图4-8　2008—2018年工业污染场地项目数量和资金额分布情况

从 2018 年工业污染场地项目规模分布情况（图 4-9）来看，2 亿元以下的小规模项目居多，占 66.5%，10 亿元以上的大型项目仅 13 个，占 6.6%。

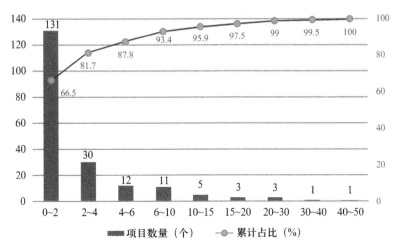

图4-9 2018年工业污染场地项目规模分布情况（单位：亿元，样本量197个）

我国工业污染场地修复项目主要集中在经济较为发达或环境问题较为突出的区域。根据对 2007—2018 年工业污染场地项目统计（图 4-10），江苏、上海、浙江、海南、重庆、广东、北京的项目数量居多，其数量之和约占统计总量的 66%。

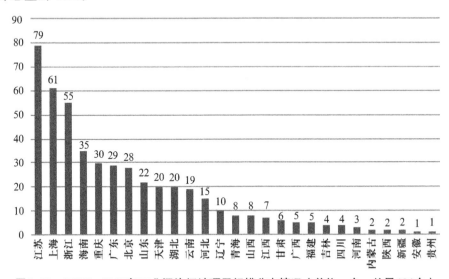

图4-10 2007—2018年工业污染场地项目规模分布情况（单位：个，总量481个）

2. 场地修复典型运营模式

目前，场地修复行业尚处于起步阶段，还没有清晰的商业模式。由于场地修复多涉及土方工程，且大部分企业都是从环保工程企业和土建类企业转型而来，项目运营模式大部分以 EPC（工程总承包）模式为主。此外，也有政府购买服务模式、BT（建设—移交）、BOT（建设—经营—转让）、PPP（公私合作）模式等新模式，目前正在探索中。

传统的 EPC 模式带来了市场的无序竞争。EPC 模式作为传统的商业模式，对于服务商来说风险相对较低，但会导致经营生产的不稳定。且由业主提供所有项目资金，增加了一定的资金压力，某种程度上制约了行业的整体发展。同时部分业主回避《中华人民共和国建筑法》《中华人民共和国招标投标法》等相关法规的限制，支解、分块大工程，分段招标，不利于工程总承包管理。

与 EPC 模式相比，PPP 模式融资方法更加灵活，可以充分调动修复企业在资金投入、技术研发的积极性。但由政府主导的修复项目大多缺乏后续盈利点，很多待修复土地价值不够覆盖土地整治成本，只有通过土地规划功能和性质转变来完成。目前尚没有土壤修复项目采用完全的 PPP 模式实施，一般都以与其他盈利模式清晰的项目打包发行为主。

3. 场地修复项目付费情况

（1）土壤修复项目付费原则

污染场地修复项目主要包括"谁污染，谁付费"（污染者付费）、"谁受益，谁买单"（受益者付费）以及政府付费三种付费原则，见表4-3。

表4-3　污染场地修复主要付费原则

出资模式	机制	资金来源
污染者付费	前提是污染场地的责任主体明确，且具备资金筹措能力，污染责任主体应该负责筹措资金，用于污染场地修复治理	自筹资金
受益者付费	在市场作用机制下，由污染场地开发商或使用者筹措资金用于土壤修复，将通过修复后的污染土壤开发再利用带来的预期增值作为商业回报	自筹资金
政府付费	主要针对污染责任主体不明确、缺乏良好收益机制的污染场地，由国家或地方政府负责筹措资金用作修复费用	政府财政资金

土壤修复资金来源如图 4-11 所示。

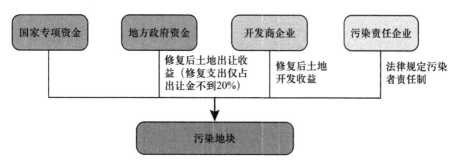

图4-11 土壤修复资金来源情况

1）"谁污染，谁付费"

《中华人民共和国土壤污染防治法》规定"土地使用权人从事土地开发利用活动，企业事业单位和其他生产经营者从事生产经营活动，应当采取有效措施，防止、减少土壤污染，对所造成的土壤污染依法承担责任。"我国土壤修复的主要原则为"谁污染，谁付费"。但在具体操作过程中，受到责任主体无法有效追溯的限制，如部分高污染企业搬迁已久，或一些公司已停止运营，导致责任主体难以明确。

专栏1 广钢白鹤洞地块修复污染项目：责任主体支付4.399亿费用

2011年，广钢集团与宝钢集团重组，广钢基地搬出广州市区，留下的白鹤洞生产基地土地除部分用作广钢集团总部建设外，其余地块全部交由政府收储，总共约有51.75万m³土壤需要修复，其中北区广钢新城AF040137、AF040138地块项目的总计被污染土壤达到33万m³，广钢集团支付4.399亿的修复费用。

2）"谁受益，谁买单"，即"修复＋开发"模式

"先出让，后修复"指政府将污染地块拍卖后，中标方要履行污染地块修复的职责、支付相关费用，直到达到用地的标准（如住宅用地）。这种方式优点是由房地产开发商先行承担修复费用，可以解决资金缺口大的问题，但缺点是房地产开发商在土壤修复的环节中可能由于偷工减料或采用相应的手段（如焚烧、掩埋）时处理不当，造成二次污染，同时还有可能将修复资金挪作他用。目前不是所有城市均适行，如南京、广州等地有相关规定，被污染的土地在未修复之前不得流转或出让。

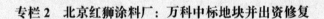

> **专栏2　北京红狮涂料厂：万科中标地块并出资修复**
>
> 2006年，万科通过招标方式，以6亿元（含场地修复资金）拿下原北京红狮涂料厂的限价房地块。根据中国环境修复网，该地块污染物主要为六六六、滴滴涕，修复需要处理的规模约为14万m³。同年年底，北京建工承担北京红狮涂料厂土壤修复项目，该项目也是国内第一例农药污染场地修复项目，在环保机构的协作和指导下，同具备危废处理资质的单位合作，将受污染土壤挖出，用焚烧的方式处理后，再用新土填补，总共耗资1亿多元。

"先修复，后出让"即污染场地在进入拍卖前必须进行修复。场地修复所需的资金来源于政府或者专门设立的融资平台，与"先出让，后修复"的方式相比，可以更好地监督土壤修复的进展。目前，采用这种方式比"先出让，后修复"更多。

> **专栏3　广氮地块修复：政府出资，出让前完成修复**
>
> 原广州氮肥厂停产倒闭后，土地被广州市土地开发中心收回。该地块需修复的土壤量为5 963m³（实际需处理约9 000m³），整体修复费用超过600万元，全部由广州市土地开发中心出资，2010—2011年由广东省生态与土壤研究所完成了修复工作。修复完成后，地块用途为居住或商业用途，其中，天河广氮AT06070407地块在2013年5月6日由深圳天健地产以1.948 9亿元入手，并于2015年2月开始地块项目的建设，预计投资额达5.6亿。

3）政府主导下，以财政资金支持示范项目

财政支持示范项目适用于责任主体难以追溯、土地流转价值有限情形。责任主体已难以追溯、房地产开发或土地流转价值有限的项目，很难通过商业化形式解决。此类型土地的修复项目资金主要来自于政府财政资金支持。

现有的示范项目以政府采购服务为主，以土地开发流转、资源化产品提供补充。政府通过中央、财政拨款，或配合地方政府融资平台发行债券融资、取得银行贷款等模式，用以支付相关治理费用。治理完成后，清洁土地具有土地流转开发价值与土壤修复资源化产品可提供一些价值补充。

财政支持污染治理正在加码。图4-12为"十三五"期间中央土壤污染防治专项资金下达情况。2019年中央土壤污染防治专项资金预算额经历下降后实现扭转，同比大幅增长42.9%至50亿元，且土壤修复资金占污染防治资金（大气、水、土壤）的比重也由 2018 年的 7.95% 增长至 8.33%。预算金额的扭转型增长也在一定程度上反映了终端市场对治理的需求。

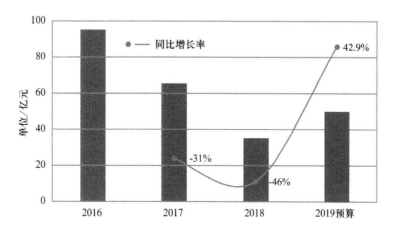

图4-12　"十三五"期间中央土壤污染防治专项资金（亿元）下达情况

（2）2018 年土壤修复项目付费方情况

由于历史原因，我国工业场地的污染主体大多是国有企业，经过国有体制改革等原因，导致很多企业主体责任不清，只能通过政府资金兜底，给政府带来巨大的财政压力。根据中国环保产业协会数据，2018 年土壤修复项目中，由政府付费的项目最多，共 148 个，占总数的 77%；其次是污染责任企业，共 23 个项目，占总数的 12%；房地产开发商付费的项目共 17 个，占总数的 9%，其他占 2%。

（3）工业场地修复项目付费方情况

经济较为发达的地区，业主支付意愿充足。目前，由于工业场地项目多集中在经济较为发达的城市，土地价格较高，土壤修复的金额仅占土壤出让金的 10%~20%。因而相比农用地、矿山修复等项目，地方政府与开发商对场地修复有更高的支付意愿。根据中国指数研究院对全国 300 个主要城市的土地出让监测，2018 年的出让均价为 3 966 元 /m²，而根据公开项目招标数据，工业场地修复的均价约为 620 元 /m²（土方量以 1 m 深度计算对应面积），占出让金收入的比例仅约 16%，而省会城市的修复金额占出让金的比例仅约 7%。因此，对污染地块的修复带来的民生改善和财政收入都使政府推进修复的意愿充足。

随着政策标准的日益健全及市场化的逐步成熟，污染企业、地产企业逐步涉入场地修复领域，成为修复的直接责任方和业主方，未来客户结构中企业端的占比有望大幅上升，运营模式也将更加完善。

（三）发展"场地修复+"，进一步挖掘盈利点

近几年，"土十条"与《中华人民共和国土壤污染防治法》的发布，推动着我国场地修复行业迅速发展。但场地修复资金需求量大，一旦盈利性不能得到保障，就会给政府和企业带来很大的负债压力和环保压力，影响场地修复工作的开展。由于场地修复本身不具有盈利点，只有对修复后的土地进行开发才会获得利润。因此，国内外土壤修复从业者们长期致力于对因地制宜的"场地修复+"进行探索，希望通过对修复场地的合理规划、开发与利用，使污染地块创造出最大的价值，以有效缓解资金压力，激发市场活力。主要可分为以下四大模式。

1. 发展与地产开发相结合的"场地修复+"模式

对于具有较高经济价值的污染场地，在完成场地修复之后，对其进行再开发利用，如地产开发、（绿色）产业园区建设等，可在提升环境质量的同时实现多重盈利，有效缓解资金压力。该模式因为有着较为清晰的盈利模式，应用得也最为广泛、普遍。而近几年我国土壤修复领域的几起 PPP 模式项目，大多依托后续的地产开发建立回款机制。

案例1：我国土壤修复 PPP 模式第一次探索——永清环保 PPP 岳塘模式

2014 年 1 月，永清集团与湘潭市岳塘区开展合作，政企双方共同出资 1 亿元组建了湘潭竹埠港生态环境治理投资有限公司，在综合治理好重金属污染后，这片工业区将整体开发为生态新城，土地重新得以利用，土地用途也发生了根本改变，由工业用地转为第三产业开发，永清集团从土地交易中获得治理收益。

以湘潭市竹埠港区域重金属污染综合治理一期工程为例，项目总投资约 7.98 亿元，工程结束后可释放 606 亩（约 0.4 平方千米）土地，以当地目前市场地价 180 万元/亩计算，该修复地块可产生约 10.91 亿元的经济效益。据悉，

"岳塘模式" 5年内投入近95亿元治理资金。资金来源包括湘江流域重金属污染治理专项债券、国家重金属污染治理环保资金、银行融资及企业注资等。

案例2：株洲市清水塘老工业区产业新城整体开发PPP项目

株洲市清水塘老工业区是国家"一五""二五"期间重点建设的工业基地，产业以冶炼、化工为主，历经60多年发展，形成了极为复杂的土壤污染。2007年，清水塘工业区被列为全国第二批发展循环经济试点园区，2011年，国务院批准了《湘江流域重金属污染治理实施方案》，明确将株洲清水塘列为全国重金属污染治理重点区域。在政策推动下，株洲清水塘开始了整体搬迁改造工作。株洲市清水塘老工业区产业新城整体开发PPP工程项目也成为湖南省政府"一号重点工程"——湘江保护与治理五大重点区域之一。该项目于2018年10月由中交第三航务工程局有限公司（联合体牵头人）、上海临港控股股份有限公司、中交第三航务工程勘察设计院有限公司联合体中标，项目静态总投资80.80亿元，包括土地整理服务20亿元、环境污染治理及生态修复（绿地）24.48亿元、市政基础设施21.06亿元、公共服务设施建设15.26亿元。该区域面积11.62平方千米，合作内容包括产业新城发展全生命周期设计、投融资、建设、运营及产业发展服务等。项目合作期限25年，其中建设期5年、运营期20年，采用"设计—建设—融资—运营—移交"（DBFOT）方式运作，按照"整体开发、整体运营、产业优先"的理念进行项目开发。其中，株治路一期、清霞路二期、清水塘大道土壤修复治理工程部分，由永清环保负责开展。

2. 发展与生态复绿、景观再造相结合的"场地修复＋"模式

景观再造模式主要适用于邻近城区或者风景区的，土地开发利用价值较低但可以通过造景开发创造出新的利用价值的工业废弃地等。这种模式就是在原有景观的基础上，通过规划引导，挖掘新的旅游资源，进行合理的景观规划设计，使自然资源与历史文化资源的优势转变为经济优势，在创造生态效益的同时收获经济效益，对城市的可持续发展具有重要意义。污染场地修复后，根据场地主体功能的不同，可以大致分为城市开放空间、博物馆、娱

乐场所、工业遗迹旅游地等。

案例3：伦敦奥林匹克公园场地修复项目

伦敦奥林匹克公园占地约 2.5 km²，曾是世界上最早一批工厂的坐落地以及垃圾填埋场，其土壤和地下水在二百多年里受到了严重污染。原本这里对开发商毫无投资吸引力，但英国政府借伦敦第三次举办奥运会之机，通过详细规划和投资引导，将大部分受污染的土地改造后，建造奥运场馆、公共绿地和住宅，盘活了该地区的土地资源。据了解，英国公共财政将为此次奥运会的筹建工作投入 93.25 亿英镑，其中 75% 都用于伦敦东区的改造和振兴。

案例4：纽约清泉公园项目

纽约市斯塔滕岛的清泉垃圾填埋场是纽约最大的垃圾填埋场，场地总面积 8.91 平方千米，其中 45% 由高度为 27 米至 68.5 米不等的垃圾山组成，另外 55% 由溪流、湿地和干燥凹地构成。此地曾是由清澈泉水和溪流所滋润的潮汐湿地，而长期的垃圾污染导致其自然系统严重退化。在斯塔滕岛快速城市化的发展进程中，清泉垃圾填埋场与周边区域的矛盾也日益激化。2001 年，纽约市政府决定永久关闭垃圾场并对其进行景观恢复改造。而"9·11"事件却使得垃圾填埋场不得不再次开放，用以处置世贸中心废墟的垃圾，这又给清泉垃圾场赋予了新的意义。

2001 年，纽约政府利用设计竞赛的方式选出了最佳改造建设方案，意在通过修复污染土壤、栽种植被恢复生态系统、建立文化场馆（用以纪念"9·11"事件与清泉场地的恢复变化过程）以及优化道路交通系统，建成具有鲜明特色的世界级公园。清泉公园的建设计划在 30 年内分三个阶段进行，总工程费用为 3 亿至 4 亿美元，其中纽约市政府拨款 1 亿 2 000 万美元。

3. 发展与其他环保设施建设相结合的"场地修复+"模式

对于部分位于城市边缘地区或土地利用价值低的工业污染场地，地产开发或景观再造效益不明显，可以结合本地环保基础设施建设需求，在场地修复完成后，建设污水处理厂、生活垃圾焚烧处置设施、工业固废回收利用设施、静脉产业园等环境治理设施，或建设光伏电站等绿色能源设施，以创造出高效、可持续的盈利机制。结合目前大环保的综合发展趋势，甚至还可通过项目打包的模式，将场地修复与环保设施建设统一交由专业综合企业集团整体开展工作，以提升项目管理效率，提高项目盈利能力。

案例5：日本大阪梦洲地区光伏电站项目

2013年，由日本住友商事公司等9家企业在大阪府大阪市此花区梦洲地区联手建设的一座10兆瓦光伏电站实现运营发电。该项目建设于垃圾填埋场之上，占地0.15平方千米，由大阪市提供，拥有资金和技术的多家企业利用租赁方式，分担建设成本并参与发电业务，按照建设成本分担比例享受售电收益，属于官民协作的企业参加型环保业务。同时，由于该垃圾填埋场尚未完全稳定沉积，每日仍产生需要处理的垃圾渗滤液、垃圾填埋气等，需要对其进行持续的监管与修复，因此该项目除日本内阁府利息补贴外，还可享受大阪市的地方税收优惠。在日本其他地区都有多起采用类似模式开展的垃圾填埋场利用项目。

（四）发展"场地修复＋"综合利用模式

本模式适用于那些位于重要城镇，且对周边生态环境有重大影响的，工业用地面积较大、具有开发利用价值的工业园区。此类工业场地，可以利用工业污染场地周边地区的生态优势和用地优势，通过延伸城市功能，进行综合整治，打造工业、文化、旅游、科技相结合的新兴城市功能板块，带动周边地区发展。

欧美国家在产业结构调整、郊区化和逆城市化过程中曾出现大量因工业企业关停、搬迁而废弃遗留下来的棕地[①]。其中，德国的鲁尔工业区曾以煤

---

① 根据美国《超级基金法》，棕地的定义为：由于有害危险物而使其受到现实或者潜在污染的不动产。广义的棕地与绿地的概念相对，是指已开发、利用过并暂时闲置，对环境有危害，但也具有重新开发和再利用潜力的土地。除工业污染场地外，还包括矿山等污染场地。

炭、钢铁、化学工业发达闻名，但也相应带来了严重的环境污染与生态破坏，严重危害居民健康。自 20 世纪 60 年代开始，鲁尔区整体衰败，甚至一度陷入举步维艰的地步。而后当地政府决定对鲁尔区进行转型升级。通过棕地修复与再开发，鲁尔区已经实现了从工业到文化的成功转变。如今，其文化景观的分布密度在整个欧洲大陆中名列前茅。不仅有效缓解了环境压力，而且促进了工业文化遗产保护，还助推城市功能提档升级。实践证明，鲁尔区的棕地再利用相当成功。

1. 多特蒙德——政府引导提升地块价值，成功吸引社会资本

在鲁尔区的转型过程中，政府角色定位较为明确。在社会转型、技术进步的基础上，政府进行规范与引导，发挥前瞻性指引作用。对于如何发挥政府的引导力，鲁尔区的地方政府均将改变城市形象作为一项重要工作。例如，多特蒙德曾是一个钢城，随着去产能的推进，一个占地约 200 hm² 的厂区腾退出来。市政府没有立刻开发这块地，而是在欧盟的资金支持下，挖掘了一个 0.3 平方千米的人工湖，命名为凤凰湖。钢厂变湖泊，让这个地块迅速升值。开发商纷纷出资投资建楼，商业也发达起来，凤凰湖区域现已成为多特蒙德新的优质社区，一举改变了城市形象。

2. 博特罗普——由煤城转型为环保低碳城市

博特罗普为改变自己煤城的形象，2009 年参加"创新城市"项目，提出到 2020 年将二氧化碳减排 50%，着力从一个传统煤炭城市转型成为一个节能环保的试点城市。到 2019 年已吸引了大批科技企业和环保企业落户，城市二氧化碳减排 39%，带动了环保科技的产业化。仅仅改造节能住房的"未来之屋"项目，就创造了 1 200 个工作岗位。城市形象提升后，企业纷纷慕名而来。2019 年，博特罗普的失业率为 7%，低于鲁尔区 10% 左右的平均水平。

3. IBA 计划——发展工业文化遗产

在鲁尔区的改造和振兴过程中还有一个著名的 IBA 计划，即国际建筑展。IBA 将工业废弃地视为工业文化遗产，和旅游开发、区域振兴等结合进行开发和整治，将废弃的工业生产设备、厂房建筑等改造成有吸引力的旅游、休闲场地。许多棕地再开发项目极大地改变了鲁尔区的城市面貌。

（五）工业污染场地修复的发展建议

为推动城市工业场地修复与再利用创造更大的经济与环境效益，结合当前政策、行业市场形势以及国内外已有"场地修复＋"模式的项目经验，对我国工业场地修复的相关方（管理部门、从业企业）提出以下几点发展建议：

首先，生态环境部门应加强与土地管理部门在污染地块开发利用方面的协调配合，将土壤环境状况纳入土地规划、转让、开发的审核过程中，严禁直接利用未经治理的污染场地。其次，政府应从优化土地利用结构、构建生态安全格局、提高城市整体空间布局、改善人居环境和提高再生利用效益的角度出发，对污染场地利用进行合理规划与政策引导，才可充分调动市场投资的积极性，实现财政、政策的撬动作用，助推场地修复工作的顺利开展。最后，随着市场竞争的日渐激烈、行业规范的日益健全、场地修复与开发综合服务需求的日益旺盛，人们对土壤修复企业的资金、技术、资源调配能力要求也将越来越高。土壤修复企业应在加大技术能力储备的同时，加强培养环境整体解决方案的能力，提升自身的市场竞争能力。

第五章

建立生态环境分区管治长效机制

第一节　环境保护标准与产业政策衔接

　　环境保护标准既有国家标准，又有行业标准，约束性特征突出。随着城市发展规模和经济发展需求的不断调整，环境保护标准与产业政策之间不可避免地产生不适宜性。产业政策依托城乡发展规律不断优化，呈现出类别多样性、调整速度加快、行政与市场相结合的特征。随着环境保护与社会经济协调发展，生态环境保护规划从专项到总体不断探索，从理论到方法、从试点研究到实践推广，力求弥补环境标准与产业发展间的不适应性。因此，生态环境保护规划、环境保护标准和产业政策之间存在着必然联系，既相互依存，又相互制约。

一、生态环境保护规划、环境保护标准与产业政策之间的关系解读

　　从出发点、实施手段、总目标和运行机制四个方面来看，三者的关系存在着差异、矛盾甚至冲突。

（一）试点案例分析

　　以多规合一的试点江西省赣州市于都县为例。于都县在社会经济的发展中并未考虑基于生态本底识别的、环境承载力先导的指标体系，尤其在生态承载空间和生态文明建设层面缺乏指标体系。由此可知，生态承载空间方面规划应提出面积和范围等要素，并设置该项指标为永久性指标，且不随规划期限而发生变化。生态文明建设层面应补充资源总量、环境质量、资源效率

以及污染减排与环境治理的基础保障四类指标。

基于于都社会经济发展过程中缺乏对开发强度的考量，规划应对于都环境受影响程度进行预判，按照乡镇单元划分发展潜力等级，对规划期末用地规模提出调整建议，规避环境预测性问题和危机，提升了环境保护效率。

在生态环境规划层面，城乡布局也提出了红线定界、容量定底、强度定顶、先导管治的措施，生态环境保护规划的植入将更有效地保障于都未来的高质量发展。

规划的实施将环境保护标准纳入执行层面，必将影响社会经济发展计划和产业相关政策。产业政策随发展规律和周期而不断调整和改变，环境保护标准也随之出现新的问题和条件。应在产业政策和环境保护规划标准间建立有机联系，因此，生态环境保护规划工作是迫切的。然而，当前的环境保护标准目标型居多，生态环境保护规划针对市县具体层面基本上是要素型、治理型或创建型的引领，如环境污染普查、黑臭水体治理专项行动、无废城市试点推广等系列行动。总之，环境保护标准、生态环境保护规划和产业政策三者的关系还未理顺，结构性矛盾突出。

（二）不同出发点的实施结果

生态环境保护规划是从落实环境保护标准出发，制定规划，用实施时序来处理刚性约束和现实条件的关系，与环境保护标准的"一刀切"不同，与产业政策也处在不同的目标基础上，协调困难。

环境保护标准是在累积的环境保护要求、当前最主要的环境问题的基础上不断更新和修正的结果。这样的出发点导致新的环境保护标准过于刚性，实施难度大，与现行产业政策可能出现较大差异，甚至产生更尖锐的冲突，继而影响现有的产业秩序，而若生态环境保护规划缺位，则无法弥补这种偏差。

产业政策是在社会经济发展规律的基础上，制订的五年计划、年度计划、行业计划，具有社会经济的环境适应性特征，但是只能贯彻既有的制度化的环境标准，无法应对现实的环境问题，对生态环境保护规划的跟进不足，执行新标准也相当滞后。导致政策供给发生偏向，呈现出低效状态，环境保护标准对产业政策缺乏引导性，对规划缺乏统筹性，没有实现三者的协调。三者的出发点不同，造成实施结果之间的冲突，如果这种现象越来越严重，将影响我国高质量发展目标的实现。

（三）实施手段与实施过程的关联度

一般而言，环境保护标准应该运用法律手段，产业政策运用关注市场特征的经济手段，生态环境保护规划应是行政手段的体现，但是当前我国的现状是：环境保护标准执行的是行政手段，通过上行下达推行，见效快，但对既有产业发展影响较大，对产业结构调整要求严格；产业政策是依靠行政手段和市场手段共同作用，实施的过程没有统一标准，具有一定的创新性，实施的结果也存在不确定性，对环境的影响缺乏实时评估，造成很难逆转的实施结果；生态环境保护规划依托的是法律手段，但相关的组织程序、成果要求和法律机制并不健全，执行困难。因此，三者的实施手段错位，实施过程缺乏关联，实施结果不一致，导致行政效能偏低。

（四）分目标差异大

《中共中央关于坚持和完善中国特色社会主义制度　推进国家治理体系和治理能力现代化若干重大问题的决定》提出：坚持和完善生态文明制度体系，促进人与自然和谐共生。生态文明建设是关系中华民族永续发展的千年大计，必须践行绿水青山就是金山银山的理念，坚持节约资源和保护环境的基本国策，坚持节约优先、保护优先、自然恢复为主的方针，坚定走生产发展、生活富裕、生态良好的文明发展道路，建设美丽中国。要实行最严格的生态环境保护制度，全面建立资源高效利用制度，健全生态保护和修复制度，严明生态环境保护责任制度。

"坚定走生产发展、生活富裕、生态良好的文明发展道路，建设美丽中国"成为产业政策、生态环境保护规划和环境保护标准一致的总目标。但三者的分目标不同，产业政策的分目标是促进生产发展，生态环境保护规划和环境保护标准的分目标是保持生态良好。在执行分目标过程中，三者易出现分歧；在运行过程中，三者易相互影响，如果出现严重问题，很难迅速调整，可能造成严重损失。生态环境保护规划与环境保护标准虽然分目标相同，但是运行方法不同，标准体现刚性，规划体现弹性，两者有效结合才可能避免刚性执行中的偏差和损失。

（五）结构性矛盾突出

产业政策的制定权在国务院，实施办法由省级人民政府拟定。由于各地的经济发展阶段与现实条件不同，产业政策也不相同。同样的环境要求下，不同地区的产业政策也有很大差别：发达地区产业结构调整较早，产业政策的重点是产业的创新和提升；发展中地区产业结构尚处调整阶段，产业政策的重点是产业调整与转型；落后地区传统产业面临巨大的调整压力，产业政策的重点是优化和补短板，丰富产业类别。

环境保护标准是统一的，由环保部门拟定并发布，事后实施督查。环境保护标准在不同地区的执行效率差距较大。不同于其他地区问题，环境问题的发生地和体现地未必统一，环境问题容易因此积压，处理难度日益加大。

生态环境保护规划一直是生态环境部门规划，尚未纳入政府实施机制中，与其他规划缺乏协调，执行过程缺乏支撑，很难发挥其有利方面。与产业政策或环境保护标准出现分歧时，往往处于被动。

二、生态环境保护规划与环境保护标准的必然联系

就环境保护标准而言，无论是刚性指标还是指导性指标，执行的过程都有"一刀切"的约束，而随着近几年的方法创新、试点尝试，生态环境保护规划的理论和方法体系日益完善，在充分考虑地区经济发展、资源禀赋、环境现状差异性的基础上，提出了分区、分级、分类的生态环境保护方法，并进一步优化落实环境保护标准，有效推动实施。

（一）规划是科学制定和动态修正标准的前提

生态环境保护规划是在综合分析地区各项社会经济环境指标的基础上提出的环境保护目标，既符合环境保护的长远发展要求，又能适应地方发展现状，有效提升地方的执行能力。依据生态环境保护规划的阶段研究成果，可以有针对性地动态修正既有环境标准，做好长远和近期的结合。

（二）规划是实施标准的基本手段

随着我国环境保护工作进入以保护环境优化经济增长的阶段，环境标准成为市场准入的重要条件。一方面，受现实环境问题影响，环境标准的制定与实施缺乏连贯性，在环境标准执行中"超标收费"和"超标违法"共存，导致环境标准的强制性和被重视程度打了折扣。另一方面，环境标准准确有效的执行，大多依靠在线监控和人力督查等手段，而经济手段、市场手段、技术手段则运用不足。生态环境保护规划可以通过技术手段弥补这些不足，通过规划编制指导标准的执行力度，通过定期评估修正标准内容，增强连贯性。

（三）标准是检验规划的重要指标

环境保护标准的执行结果又是衡量生态环境保护规划的重要指标。环境质量是否改善直接反映标准是否合理，也充分反映规划是否科学。执行环境保护标准有利于及时优化方法体系，并适时调整规划，运用行政手段进行干预。

三、生态环境保护规划与现有产业政策的相互作用

环境保护标准和现有产业政策在运行过程中不可避免会发生分歧，运用生态环境保护规划的缓冲作用可以减缓或减少这种过程性矛盾的产生。

（一）规划与产业政策相互作用

生态环境保护规划以国民经济和社会发展规划为依据，与国土空间规划、产业专项规划、地区发展规划等相互衔接，在成果上报审核阶段就完成统筹工作，在统一的总目标基础上分解环境目标，并贯穿生态环境保护规划全过程。此外，对于应急性环境问题，生态环境保护规划会及时通过技术手段与其他规划进行协调，促成各类规划体现新形势新要求，因此规划与产业政策相互作用。

（二）规划建立产业政策与环境保护的安全标准，并提出适当修正建议

生态环境保护规划将会对既有产业政策进行评估，在保证环境保护底线的基础上，建立环境保护的安全标准，并在此基础上提出产业发展的修正建

议，及时降低既有产业发展过程中的环境风险，将其从未知不可控的状态变为可控可调整的状态。

（三）产业政策为规划提供动态反馈，并合理调整规划内容

产业政策是宏观调控和促进社会经济发展的重要手段。由于过于刚性的环境保护政策、标准或手段可能引发结构性矛盾，因而不同地区通过差异化实施产业政策可能更有利于环境保护。因此，各地的产业政策为规划可以提供因地制宜的反馈，有利于规划的合理调整。

四、做好生态环境保护规划、环境保护标准与产业政策的衔接

生态环境保护规划、环境保护标准、产业政策这三者关系密切，既相互作用，又相互影响。在三者间建立合理的关系机制，能够有效提高相互之间的作用效益，实现统一的长远目标。

（一）理顺三者关系

从定位出发，理顺三者关系的核心在于落实标准、关键在于产业政策、落脚点在于科学规划。只有梳理好三者关系，才能形成并有效发挥合力。

如图 5-1 所示，生态环境规划是理顺三者关系的有力手段之一，可以通过生态环境保护规划将环境标准与产业政策分解成不冲突和冲突两部分内容。对于不冲突部分进行无障碍执行，共同实现目标的优化并适应这种变化。对于冲突部分，可以通过社会经济条件的评估和干预，明确三类甚至更多的修正方案。对于社会经济发展落后、环境标准执行困难、产业发展滞后的地区可采用方案一，即底线标准＋产业政策，并在此基础上提出基础目标。其中，对于实施困难地区可通过行政手段、市场手段给予支持或补偿。对于社会经济发展条件较好、产业政策实施结果冲击环境较大的地区，可采用方案二，即底线标准＋产业修正，严把环境底线关，并适时提出产业政策的修正思路，与相关部门及时协调并调整。对于环境基础较好，社会经济发展条件较好地区，应执行方案三，即标准提升＋产业修正。这类地区在环境底线标准基础上进行提升，并进行相应的产业修正，充分运用绿色发展手段，可以有效提供发展保障，避免由于环境保护准备不足造成开工运行后出

现因环境禁控导致的巨大浪费。

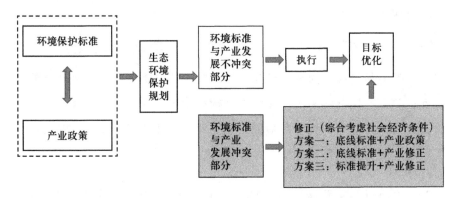

图5-1　生态环境保护标准、环境保护标准和产业政策关系示意图

以上三种方案是综合考虑环境、社会经济条件的极端组合。在实际工作中，组合有很多种，应在生态环境保护规划中进行综合分析判断，并确定合理的阶段性实施方案。因此，应加强针对生态环境保护规划的制度建设。

（二）建立方法体系

应从三者所包含的主要内容出发，建立方法体系，并进行实施导引。

1.环境保护标准

环境保护标准包括环境质量标准和污染物排放标准。环境质量标准是指为保护人体健康和生存环境，维护生态平衡和自然资源的合理利用，对环境中污染物和有害因素的允许含量所作的限制性规定。如水质量标准、大气质量标准、土壤质量标准、生物质量标准，以及噪声、辐射、振动、放射性物质等的质量标准。其中，水质量标准又可分为地下水水质标准、海水水质标准以及生活饮用水水质标准、工业用水水质标准、渔业水质标准等。污染物排放标准是为了实现环境标准的要求，对污染源排入环境的污染物质或各种有害因素所作的限制性规定。污染物排放标准可分为大气污染物排放标准、水污染物排放标准、固体废物污染控制标准等。

2.产业政策内容

产业政策包含产业结构、产业组织和产业布局等内容，一般划分出重点支持的产业，如农业和农用工业、轻工、纺织业、基础设施和基础工业、机械、电子工业、高技术产业、出口创汇的加工制造业等；严格限制的产业，如国家定点外的汽（机）车制造业，超前消费的高电耗产业，用国内紧缺原料生产的高消费产品产业，生产方式落后、严重浪费资源和污染环境的产业；此外还有停止生产的产业，这部分可以不予考虑。

3. 生态环境保护规划方法体系

在生态环境研究过程中，生态环境保护规划根据环境保护的基本原则，可以甄别产生新环境污染的产业，将其纳入限制类，并反馈修正正在实施的产业政策。对于鼓励的产业，应通过环境情景模拟或实验的方式预判环境影响后果，加强监控层面的要求，及时提出警示，并修正相关标准或产业政策。对于鼓励型产业政策与环境影响分歧较大的领域，应加快针对环境影响或节约资源能源的技术改造或创新。

因此，生态环境保护规划的方法体系包括建立环境现状评价系统、过程检测警示系统、反馈修正优化系统、标准实施评估系统，如图 5-2 所示。各个系统间相互关联、相互影响，共同发挥作用。可分别运用统计学、对比分析法、计算模拟法、实验法等量化处理方式生成各个系统的处理结果。

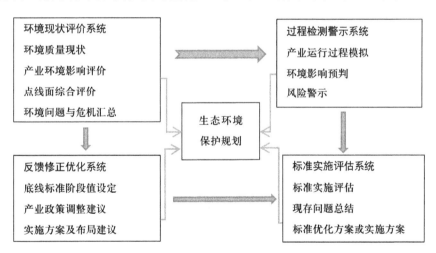

图5-2　生态环境保护规划方法体系

（三）做好部门协调

环境保护工作必须通过各相关部门相互协调、共同推进，才能取得很好的效果。

1. 层级分工的工作机制

省级层面应对中共中央统筹提出的总目标、战略目标和相关政策。贯彻落实，并在提供资金支持的基础上，出台保障实施的政策措施；市县层面抓具体工作，推进生态环境保护规划工作，提交相关成果和报告。

2. 建立目标考核机制

各部门应设定工作流程，建立考核目标（包含现实型和预期型目标），考核规划成果是否纳入国民经济和社会发展规划、国土空间规划以及产业政策中，考核各地规划成果是否影响当地民生要求。各地区可结合生态环境特征按照行政单元的一个或多个组合设定规划范围。

3. 纳入生态环境保护督察工作

应将生态保护规划与环境保护标准、产业政策的衔接工作纳入生态环境保护督察中，并列入三个重点工作，包括解决突出生态环境问题、改善生态环境质量、推动经济高质量发展。

（四）实施保障

为保障该项工作的有序实施，应合理制定相关政策：

①完善法律法规体系，加快完善相关实施细则，形成工作依据，加强法律实施工作，实现国家环境专项工作合法化。

②推进领导责任体系的建立。明确相关部委、省级、县市级、乡镇层面具体责任，做到各司其职，目标统一，顺次推进。

③深入研究产业政策和产业运行状态，促进企业责任体系的建立，发挥企业能动性和自觉性。

④加快推进市场体系、信用体系的建立，发挥该项工作的促进手段，避免工作流于形式。

⑤尽快完善监管体系和全民行动体系，推进行政—法律—市场的相互促进机制建设。

第二节　国家战略区域主要环境问题识别与生态环境分区管治策略

在全球化的激烈竞争环境中，自上而下的尺度重构已经成为重要的区域治理方式。党的十八大以来，京津冀协同发展、长江经济带、"一带一路"倡议相继提出，引领着人口经济密集地区优化开发模式的新探索，支撑着全国东中西部的贯穿发展，架起了区域协同发展、国际发展合作的桥梁。但同时，在经历了经济社会的高速增长后，人口、资源、环境问题集中爆发，能否从高速增长平稳过渡到高质量发展，对生态环境保护工作提出了更大的挑战。

中国的国土面积大、人口众多、资源丰富、区域差异明显，区域问题是中国经济发展必须面对的重大问题。不同于以往西部开发、东北振兴、中部崛起的区域发展总体战略，京津冀协同发展、长江经济带、"一带一路"倡议、粤港澳大湾区建设、雄安新区都将"绿色""环保"作为优先和重点关注领域。2015年3月28日，国家发展和改革委员会、外交部、商务部联合发布了《推动共建丝绸之路经济带和21世纪海上丝绸之路的愿景与行动》，提出"在投资贸易中突出生态文明理念，加强生态环境、生物多样性和应对气候变化合作"。2015年4月30日，中共中央政治局会议审议通过《京津冀协同发展规划纲要》，确定交通、环保、产业三个重点领域将率先实现突破。2016年3月25日，《长江经济带发展规划纲要》由中共中央政治局会议审议通过，重点强调"坚持生态优先、绿色发展，把生态环境保护摆上优先地位，涉及长江的一切经济活动都要以不破坏生态环境为前提，共抓大保护，不搞大开发"。绿色发展，是践行生态文明建设，提升国家绿色化水平，推动实现可持续发展和共同繁荣的根本要求，更是新时代背景下高质量发展方式的核心要义。

比较上述区域的绿色发展理念可以发现，尽管"绿色"是统一的基调，但由于生态环境特征和功能定位的差异，在每个区域中，生态环境保护的理念、政策和制度却并不完全相同，这就需要生态环境的分区管治。国家战略区域生态环境分区管治的已有研究主要讨论了为什么要加强生态环境分区管治，生态环境分区管治的理论依据，如何推进生态环境分区管治，以及某个地区的生态环境分区管治策略等。这些研究从多个角度和层次分析了生态环境分区管治的理论基础和实践路径，极大地丰富了生态环境分区管治的研究内容，也为具体实践提供了经验和方法。但在这些研究中，只有个别研究讨论了某个国家战略区域的分区管治，例如京津冀地区的分区管控。这说明现有生态环境分区管治的研究对国家战略区域生态环境分区管治的支撑是不足的，至少缺乏一些有针对性和可操作的研究。另外，这些研究大多集中在生态环境领域，即从生态环境治理的技术出发，探讨区域生态环境分区管治。尽管这些研究是丰富而具体的，但缺乏对经济社会的整体把握。生态环境保护问题并不是孤立存在的，而是因经济社会发展而产生，又要依靠经济社会的进一步发展而解决。基于此，本节从城市视角出发，通过对中国城市人口、经济、污染分布的不平衡和分异性分析，利用已有经验研究结论，找到识别国家战略区域生态环境分区管治核心问题的依据和判断标准，并针对京津冀、长江经济带、"一带一路"沿线省（自治区、直辖市）、粤港澳大湾区、雄安新区提出了生态环境分区管治相关策略。

一、生态环境分区管治的原因：人口、经济、污染分布的不平衡与分异性

尽管我国已经针对主要国家战略区域出台了相应的规划纲要，并将绿色发展置于重要位置，但仍须注意，环境问题并不是孤立的，而是缘起于产业和人口的发展，也将对未来产业和人口发展产生重要影响。因此，对国家战略区域生态环境保护问题的探索离不开人口与产业发展的特定条件，这就要求我们对全国重点区域的人口、经济和污染物的空间分布作出系统而全面的分析。从中国城市人口、经济和污染物排放的空间分布来看，存在两种不平衡与分异性，即水污染与大气污染分布的不平衡与分异性、人口与经济分布的不平衡与分异性。

（一）水污染与大气污染分布的不平衡与分异性

以工业废水和工业二氧化硫（SO_2）排放为例，我国城市层面工业水污

染和大气污染的空间分布存在较大不平衡和分异性。2021年，按化学需氧量排放情况统计，大部分工业废水排放量较高的城市位于东部沿海地区，如广东、山东、江苏、浙江、福建等地。2021年，工业废水中氨氮排放量较高的主要是广东、江苏、四川、江西、山东等地区。

与工业废水排放的空间分布不同，2021年，中国城市工业 SO_2 排放的空间分布非常集中，排放量较高的城市大多位于西部和北方，包括京津冀地区、中原地区和内蒙古部分地区。此外，云南和成渝平原的工业 SO_2 排放量也较高。其中，排放量较高的地区为内蒙古、新疆、山东、河北、云南、贵州、山西、四川、辽宁等。可见，工业 SO_2 排放量较高的城市并非都是人口众多或经济总量较高的地区，城市规模与环境污染之间的关系并不是简单的线性。

从地区各省份污染物的空间分布来看，水污染与大气污染的空间并不完全重叠，甚至存在较大的分异性。水污染的空间分布相对分散，大气污染的空间分布相对集中，两种污染物的集中区域仅有部分重叠（例如京津冀地区、云南东部地区、四川盆地），大多不尽相同。之所以出现空间分异性，与各个区域地理、产业、人口发展的历史背景有关。因此，针对不同污染物和不同区域，应当采取生态环境分区管治。

（二）人口与经济分布的不平衡与分异性

我国城市人口主要集中在中部和东部地区，特别是省会城市和计划单列市。从区域来看，人口最多的城市主要分布在京津冀、长江三角洲、成渝平原、中原地区和珠江三角洲。根据第七次全国人口普查数据，超大城市有上海、北京、深圳、重庆、广州、成都、天津7座城市，特大城市共14座，分别是武汉、东莞、西安、杭州、佛山、南京、沈阳、青岛、济南、长沙、哈尔滨、郑州、昆明、大连。[1]城区常住人口1000万以上的城市为超大城市，500万~1000万的城市为特大城市。与人口的集中分布相比，中国城市的经济空间分布并不集中，主要分布在京津冀、长三角、东部沿海以及内蒙古的个别城市。

---

① 本文关于地级及以上城市的相关数据均来自于历年的《中国城市统计年鉴》。

一般来说，经济总量分布与人口分布基本一致，经济水平较高的城市人口较多，人口较多城市的经济水平也不会太差。这是因为，劳动力是促进经济增长的重要因素，反过来，经济增长也是吸引劳动力流入的主要原因。不过也有例外，有一些城市就呈现出人口与经济分布的不平衡和分异性。一些城市人口较多，但经济总量并不高，如安徽的阜阳、六安，江苏的徐州，河南的驻马店、周口、信阳，江西的赣州、广安、上饶等。一些城市经济总量很高，但人口较少，如内蒙古的鄂尔多斯、呼和浩特等。

人口与经济分布的不平衡与分异性说明了两点问题。第一，有些区域的发展缺乏效率，有些区域的发展利用不足。对于前者，最大的环境问题是生活污染压力逐渐增加，而经济发展又无法为环境治理提供足够资金，环境基础设施建设跟不上，生产与生活陷入恶性循环。对于后者，最大的环境问题则是环境基础设施利用效率不高，造成污染治理的单位成本上升。可见，两类区域的人口与经济分布不平衡，从本质上看是资源错配。由于环境污染的特殊性，使得对污染的处理只能在当地解决，无法通过运输实现，这就加大了生态资源和环境基础设施优化配置的难度。解决这一问题的关键在于人口，只有放开户籍制度的限制，让人口无障碍地自由流动起来，给人们自主选择的机会，降低迁出迁入成本，增加"经济好、人口少"城市的吸引力，才能打破这一僵局。第二，如果说人口代表着生活污染，经济代表着生产污染，那么人口与经济分布的不平衡和分异性恰恰说明生活污染与生产污染分布的不平衡与分异性。随着工业化和城市化发展的不断推进和升级，污染结构逐渐发生变化，由以生产污染为主转变为以生活污染为主，这个变化在水污染方面体现得尤为突出。2003年全国工业废水和工业SO_2排放量占全部排放量的比例分别为46%和83%，2015年分别下降至27%和80%。不过，不同城市也会有不同表现。例如，2003年北京市工业废水和工业SO_2排放量分别占总排放量的14%和62%，2015年分别下降至6%和31%。相反，2003年重庆市工业废水和工业SO_2排放量分别占总排放量的61%和80%，2015年分别为76%和86%，不降反升。这就说明，应该结合生活污染与生产污染的结构分布，为不同城市制定差异化的环境政策，推行生态环境分区管治，因地制宜地化解经济发展与环境保护的冲突与矛盾。

二、生态环境分区管治的依据：城市规模与城市发展模式

国家区域发展战略的出发点是以点带线、以线带面，通过核心城市对周边城市的辐射作用，带动一个区域的发展，再通过战略区域的转型发展实现全国经济社会的绿色发展和绿色发展国际合作。可见，国家战略区域发展的内涵是充分利用城市、城市群的规模效应，这同样也是战略区域生态环境保护的内涵。

（一）城市规模与生态环境保护

战略区域的内涵之一是空间发展，而空间发展的本质就是集聚。从环境保护的角度看，目前针对北京、上海等地的一些限制特大城市发展的政策是否有效？或者说，要到什么程度才算有效？"大城市病"真的是因为城市过大而生的一场"病"吗？只有回答了这些问题，才能制定方向正确的环境政策。

现有研究对城市规模与环境污染之间关系的结论并不统一，一些研究认为，城市规模的扩大将使大城市拥有更好的污染处理设备和更强的环境治理能力，从而有助于减轻环境污染。例如，Satterthwaite 研究了亚洲、非洲和拉丁美洲发展中国家的城市环境问题，发现由于大城市的污染控制技术比较先进，环境治理的能力也较高，随着城市规模的扩大，环境污染将得到控制；相比之下，小城市的环境问题更加严重。Kahn 认为大城市是收入增长的主要场所，特别是在发展中国家，大城市集聚了更多资源和受教育程度更高的居民，这都有助于减少污染。Kahn 和 Walsh 则从产业结构的角度分析了城市规模与环境污染的关系，认为大城市拥有更多的高科技公司，而不是对环境影响较大的重工业，这将减少对环境的破坏。事实上，城市规模与环境污染之间并不一定总是简单对称的。换句话说，大城市的环境绩效可能更好，而小城市的环境质量可能更差。通过对中国地级及以上城市经济发展与环境污染的指标进行计算，我们发现，随着环境基础设施建设的不断完善和环境投资的加强，一些大城市已经形成了城市环境治理体系，不仅经济水平高，而且污染并不多，如西安、福州、长春等，这些城市的经验值得学习和推广。然而，在一些小城市，虽然人口少，经济水平不高，但是环境污染问题却很严重，如辽阳、铜陵、九江等，应尤其注意。

城市规模与污染并不完全是线性关系。以工业废水为例，只有当一个城市的人口规模超过 216 万人时，人口规模的进一步扩大才会增加工业废水污染，而在此之前，工业废水污染与人口的关系并不大。而当一个城市的 GDP 超过 5 440 亿元或建成区面积超过 500 平方千米时，随着经济规模和建成区面积的进一步扩大，工业废水将逐渐减少，但当低于这个门槛值时，规模扩大反而不利于环保。可见，人口、经济、建成区面积这三个维度的规模对工业废水排放量的影响不尽相同。当人口总数达到一定值后，人口增加会不利于减少工业废水排放量，唯有当 GDP 和建成区面积达到一定门槛后，才能发挥治污减排的规模效应。因此，当人口规模较大时，应当正确看待城市规模扩大与环境问题之间的关系，当前的一些环境问题可能并非由规模扩大引起，只是原本在更大地理面积内发生的环境问题，在相对较小的范围内集中出现，而让我们对规模扩大有了误解。此时，不但不应控制规模，反而应进一步扩大人口规模，扩大建成区面积，这样才能用规模对污染的减少作用冲抵污染的空间叠加。当人口规模不大时，则应当充分利用人口规模扩大与污染暂时不相关的有利的时间窗口，利用各种政策吸引人口迁入，用人口红利带动经济增长和建成区拓展，从而实现多重红利。

（二）城市发展模式与生态环境保护

根据国际经验，城市化一般经历三个阶段：小城镇发展阶段、城市群发展阶段、大城市向小城镇迁移的逆城市化阶段。我国的城市化就已经或正在经历前两个阶段。表 5-1 比较了 2015—2018 年间中国获批的 9 个城市群的总人口、核心城市人口及其占比。从核心城市人口占比看，各个城市群的发展模式存在很大差异。有三个城市群的总人口过亿，分别是中原城市群、长江三角洲城市群、长江中游城市群，但这三个城市群核心城市人口的占比分别为 5.06%、23.86%、16.42%，三个多人口城市群并没有出现人口集中在核心城市的情况，而是较为分散。相反，其他一些城市群的核心城市则集聚了大量人口，例如成渝城市群，有一半以上的人口集中在重庆和成都。再如兰西城市群和哈长城市群，也有 40% 以上的人口集中在其核心城市。这些不同的发展模式对环境有何影响呢？根据已有研究结论，无论生活在城市群或大城市中的人口比例为多大，城市人口比例的增加都不利于减排。不过，当大城市人口比例高于 48%，或者城市群人口比例高于 20% 时，城市化对环境的负面影响会更大。可见，在城市化发展的进程中，将无可避免地遇到环境问题，当过多人口集聚在若干个大城市或是集中在一个城市群时，城市化对环境污染的恶化作用都可能会加剧。因此，要严格控制生活在大城市中的人口比例，同时也应严格控制城市群规模。换句话说，我们既要找到适当的城市半径，也要规划合理的城市群半径，这就是生态环境分区管治的第二个依据。

表5-1　不同城市群的人口比较

城市群	获批时间	核心城市	城市群总人口/万人	核心城市人口/万人	核心城市人口占比/%
长江中游城市群	2015-3-26	武汉、长沙、南昌	12 500	2 053	16.42
哈长城市群	2016-2-23	哈尔滨、长春	3 946	1 715	43.46
成渝城市群	2016-4-12	重庆、成都	9 494	4 791	50.46
长江三角洲城市群	2016-5-22	上海、南京、杭州、合肥	15 000	3 579	23.86
中原城市群	2016-12-28	郑州	16 353	827	5.06
北部湾城市群	2017-1-20	南宁	4 141	752	18.16
关中平原城市群	2018-1-9	西安	3 865	825	21.35
呼包鄂榆城市群	2018-2-5	呼和浩特	1 138	241	21.18
兰西城市群	2018-2-22	兰州、西宁	1 191	527	44.25

资料来源：2015—2019 年《中国城市统计年鉴》。

三、国家战略区域生态环境分区管治的核心问题识别

环境问题的区域特点是地理的，更是经济的，地理的不平衡和经济的分异性是造成环境问题的原因。因此，需要通过生态环境分区管治以及分阶段、差异化的考核体系，来化解地理、经济与环境的矛盾与冲突。根据上述对国家战略区域经济、人口、污染空间分布的不平衡与分异性分析，以及城市规模、城市发展模式对环境污染和治污减排的差异化影响，可以从表 5-2 中的几个角度识别国家战略区域生态环境分区管治的核心问题。需要说明的是，生态环境分区管治的实施是一项复杂而系统的工作，并不是几个判别依

据所能涵盖的，这里只是强调了空间分布和城市发展，从经济、人口、环境的三者互动角度做出初步阐释。

表5-2　生态环境分区管治的核心问题识别

识别维度	识别依据	核心问题	管治重点	代表城市或区域
人口、经济、污染的空间分布	人口、经济与污染分布平衡	人口少、经济差、污染少	守住生态环境，科学理性发展	拉萨、三亚、通化
		人口多、经济好、污染多	加快发展速度，深挖规模优势	重庆、天津、广州
	人口、经济与污染分布不平衡	人口多、经济差、污染少	注意生活污染，以发展促治污	阜阳、玉林、桂林
		人口多、经济差、污染多	生产生活并举，重点关注区域	运城、六安、渭南
		人口少、经济好、污染少	大量吸纳人口，优先布局治污	兰州、常州、深圳
		人口少、经济好、污染多	转变发展方式，科学治污减排	太原、东莞、嘉兴
		人口少、经济差、污染多	及时调整产业，环境修复为主	铜陵、莱芜、朔州
		人口多、经济好、污染少	保持高质发展，利用规模优势	上海、北京、南昌
城市规模	人口规模（总人口）	≤216万人，扩大规模不利于减排；>216万人，扩大规模有助于减排	扩大城市规模，实现规模效应；城市不是过大，而是过小；所谓"大城市病"并不是因为城市大而引起的，而是大城市的环境治理现代化能力不够引起的	同时满足三个规模过大条件的城市：重庆、上海、北京 同时满足三个规模过小条件的城市：辽阳、银川、舟山
	经济规模（GDP）	≤5 440亿元，扩大规模不利于减排；>5 440亿元，扩大规模有助于减排		
	土地规模（建成区面积）	≤500平方公里，扩大规模不利于减排；>500平方公里，扩大规模有助于减排		
城市发展模式	大城市	大城市中人口比例≤48%，城市人口增加不利于减排；大城市中人口比例>48%，城市人口增加不利于减排，且这种负面影响更大	严格控制大城市人口比重，以及城市群人口比重，前者最好不超过48%，后者最好不超过20%	京津冀

续表

识别维度	识别依据	核心问题	管治重点	代表城市或区域
城市发展模式	城市群	城市群中人口比例≤20%，城市人口增加不利于减排；城市群中人口比例>20%，城市人口增加不利于减排，且这种负面影响更大		长江三角洲

注：这里关于城市规模的污染门槛值仅针对工业废水而言，对于其他污染物，门槛值会有所不同。

四、国家战略区域主要环境问题识别与生态环境分区管治策略

国家战略区域是经济政策、产业政策、人口政策、环境政策、区域政策等一系列政策共同作用的试验田。当多种政策同时作用于一个区域时，这些政策的共同实施可能会出现耦合效应，在发挥各个政策效应的同时，也会促进其他政策的实施和效用发挥。不过，由于政策目标不一致，政策工具各异，也可能出现冲抵效应，在政策实施的过程中相互抵消，降低了政策效力。另外，还有可能因为地方政府的差异化目标，以及在多任务要求下选择相对简单、见效较快的任务，而不是最为关键、关乎全局的任务，使得政策效果大打折扣。因此，在"十四五"期间，国家战略区域的环境政策应该在立足环境的前提下，兼顾经济、产业、人口、区域政策，从经济、人口、污染的空间分布入手，充分考虑国家战略区域内的城市规模和发展模式，针对不同区域，以及同一区域内的不同空间，制定差异化的环境政策，用生态环境分区管治化解空间不平衡与分异性。

（一）京津冀地区主要环境问题识别与生态环境分区管治策略

京津冀地区的经济总量主要集中在北京、天津、唐山和石家庄。与经济分布相比，京津冀地区的人口众多并且十分集中，除京津外，其他城市同样有足够的劳动力资源，以促成经济进一步发展。

与经济集中分布、人口分散分布不同，京津冀的经济、人口与污染的分布呈现出非常明显的不平衡与分异性。主要表现为：经济发展水平高的城市，其污染排放未必多，而经济发展水平低的城市，其污染排放未必少。例

如，邢台、邯郸、石家庄三个城市，经济发展水平远低于京津冀核心城市，但污染却很高，邢台、邯郸与石家庄三个城市形成了京津冀污染较重的一个小区域。从经济和人口的角度看，京津冀地区的主要经济总量和人口都分布在核心城市北京和天津，呈现出核状分布。然而，从污染的角度看，无论是水污染还是大气污染，主要污染物都分布在两个区域，一是石家庄、邢台、邯郸区域，二是天津、唐山、承德区域，呈现出两极式分布。并且，污染物分布与经济、人口的空间部分只有部分重合，这就是京津冀经济、人口、污染空间分布的不平衡与分异性，也是"十四五"期间京津冀生态环境分区管治需要关注的重点。

"十四五"期间，京津冀地区的生态环境分区管治应当注意如下几点：充分考虑北京非首都功能疏解对京津冀其他城市的影响，加快环境基础设施建设，警惕区域生活污染的加剧；重点关注"石家庄—邢台—邯郸"污染带和"天津—唐山—承德"污染带，避免污染带的扩大和渗透；综合利用人口和产业政策，扩大除北京、天津外的其他城市的规模，以便利用城市发展对治污减排的规模效应；加强京津冀地区城市之间的分工协作、沟通交流，形成均衡发展的城市群；规划发展工业园区、产业园区、经济开发区等空间经济发展战略，充分利用治污减排的规模效应，提高治污设施的运转效率，加大生产技术的研发力度，进而实现经济与环境的协同发展。

（二）长江经济带主要环境问题识别与生态环境分区管治策略

长江经济带上2市9省的经济总量主要分布在长江三角洲城市群和成渝城市群，尤以长江三角洲城市群为主。与这两个城市群相比，其他地区的经济总量明显较低，只有个别省会的经济总量高一些，但并未带动周边城市，甚至存在大城市的"虹吸"效应，使得周边城市的经济发展落后于核心城市，造成"大树底下不长草"的局面。从人口分布看，与经济布局相比，长江经济带的人口分布相对均衡一些，主要集中在各个副省级及以上城市，而经济总量相对较高的长江三角洲地级市却并没有集聚更多人口。从污染分布看，长江经济带的水污染与大气污染分布存在较大差异，水污染主要分布在扬州、南通、南京、常州、无锡、上海、嘉兴、宁波、绍兴、杭州、武汉、南昌、重庆以及云南地区。可喜的是，在"不搞大开发，共抓大发展"等建设绿色长江经济带的政策指引下，长江沿岸其他地级市的水污染得到了改善，为未来长江经济带的共同发展提供了空间。

大气污染虽然不是长江经济带的主要环境问题，但也不容忽视。目前，大气污染主要集中在成渝平原和云南地区，而这些地区恰恰是长江经济带中生态环境较为脆弱、人口相对集中、经济发展处于起步阶段的关键地区。能否缓解这些地区的大气污染问题涉及长江经济带生态环境系统的完整性，更关系到长江经济带大部分人的生活质量。对比水污染与大气污染的分布，可以看出，成渝平原和云南地区是长江经济带中的污染集中区，而在经济发展水平最高的长江三角洲地区，只有水污染较为突出，大气污染问题并不明显。因此，"十四五"期间，成渝平原和云南地区的生态环境管治应该是长江经济带的重点。

"十四五"期间，长江经济带的生态环境分区管治应当注意如下几点：拓展长三角区域大气污染防治协作机制的治理范围，将更多的长江三角洲城市涵盖在内，以降低长江三角洲地区大气污染的负面空间效应；以长江经济带中各个城市群为区块，扩大城市群中核心城市的城市规模，带动周边城市进一步发展；强化沿江生态保护和修复，明确水资源开发利用红线，既要充分利用长江流域的黄金水道，又要谨防长江成为沿江城市的下水道；引导沿江产业的有序转移，加快沿江产业的分工协作，既要消除长江经济带内部的区域差异，又不能转移高污染产业；通过知识扩散、学习效应、产业转移，实施创新驱动发展战略，优化沿江产业布局，合理引导产业转移，促进长江经济带发展提质增效升级；区分环境管理底线与上限，实施环境组合管理，将激励机制引入环境管理；集中全力，加大投资，重点治理云南、贵州、重庆、四川等地的突出污染问题。

（三）"一带一路"沿线省（自治区、直辖市）主要环境问题识别与生态环境分区管治策略

"一带一路"沿线的中国各省（自治区、直辖市），应当充分考虑产业特点、资源优势、生态环境现状以及自身发展需求，算清一笔账，那就是如何参与到"一带一路"战略实施中，根据这笔账来制定差异化的环境政策。改革开放四十

多年后的今天，不论是东部沿海地区，还是西部欠发达地区，如何提高人们的幸福感成为发展的核心任务。"一带一路"沿线省（自治区、直辖市）面临的环境问题大不相同，决定了"一带一路"沿线省（自治区、直辖市）的环境管理要更加艰难与复杂，这就要求各省（自治区、直辖市）应充分考虑自身的发展需求，结合产业优势、资源优势和生态环境现状，制定出差异化的环境政策。

就"一带"沿线省（自治区、直辖市）而言，这些省（自治区、直辖市）大多处于生态脆弱区，例如青海、西藏、宁夏，它们承担着全国生态涵养的重要功能，环境基础设施建设也不完善。这些地区在"一带一路"中到底应当承担怎样的角色，是坚持生态涵养，还是投身建设？"一带一路"对于这些地区来说的确是一次前所未有的机遇。然而，越是急于发展，就越不能急于求成。对于"一带"沿线各省（自治区、直辖市），应当结合其资源环境特点，找到合理定位，以规划定目标，以目标圈空间，以空间助协调，以协调保环境，通过差异化、精细化、动态化、空间化的环境管理打造世界绿色增长极。

就"一路"沿线省（自治区、直辖市）而言，这些省（自治区、直辖市）大多是环境超载区，例如上海、广东、浙江，它们已经在过去几十年的压缩式发展中欠下许多环保旧账，是先还旧账，还是再欠新账？答案是，既要还旧账，还要少欠新账，甚至不欠新账。一是不仅要好好总结改革开放四十年来的成功经验，让这些经验成为可复制、可粘贴的模板，而且要好好归纳四十年来在生态环境保护方面教训，让这些教训成为可规避、可越过的陷阱。二是要加强生态修复工程，对已经被破坏和正在被破坏的生态系统予以修复，在这方面的投入，要算长远账、子孙账，将几十年快速发展欠下的旧账还清。三是要积极开拓新的发展方式，不能因为绿色发展而原地踏步，而是要让其真正成为驱动模式创新、技术创新、路径创新的内生动力，为其他省（自治区、直辖市）的未来发展探索新道路。四是要创新环境治理的新理论、新思想、新方法、新手段，探索差异化、精细化、动态化、空间化的环境治理模式，成为"一带一路"绿色发展的试验田。

（四）粤港澳大湾区主要环境问题识别与生态环境分区管治策略

除香港和澳门外，粤港澳大湾区范围内广东9市的经济总量都相对较高，表明粤港澳大湾区的经济发展水平均衡，没有短板。从粤港澳大湾区的内部看，广州、深圳、东莞、佛山四个城市经济总量更高，也是粤港澳大湾区的几个核心城市。与相对较高的经济总量相比，粤港澳大湾区的人口并不是很多，2016 年，9 个城市的 GDP 总量为 6.8 万亿元，贡献了全国的 8.8%，总人口却仅为 3334 万人，占全国总人口的 2.6%。从大湾区内部的分布看，人口最多的是广州，其余城市的人口都不高，尤其是经济总量很高的佛山和东莞两个城市，人口偏少。粤港澳大湾区的污染主要是水污染，大气污染问题并不突出，并且，水污染的空间分布与经济的空间分布是一致的，并未出现分异性。可见，粤港澳大湾区的不平衡和分异性主要体现在经济与人口的不平衡，经济好，人口少，发展空间仍然很大。而水污染与经济总量的空间分布是平衡对称的，说明大湾区发展方式的合理性和科学性，这也正是粤港澳大湾区成为全国经济社会发展"领头羊"的原因之一。

"十四五"期间，粤港澳大湾区的生态环境分区管治应当注意如下几点：统筹陆地与海洋保护，把海洋环境保护与陆源污染防治结合起来，控制陆源污染，提高海洋污染防治综合能力，促进流域、沿海陆域和海洋生态环境保护良性互动，实现大湾区生态环境保护政策、规划、标准和监测、执法、监督的"合众统一"；加大统筹安排，从人的角度出发，按照人民的需求提供相应的基本公共服务，而不是按照财政能力提供可能的基本公共服务；建立生态环境保护工作创新和容错机制，给大湾区的创新者和创业者吃下"定心丸"，营造出敢于干事又有担当的良好氛围，让他们有动力、无顾虑地创新大湾区生态环境保护工作。

（五）雄安新区主要环境问题识别与生态环境分区管治策略

从国家战略区域的高度看，雄安新区就像是一张白纸。它是一张白纸，让我们欣喜，因为这样可以避免走"边污染、边治理"的老路，没有太多的污染存量问题，一切重新开始。可正因为它是一张白纸，也让我们惶恐，能否推动区域流域协同治理，全面提升生态环境质量，将雄安新区建设成为新时代的生态文明典范城市，我们不再有任何借口和理由。

"十四五"期间，雄安新区的生态环境分区管治应当注意如下几点：抓住空间管控的主线，从空间来，将人口、资源、经济、生态等要素按照合理的空间方式布局，提出得当的空间管控措施，到空间去，实现雄安新区空间利用效率的最大化；坚持"生产空间—生活空间—生态空间"三位一体协同发展，实现生产空间集约高效、生活空间宜居适度、生态空间蓝绿交织；从共建、共治、共管、共享入手，以共建为前提，共治为基础，共管为手段，用共建保共治，共治促共管，实现共享目标，将雄安新区打造成全国生态文明的样板。

京津冀协同发展、长江经济带、粤港澳大湾区、雄安新区、"一带一路"倡议是"十四五"发展的关键词，也将成为新时代中国经济社会发展的重要引擎。要想让这五大战略区实现绿色发展，成为其他地区可持续发展的引领者，成为优先实现高质量发展的带头人，可以从生态环境分区管治出发，立足生态环境保护，从人口、经济、资源等多个维度审视和识别环境问题，剖析生态系统，利用空间手段解决空间问题。

第三节 "三线一单"生态环境准入清单编制路径探讨

"三线一单"是落实习近平总书记系列重要讲话精神要求，是"十三五"环境影响评价制度的重要改革事项之一。"三线一单"编制旨在构建环境分区管控体系，将生态保护、环境质量目标管理、资源利用管控要求落实在一张图上，并根据环境管控单元的特征提出针对性的生态环境准入清单，实现生态环境分区的精细化、清单化管理。其中生态环境准入清单是"三线"目标落实的出口，是实现生态环境分区管理的抓手与落脚点，对"三线一单"的落地实施起着至关重要的作用。

目前，"三线一单"在全国范围内开展编制，2018年率先启动长江经济带11省（直辖市）及青海省的编制，2019年启动了北京市在内的19省（自治区、直辖市）的编制工作。2021年11月，生态环境部办公厅印发《生态环境部关于实施"三线一单"生态环境分区管控的指导意见（试行）》。本节在总结现阶段生态环境准入清单编制现状及薄弱环节基础上，对我国各类准入清单编制特征开展对比分析，总结经验问题，提出完善生态环境准入清单的编制路径与制度完善建议，为生态环境准入清单编制提供参考。

一、生态环境准入清单编制现状及存在的问题

"三线一单"技术体系中，生态环境准入清单是基于优先保护、重点管控和一般管控三类环境管控单元，统筹考虑生态保护红线、环境质量底线、资源利用上线的管控要求，提出的空间布局、污染物排放、环境风险、资源开发利用等方面环境准入要求。2019年，生态环境部印发了《生态环境准入清单编制要点（试行）》（以下简称《编制要点》），从编制原则、编制思路、清单结构、表达形式、清单内容等方面给予了指导，文件规定相对宏观，各地在落实过程中仍存在较大差异。

（一）编制现状

长江经济带省（直辖市）"三线一单"编制现状的调研显示，生态环境准入清单编制呈现以下特征：

1. 编制思路方面，总体坚持问题和功能导向

按照"三线一单"编制指南及技术要求，"三线一单"编制过程中首先开展规划战略定位、生态环境定位分析，研判重点区域与重点问题，以此作为"三线"划定与清单编制的基础与目标。各地在实践过程中总体上采用此思路，坚持以问题与功能目标为导向制定生态环境准入清单。但问题与清单之间的衔接路径、响应程度仍有待加强。

2. 清单结构方面，区分共性与个性

根据《编制要点》，生态环境准入清单编制需区分共性与个性两部分，分别编制总体准入清单与管控单元准入清单。在各地实践过程中，针对总体准入清单部分，不同区域编制的层次与尺度不同，包括省级、片区级、流域级、重点湖泊级、市级等。编制尺度划分差异主要依据空间发展分区、生态环境空间管理可操作性、生态环境问题共性与差异性等因素综合考量。

3. 清单内容方面，衔接已有管理要求为主

根据《编制要点》，生态环境准入清单的依据包括法律法规、政策文件、规划计划、战略或规划环评成果等。各类要素相关管理要求较多，在各地实

践过程中根据各自认知理解收集相关文件并摘录采用，以国家层面重点实施的政策为主。长期以来，我国生态环境管理以目标管理为主，在空间化和差异化管理方面较为薄弱，衔接已有管理要求为主的编制思路时，针对不同环境分区的差异化政策体现偏少。

（二）存在的问题

在生态环境准入清单编制过程中尚有很多需要深入探讨的问题。

1. 清单编制作用认识不统一，环境管理措施纳入范围模糊

"三线一单"制度是"十三五"环评改革重要事项之一，制度建设与应用尚处于初级阶段，各种配套政策尚处于探讨阶段，应用实践层面经验更是缺乏。生态环境准入清单作用与定位的认识直接影响清单编制内容。而现阶段各地对生态环境准入清单作用理解不一，对未来应用场景认识模糊，导致各地生态环境准入清单编制内容繁杂，如纳入的环境管理措施包括市场准入类、准入后监管类、应急预警类、宏观目标类等。清单面对的管控对象除市场主体外，还包括政府职能部门，具体应如何筛选、选用哪些环境管理措施并纳入清单，尚处于初始探索阶段。

2. 问题与清单衔接薄弱，针对性不足

根据《编制要点》，在"三线一单"中，生态环境准入清单编制思路为：梳理法规政策、衔接既有管理要求，集成"三线"成果明确管控目标，研判单元特征制定生态环境准入清单。国家、省级以及市级生态环境领域法规政策较多，各地实践过程中普遍对政策工具的研究不够深入，制定清单过程中以摘抄为主、整合筛选欠缺，致使清单冗繁且欠缺针对性。此外，省级组织统筹编制的清单在单元划定过程中，原则上以乡镇行政边界为主，单元数量较多，研判单元特征与区域性战略性生态环境问题响应不足且分散。

3. 清单编制的省市级尺度差异性有待进一步研究

"三线一单"的组织形式为省级统筹编制、地市落地。在清单编制过程中，为区分普适性与针对性，《编制要点》要求编制总体准入要求和环境管控单元准入要求两部分。其中，总体准入要求以省（自治区、直辖市）、地

级市为单元提出，有条件的地区也可细分至区县。目前，清单编制主要从环境管理措施的适用范围区分纳入的省级市级尺度，而我国环境管理普适性措施多、空间差异化偏弱的特点致使省级清单最为详细，其次为地市级、单元级。同时，清单上反映出的地方特色性与落地操作性的考量均较为薄弱。此外，不同尺度清单的编制如何与国家加大简政放权的要求相协调，有待进一步探讨。

4. 环境分区管控要求的差异化体现不明显

"三线一单"中，环境管控单元分为优先保护、重点管控和一般管控三类，生态环境准入清单制定过程中应针对三类管控单元分别提出普适性与差异化管控要求。然而，实践表明，各地在不同管控单元准入的差异化方面体现偏弱，尤其是不同要素因其管控分区差异所产生的准入差异性方面体现不明显，多表现为因不同单元特征、问题差异所产生的管控对象不同。

二、我国各类准入清单编制特征对比分析

（一）准入清单制度实施概况

准入清单管理制度最早源于国际贸易和投资领域。随着我国对外开放水平不断提高，对外投资管理模式逐步由正面清单转变为与国际接轨的负面清单管理制度。除外资管理外，我国将负面清单制度的理念与适用范围进一步延伸和扩展至内资管理，实行市场准入负面清单制度。2015 年国务院发布《国务院关于实行市场准入负面清单制度的意见》，2016 年开始在天津、上海、福建、广东试点，2018 年正式全国统一实行。

负面清单管理制度是我国简政放权、深化改革的重大举措之一，自 2015 年起生态环境领域开展了广泛探索。其中较为成熟的为重点生态功能区产业准入负面清单制度，管理规范逐渐健全，出台了《重点生态功能区产业准入负面清单编制实施办法》等指导性文件，全国二十多个省份发布清单。生态环境准入方面，2015 年在全国层面开始制定实施基于主体功能区的生态环境准入政策；清单层面自近几年开始编制，前期主要为地方探索，目前以"三线一单"制度为代表的生态环境准入清单逐步健全，在精细化管理与全国推

广应用方面均取得了进展，但仍处于试行阶段，相关准入清单制度实施情况见表5-3。

表5-3　相关准入清单制度实施情况

名称	编制实施年份	实施情况
市场准入负面清单	2018	已发布《市场准入负面清单（2018年版）》，在全国应用
重点生态功能区产业准入负面清单	2015	全国二十几个省（区）市已发布
基于主体功能区划的环境准入	2015	已编制《关于贯彻实施国家主体功能区环境政策的若干意见》《关于落实〈水污染防治行动计划〉实施区域差别化环境准入的指导意见》
区域生态环境准入清单	2018	长江经济带11省（直辖市）及青海省正处于审核阶段，北京市在内的19省（自治区、直辖市）以及新疆生产建设兵团处于编制过程
建设项目环境准入负面清单	2017	部分地区自行开展编制，如东莞市、荆门市、厦门市、连云港市等

（二）准入清单制度特征分析

市场准入负面清单的本质要求在于通过负面清单的形式明确我国市场准入领域的禁止和许可事项，最终划清政府权力界限，避免由市场不透明导致的市场主体身份不平等现象，实现"非禁即入"。生态环境领域不同清单编制应用的目的存在一定差异，如重点生态功能区产业准入负面清单制度的目的为统筹经济发展与生态环境保护的关系，限制和禁止重点生态功能区中具有重大生态环境影响的产业发展；建设项目负面清单编制的目的为招商引资、环评审批；生态环境准入清单为清单化的生态环境要求，目的为推动宏观层面战略环评或规划环评落地。

生态环境准入是市场准入基础上的"二次准入"。市场准入负面清单是一种对"准入身份"或"准入资格"的认可，是针对投资经营活动的市场管理，空间管控、行业标准规范等内容均不纳入。产业准入负面清单、生态环境准入负面清单属于在其基础上的"二次"准入，即市场主体在满足投资经营条件的情况下，还需要满足生态环境方面的规范性要求。准入清单相关概念如表 5-4 所示。

表5-4　准入清单相关概念

名称	概念
市场准入负面清单	国务院以清单方式明确列出在中华人民共和国境内禁止和限制投资经营的行业、领域、业务等，各级政府依法采取相应管理措施的一系列制度安排。市场准入负面清单以外的行业、领域、业务等，各类市场主体皆可依法平等进入
产业准入负面清单	在开展资源环境承载能力综合评价的基础上，按照不同类型国家重点生态功能区的发展方向和开发管制原则，制定的包含禁止类和限制类产业名录及其管控要求
生态环境准入清单	基于环境管控单元，统筹考虑生态保护红线、环境质量底线、资源利用上线的管控要求，提出的空间布局、污染物排放、环境风险、资源开发利用等方面禁止和限制的环境准入要求

市场准入负面清单制定过程强调有法可依，生态环境领域准入编制依据相对广泛、灵活。从编制依据上来看，市场准入负面清单强调法治原则，其编制依据为法律、法规和国务院决定中的禁止类、许可类事项，清单制定过程中须进行严格的合法性审查，对于确有必要而又缺乏足够法律支撑的事项，作为临时性准入措施暂时列入清单。生态环境领域的准入清单编制的依据除法律、法规之外，还包括生态环境类政策、规划以及审批后的环评文件等，依据更加广泛，清单编制的灵活性更强。

市场准入负面清单实现了市场准入的精简必要与全国统一，生态环境领域准入清单编制的简要性和规范性有待提升。市场准入负面清单制定过程遵循"必要原则"，不允许简单罗列照搬，不能把非市场准入事项和准入后监管措施混同于市场准入管理措施，不能把对市场主体普遍采取的注册登记、信息收集、用地审批等措施纳入市场准入负面清单。同时，市场准入负面清单注重对分散于法律、行政法规、地方性法规以及各类规章制度中的市场准入措施进行整合，避免产生重复或冲突。生态环境领域准入清单编制过程中，由于编制依据的烦琐冗杂性，不同时间、不同部门的相关准入措施的整合和必要性校核仍有待加强，生态环境准入清单的规范一致性有待提升。

市场准入负面清单要求全国"一张单"，生态环境领域准入清单编制尺度延伸至省、市、县各级乃至环境分区。为保障全国统一市场和公平竞争，市场准入负面清单在全国范围内统一发布，地方政府需要进行调整的，由省级人民政府报国务院批准，是实现"一单尽列、全国统一"的整体性治理。在生态环境领域，考虑到不同区域生态环境资源禀赋、主体功能定位的差异，清单编制尺度不断延伸至行业、省级或市县级行政区划尺度，甚至延伸至园区尺度、空间分区尺度，可实现不同区域生态环境差异化管理。

市场准入负面清单的动态调整周期为每年至少一次，生态环境领域准入清单尚未形成健全动态调整机制。为保证与我国"放管服"改革以及法律法规定更新的适应性，市场准入负面清单的动态调整周期应确定为每年至少调整一次，以确保市场准入负面清单从一成不变的"死"清单变成一张与时俱进的"活"清单。生态环境领域清单制度尚不健全，未形成比较成熟的动态调整机制。"三线一单"原则上每五年更新调整一次，生态环境准入清单调整应以实现生态环境质量目标和生态安全为前提。

相关准入清单制度的特征对比见表5-5。

表5-5　相关准入清单制度特征对比

类别	管控对象	编制目的	编制依据	编制尺度	动态调整	区域差异化管控
市场准入负面清单	市场主体	破除市场准入隐性壁垒	法律法规、国务院规定	全国	每年至少一次	全国统一
重点生态功能区产业准入负面清单	市场主体、政府部门	统筹经济发展与环境保护关系	《全国主体功能区规划》确定的开发管制原则、《产业结构调整指导目录》、行业规范条件和产业准入条件，以及地方相关产业准入要求等	县级行政区	未明确规定	基于主体功能区开展差异化管控
区域生态环境准入清单	市场主体、政府部门	构建环境分区管控体系，推动战略环评落地	法律法规、政策、规划计划、战略/规划环评	省级环境分区、市级环境分区	原则上每五年一次，以实现生态环境质量目标和生态安全为前提	基于环境分区实现差异化管控

续表

类别	管控对象	编制目的	编制依据	编制尺度	动态调整	区域差异化管控
建设项目环境准入负面清单	市场主体	招商引资、环评审批	法律法规、政策、规划计划、战略/规划环评	市级与县级行政区划、产业园区	未明确规定	行政区划内无差异

（三）准入清单编制经验借鉴

1.注重聚焦明确清单编制定位

清单定位影响准入措施的纳入范围与内容，对提高清单编制的针对性、应用性具有重要作用。清单编制定位不清，容易造成清单内容混杂、冗繁，应尽量精简。市场准入负面清单从试点示范到全国推广应用的发展历程在明晰清单定位、精简必要等方面提供了宝贵经验。

2.注重已有管理要求的整合、筛选与必要性校核

根据以上分析，清单编制过程的基础为梳理汇总不同尺度的各类法律法规或者政策文件等，衔接已有管理要求。然而不同时间、不同部门与不同区域的编制相关文件较多，简单摘抄罗列容易造成清单繁杂、针对性不足、交叉重叠甚至矛盾冲突等问题。根据市场准入负面清单编制经验，对纳入清单的准入要求进行必要性与协调统一性校核较为必要。

3.注重共性与个性问题处理

市场准入负面清单制度在处理国家与地方关系过程中，为避免各地以各种名义限制或干预市场行为，更强调共性清单制定，即要求全国"一张单"，衔接地方要求过程中需要经过严格审批审查程序之后纳入。而生态环境准入清单作为一项打破传统行政区划管理边界、构建环境分区管控体系的重大制度创新，应更注重个性化问题或差异化管控问题的处理，以满足生态环境精细化管控要求。

4.注重与国家简政放权要求相适应

市场准入负面清单制度实施是国家实现简政放权、转变政府职能的举措之一。我国环评制度也处于审批权限下放、转变职能的阶段，生态环境准入清单的制定应注重与国家简政放权的要求相适应。

三、生态环境准入清单编制路径初探

1. 坚持问题导向，注重宏观战略性问题的空间单元化以及与准入清单编制的呼应

生态环境准入清单编制应以解决区域战略性关键生态环境问题为目标，并与单元清单有效衔接。衔接路径可通过识别生态环境问题突出的重点区域并确定与之对应的环境管控单元，然后借助环境管控工具制定相应的生态环境准入清单。在此过程中应注重两类关系的衔接，即区域战略性关键问题与单元特征识别之间的关系、单元特征与准入清单之间的关系。

2. 根据生态问题的共性与个性表现特征，制定不同尺度的总体准入清单

生态环境准入清单制定过程中应根据生态环境问题共性与个性表现的空间特性决定总体准入清单编制尺度，即始终坚持以问题特性作为清单编制形式的主要确定因素，而不是仅仅简单依据发展分区、国土空间分区确定总体准入清单的编制结构。

3. 筛选政策工具，制定共性与差异化环境分区管控要求

管控工具应依据不同类型生态环境问题合理选择。同时应考量不同分区资源环境承载情况、经济社会发展情况等因素，综合确定针对不同类型单元的生态环境准入清单。在此过程中应注重市场准入与准入后监管措施的区分，管控对象应以市场主体为主，注重优先保护、重点管控和一般管控三类环境管控单元准入措施的差异化。

4. 开展清单规范性、必要性与统一性校对

生态环境准入清单应在衔接现有法律法规、政策、规划环评等已有管理要求以及差异化政策制定过程中，进行管控要求整合合并、必要性校核、分类纳入，避免纳入的清单条目出现重复或矛盾冲突。

生态环境准入清单编制路径示意图如图5-3所示。

四、完善生态环境准入清单制度的建议

1. 明确"三线一单"中生态环境准入清单定位

"三线一单"是环境影响评价制度改革的事项之一，旨在构建环境分区

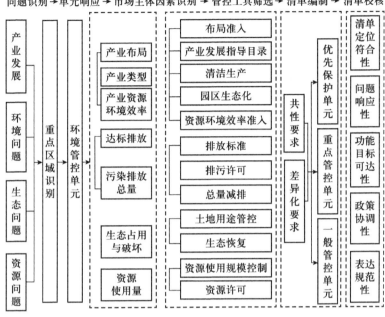

图5-3　生态环境准入清单编制路径示意图

管控体系，促进战略环评、规划环评与项目环评的联动管理，有效遏制规划"未评先批""评而不用"以及项目"未批先建"等现象。生态环境准入清单作为环境分区管控的落脚点，对"三线"落实乃至整个制度的实施至关重要。生态环境准入清单编制过程中应注重与规划环评、项目环评的联动管理关系，避免市场准入与准入后监管措施混淆，重点针对规划环评、项目环评中的建设行为、市场主体提出清单化环境要求，尽量做到精简、必要。

2. 加强战略环评"三线一单"与规划环评、项目环评的联动机制研究

规划环评管控对象为区域性开发建设行为，包括城镇开发、园区建设、重大基础设施建设以及产业开发等，管控主体为政府规划部门；项目环评管控对象为市场主体。区域战略环评"三线一单"应根据不同类型环评管控对象与管控内容的差异性，构建合理的指标体系，筛选合适的政策工具，实现不同层次环评的联动管理。

3. 完善环境分区尺度上差异化环境政策体系

"三线一单"突破了以行政区划为最小管理单元的传统环境管理尺度，首次构建了环境分区管控体系，实现了精细化管理上的重大制度创新。生态环境准入清单制定与实施强调法律法规、政策体系的依据性，而我国现有空间分区层面的环境管理政策薄弱，导致清单制定共性多而差异性弱，不利于分区分类精细化管理目标的实现。未来应注重完善环境分区尺度上的差异化环境政策体系，形成法律法规、环境政策、准入清单等配套分区管理体系。

4. 准确落地省级、市级不同尺度清单编制要求

区域战略环评"三线一单"从组织实施层面为省级统筹组织开展"三线一单"编制，确定生态环境质量改善目标，明确各类环境管控单元的分布及其管控要求，地市负责落地实施。从清单编制详尽程度而言，省级与市级不同区域尺度上应注重差别化，省级层面应更注重区域性、战略性问题解决，同时为地市层面清单制定提供方向性指导；市级层面应从落地操作性层面制定详尽准入清单，为优化布局、调整结构、控制规模以及建设项目审批提供依据。省级、市级不同尺寸清单的编制均应与国家简政放权、环评审批改革的要求相适应。

第四节　积极推进生态环境联防联控机制

现阶段，我国的大气、水体、土壤、环境"复合型"污染已经超越了局部性污染阶段，呈现跨区域扩散快速蔓延的特点，传统属地防治手段已无法满足对区域生态环境污染进行有效治理的要求。针对污染传输特点，打破地区界限，突破单一的地区治理污染模式，建立跨区域联防联控治理污染模式，是治标又治本的当务之急。近年来，我国已逐步建立起联防联控的协调机制，跨区域跨流域污染防治联防联控在法律、政策和区域实践层面都取得了一定成效，但在联动机制、政策手段、能力保障等方面还存在一些问题，需要强化顶层设计、健全工作机制、实现联防联控齐抓共管的强大合力。

一、工作进展

（一）联防联控是构建现代环境治理体系的关键

新《中华人民共和国环境保护法》第一次以法律的形式明确了跨行政区

域的重点区域、流域环境污染与生态破坏联合防治协调机制，实行统一规划、统一标准、统一监测、统一防治的措施。《中华人民共和国大气污染防治法》在新《中华人民共和国环境保护法》基础上，设立"重点区域大气污染联合防治"专章，进一步健全了我国跨区域大气污染防治联防联控机制。《中华人民共和国水污染防治法》对流域水污染联合防治的体制、制度和机制作了原则性规定。《关于建立跨省流域上下游突发水污染事件联防联控机制的指导意见》对流域上下游如何开展协作机制和制度建设进行了系统指导。《关于构建现代环境治理体系的指导意见》在健全环境治理监管体系中提出，推动跨区域跨流域污染防治联防联控。《中华人民共和国国民经济和社会发展第十四个五年规划和2035年远景目标纲要》强调要"强化多污染物协同控制和区域协同治理"。这意味着联防联控成为构建现代环境治理体系，建立地上地下、陆海统筹的生态环境治理制度的重要一环。

（二）京津冀、长三角、粤港澳、成渝等区域实施了联防联控机制探索实践

近年来，我国已逐步建立起联防联控的协调机制，跨区域、跨流域的污染防治联防联控都取得了一定成效。区域层面，以京津冀、长三角、珠三角、成渝双城经济圈等国家重大战略区域为重点开展了有效探索。京津冀2013年后设立了大气污染防治协作小组、水污染防治协作小组以及京津冀及周边地区大气环境管理局。2013年底以来，长三角地区相继建立长三角大气和水污染防治协作机制，2018年"三省一市"联合组建长三角区域合作办公室。2014年珠三角建立了全国首个大气污染联防联控技术示范区，同年粤港澳三地环保部门共同签署了《粤港澳区域大气污染联防联治合作协议书》，粤港澳的环保合作开始由"双边"走向"三边"。2020年，广东省$PM_{2.5}$平均浓度低至22 μg/m³，创有监测数据以来历史最好成绩，并实现5年来$PM_{2.5}$与臭氧首次同步卜降。成渝地区双城经济圈将"生态共建环境共保"列入重点合作领域，签订生态环境保护合作协议，建立无废城市建设等8项合作机制。在跨流域污染联防联控方面，很多流域在上下游水资源共享、污染防治、联合监测、共同执法、应急联动、生态补偿等方面进行了有益的探索。如珠江、太湖、淮河流域综合治理、新安江流域生态补偿等。其中，新安江流域生态补偿是在全国率先实施的跨省流域水环境生态补偿试点，自2012年补偿机制实施以来，2012—2020年跨省界断面水质稳定达到Ⅱ类，连续9年达到补偿考核要求。每年向千岛湖输送60多亿立方米洁净水，实现了以生态保护补偿促进上下游协同治理的目的。

（三）初步建立了联防联控工作机制

近年来，我国已逐步在一些重点区域建立起联防联控的协调机制，推动跨区域、跨流域污染防治得了一定成效。在跨区域方面，以京津冀、长三角、珠三角、成渝双城经济圈等区域为重点开展了有效探索。京津冀2013年后设立了大气污染防治协作小组、水污染防治协作小组以及京津冀及周边地区大气环境管理局。2013年底以来长三角地区相继建立长三角大气和水污染防治协作机制，2018年"三省一市"联合组建长三角区域合作办公室。2014年珠三角建立了全国首个大气污染联防联控技术示范区，同年粤港澳三地环保部门共同签署了《粤港澳区域大气污染联防联治合作协议书》，粤港澳的环保合作开始由"双边"迈向"三边"，2020年广东省 $PM_{2.5}$ 平均浓度低至 22 $\mu g/m^3$，创有监测数据以来历史最好成绩，并实现5年来 $PM_{2.5}$ 与臭氧首次同步下降。成渝地区双城经济圈将生态共建环境共保列入重点合作领域，签订生态环境保护合作协议，建立"无废城市"建设等8项合作机制。在跨流域方面，很多流域在上下游水资源共享、污染防治、联合监测、共同执法、应急联动、生态补偿等方面进行了有益的探索。珠江、太湖、淮河等流域的综合治理，新安江流域的生态补偿等更具代表性。

我国生态环境联防联控机制运行呈现三个特点。

1. 围绕水、气和土三大领域同步发力

《打赢蓝天保卫战三年行动计划》明确在京津冀及周边地区、长三角地区、汾渭平原等重点区域建立大气污染联防联控机制，《水污染防治行动计划》提出"京津冀、长三角、珠三角等区域要于2015年底前建立水污染防治联防联动协作机制"，《土壤污染防治行动计划》提出"探索建立跨行政区域土壤污染防治联动协作机制"。针对蓝天、碧水、净土三大领域的联防联

控机制在京津冀、长三角、珠三角、成渝双城经济圈、汾渭平原等重点地区取得了实质性突破。

2. 部门协同、部省联动、地市协作

《大气污染防治行动计划》明确"由区域内省级人民政府和国务院有关部门参加，协调解决区域突出环境问题，组织实施环评会商、联合执法、信息共享、预警应急等大气污染防治措施"。《水污染防治行动计划》要求"建立全国水污染防治工作协作机制，定期研究解决重大问题"，"健全跨部门、区域、流域、海域水环境保护议事协调机制"。污染防治不仅要求区域内不同城市之间相互协作，而且也要求不同部门之间加强合作，共同协商、共同落实，破解许多困扰多年的瓶颈问题。

3. 常设办事机构实体化运作

各区域协作机制下设办公室，负责决策落实、联络沟通、保障服务等日常工作。京津冀及周边地区大气污染防治领导小组由国务院常务副总理担任组长，生态环境部承担领导小组日常工作，强化和稳固了区域大气污染联防联控工作机制。长三角区域大气和水污染防治协作小组办公室主任由上海市分管副市长和生态环境部分管副部长兼任，办公室日常工作由上海市生态环境局承担，从组织机制上保证了协作的积极有效开展。

（四）构建了监测、预警、执法、监督管理等协同体系

各地区着力在政策创新、制度执行、规划引领、责任落实上下功夫，加强环保规划、政策、工作互通，建立排放标准衔接、监测数据共享、协同监督管理、联动执法、联合科技攻关的一系列配套政策，发挥了积极作用。京津冀实施区域统一的重污染天气应急启动标准，建立应急联防联控机制，联合开展企业环境隐患抽查和环境事件联合演练，有效提升了突发环境事件应急指挥和处置能力，生态环境联合执法打破了"层级壁垒"，实现联动层级下沉，执法联动机制不断拓展、完善和深化。长三角建立重点区域环境风险应急统一管理平台，完善跨区域生态补偿机制、污染赔偿标准和质量考核体系。珠三角细化配套专项管理措施体系，先后印发机动车排气污染、工业锅炉污染等专项整治方案，出台锅炉、水泥工业大气污染物排放标准及印刷、

表面涂装行业挥发性有机化合物排放标准等几十项地方标准和技术指南。成渝经济圈实现跨省市水质联合监测及监测数据共享，形成跨省市水质监测数据协商机制，重庆市与贵州省、湖南省、湖北省、陕西省等 4 省签订《共同预防和处置突发环境事件框架协议》，重庆市与四川省签订《长江三峡库区及其上游流域跨省界水质预警及应急联动川渝合作协议》等，强化区域环境风险防范，基本实现地域相邻、流域相同的省市、区县间危险废物转移数据的互联互通。

二、存在的问题

（一）制度层面，法律顶层设计尚待健全，制度化管理硬约束机制不足

虽然《中华人民共和国环境保护法》《中华人民共和国大气污染防治法》《中华人民共和国水污染防治法》等法律制度从法律层面明确我国建立生态环境联防联控机制，但这些法律制度具有普适性而缺乏针对性和协同有效性。如流域执法面临"地方保护主义"和"部门本位主义"的双重挑战，主要表现在地区间执法标准差异和部门间法律法规冲突制约流域水环境保护执法的协同性和有效性。

分析京津冀、长三角、成渝等区域联防联控机制的规划、规范性文件，可以看出联防联控工作目标设置都偏宏观、不够具体，如《长三角区域生态环境共同保护规划》内对于大气治理目标要求"PM$_{2.5}$平均浓度总体达标"，并未对区域内各地大气治理改善目标提出硬约束要求。此外，联防联控机制设置的生态环境治理任务与各省份联防联控之前的相关工作任务高度重合，未站在促进区域生态高水平保护与经济高质量发展的角度提出联防联控的针对性任务。大多数区域、流域间的联防联治机制以协商为主，通过签订合作协议、合作备忘录等形式进行，依靠的是非制度化的协调机制，缺乏管理职能和执行权力。

（二）范围方面，缺乏涉及应对气候变化和生态保护的联防联控机制

目前，我国环境联防联控机制集中在大气、水环境领域，联防联控机制尚未实现生态环境各领域的全覆盖，尤其是涉及碳减排和生态保护的联防联

控机制几乎没有。为了贯彻国家主席习近平在第七十五届联合国大会上提出的我国二氧化碳排放力争于 2030 年前达到峰值，努力争取 2060 年前实现碳中和的愿景，在区域、流域联防联控工作内容设置上，应做出相应的顶层设计，加强宏观战略统筹，将应对气候变化作为联防联控工作的重要组成部分，统筹推进陆地生态系统、水资源、海洋及海岸带等生态保护修复、污染治理与适应气候变化的协同增效。

此外，由于缺乏流域生态与区域生态综合治理观念，联防联控生态合作领域仍然较少，生态合作区域不平衡，缺乏农业、文化、生态、旅游相结合的"造血型"合作，因此不仅要在污染治理上联防联控，更应从生态角度主动合作，从"小环境保护"转向"大生态保育"。

（三）落实方面，责任分工存在交叉重复，有效联动不足

目前已有京津冀、长三角、珠三角、成渝等区域成立了常设办事机构，负责区域联防联控机制的决策落实、联络沟通、保障服务等日常工作。而其他区域还未有相应专职机构推动落实具体工作。

此外，联防联控是一项综合性、系统性工作，涉及多主体、多部门，虽然在探索建立区域生态环境联防联控机制方面取得了一定成效，但还普遍存在协作制度不完善、流域上下游责任不明确、技术基础保障不到位等问题。在相关规划、实施方案的分工中，一项防控任务多由一个部门牵头负责、多个部门参与，但牵头负责部门往往无法将任务进一步分解落实到各参与部门，各部门未形成实施后联合工作机制。

目前，联防联控机制的实施主体还是以政府为主，缺乏企业、社会公众等多方参与。如长三角所进行的大气、水联防联控等措施主要以"三省一市"的政府为主导，如皖北等地的企业和社会公众，对区域绿色发展认识的高度不够，有些污染企业还存在侥幸心理，在没有监管和检查的时候就关闭防污控污的设备以节约成本，存在生态环境保护相关规定在社会公众中落实不到位，以及监管缺失的问题。

（四）保障层面，政策工具单一，缺乏考核评估，能力建设不足

目前，联防联控机制多以行政手段和措施为主。近年来，京津冀、长三

角联防联控机制主要依靠中央政府发布的指导性政策文件，而市场手段与社会共治手段的应用较少，区域协同治理手段和形式单一，存在政策工具类型创新不足、市场手段工具不足的问题。

联防联控的评估考核机制尚未建立。京津冀、长三角、珠三角等区域联防联控机制虽取得了较好的环境治理效果，但缺乏对于区域生态环境治理问题的长效统筹规划管理，未建立成效评估与考核体系，集"规划—实施—监测—评估—对策"为一体的联防联控运行机制尚未完全形成。相关机制也未形成较好的经验加以推广应用。

人员素质、队伍的装备及专业化水平、联防联控信息共享机制等环境能力建设仍有待提升。区域内各地能力建设水平不平衡，不同行政区域间、流域上下游执法标准不统一，基层环境应急能力不够。

三、未来展望

（一）加强顶层设计，健全组织架构

第一，在国家重大战略区域、大江大河等流域推进生态环境联防联控机制过程中，应建立有约束力的管理常设机构和工作机制，成立生态环境联防联控的机构组织，进一步明确细化落实相关责任主体和责任分工，形成共商共建共保共治共享的联防联控大平台。如在现有区域大气和水污染防治协作小组基础上调整优化，成立由上海市、江苏省、浙江省、安徽省和生态环境部等国家有关部委组成的长三角区域生态环境联防联控协作小组。协作小组下设办公室，由生态环境部和三省一市共同组建，建立日常工作会议制度和信息报送、通报制度。第二，应加强法律顶层设计，建立健全区域环境法规标准执法协同监管体系。结合区域流域发展实际，制定专门的区域生态环境保护或大气、水、土壤等方面具有针对性的法律制度，加快推动应对气候变化相关立法。法律框架设计方面需要明确责任主体边界和明晰职能划分，在决策机制、实施机制、信息机制、资金机制、问责和惩罚机制等方面建立详细的法律条文和制度规定。第三，区域流域污染防治与碳减排任务应共同规划和实施。应将碳减排目标任务纳入大气污染防治考核内容，与 $PM_{2.5}$ 和

臭氧协同控制，最终达到治理复合型环境污染，协同推进适应气候变化与生态保护修复工作，支撑深入打好污染防治攻坚战和二氧化碳排放达峰行动。

（二）完善政策工具，强化共同参与

一是应树立"一盘棋"思想。在当前以命令控制型政策手段为主的基础上，应引入经济刺激型政策手段，建立基于区域空气质量改善目标的跨区域传输大气固定污染源排污权交易制度，通过市场机制促进污染减排和控制技术水平的提升。充分运用行政和市场两种手段，实现"抱团治污"。二是要深化市场经济政策创新，加快设立区域流域生态环境保护基金，建立区域流域生态补偿机制，完善区域内的跨区转移支付以及公共财政补助。根据各地区环境污染与治理的实际情况，相关部门应制定适宜地区特点的政策工具手段，区别对待不同情况，对不同经济发展水平的地区给予相应补贴，促进并协调地区经济发展与环境保护。三是在满足区域联防联控工作总体目标的基础上，结合区域内各地生态环境本底和社会经济发展水平等实际情况，制定差异化的约束性指标，将区域内指标逐级分解落实到各地区，实现联防联控上下联动。

（三）加强能力建设，提升治理水平

一是应建立公平公正的法律规范，形成内容丰富的部门章程性"软约束"和违法惩处性"硬约束"相结合的区域环境法规标准执法协同监管制度体系。对联防联控的标准、程序和每项政策主体及其权责均进行明确规定，实行统一规划、统一标准、统一监测、统一执法，做到依法治污。二是应整合区域环境监测网络，依靠高科技技术人才，建立基于物联网、大数据的环境监测软件和数据传输系统，及时高效率地将区域内各地区污染排放状况传输至系统中心，实时监测区域内企业排放和区域环境现状，基于大数据整合分析优化区域联防联控治理方案，提升科学治污水平。三是要共同推动建立生态环境信息共享平台，同时依托各地区已有的信息网络系统，构建联防联控工作网站，将区域内各地区的污染防治、生态保护工作信息、工作中的管理经验与科研成果、执法情况、预警预报情况等信息综合到一个平台上实现信息共享，促进精准治污。

（四）健全监督考核，激励担当作为

一是在现有区域流域联防联控工作机制上，应进一步完善会议协商、分工负责、协同推进、共享联动、科技协作、协调督促、跟踪评估等工作机制，加强区域生态环境保护工作情况的跟踪分析、督促检查、综合协调和经验总结推广。二是要建立科学合理的政策考核及评估机制。根据不同区域联防联控治理目标，制定切实可行的政策和考评体系。对于各项政策的制定、实施以及评审应进行流程化管控、全程化评估，动态考核政策的执行效果，总结先进地区发展经验与创新举措，补齐落后地区短板，为规划政策调整提供依据。可以建立环境政策听证制度，引入非政府组织和社会公众参与监督手段，加强决策透明化、信息公开化。三是要完善污染治理成果奖惩机制。建立区域流域生态环境保护奖惩机制，解决跨区域污染责任认定、损害赔偿问题，实现区域内治理主体在污染治理成果方面的利益分配和利益共享。相关部门根据各地区环境污染与治理的实际情况，对不同经济发展水平的地区给予相应补贴，进一步完善生态补偿制度，促进地区经济发展与环境保护协调发展。完善责任追究制度，将联防联控工作纳入党政领导干部政绩考核以及环保督察的范围。

第六章

生态环境分区管治制度的发展

第一节　生态环境分区管治取得的成效

一、绿色创新基础上构建生态价值集成管理体系

如果表达环境治理效能的红利缺乏生态价值评估体系，"三区"生态价值没有在空间产出上体现出来，各区的环境治理就不会产生内生动力和自发动力。因此，法治和制度的建设必须建立在绿色创新的基础上，而构建目标引导型的实施路径是生态环境治理现代化的基本保障。建议统筹考虑到2035年三个五年期间的工作节奏和推进力度，在坚持稳中求进的基础上，合理设置阶段性工作目标和任务。

（一）立足长远目标和现阶段工作，抓好顶层谋划安排

一是制定2035年环境保护规划目标。为保障2030年碳达峰后的下降，第一个五年，应编制实施国家环保低碳规划，并试点构建生态功能区范围的绿色价值体系，逐步推广到其他区域；在城市化地区试点构建绿色产业园区，应全面推进城市全域空间绿色化改造，兼顾经济效益和社会效益，研究相关政策；应在农产品主产区试点构建绿色农产品生产示范区，创新制定绿色高标准。第二个五年，应初步构建绿色产业结构、建立绿色价值体系，形成产品绿标制度，从国内到国际参与双循环，充分释放生态安全格局下的绿色红利。第三个五年，应实现"新三区"的生态环境分区治理制度，形成高效智能的现代化管理体系。

二是提出"十四五"绿色发展的环境保护政策。在此期间，应编制实施

生态环境分区管治综合工作方案，建立健全生态环境分区管治的制度架构体系。首先，相关部门应构建推动高质量发展双循环的绿色环保标准体系，在国内推行生态价值度量体系，同时面向国际建立绿标制度。其次，要与"新三区"充分衔接，加强要素统筹、陆海统筹、持续改善生态环境，加快建立跨区域协同机制，不断缩小省级区间差异。再次，要探索开展基于生态环境系统治理的产业导入增值模式，实现生态环境改善、经济发展可持续和人民生活幸福的"三赢"。最后，加快推进治理体系和治理能力现代化建设，补齐农村和海域的短板，加强"新三区"的监督管治。

（二）实施区域协调绿色发展新机制行动方案

1. 构建精准的区域政策体系

相关部门应建立以激励为主的正面清单和以约束为主的负面清单，建立以法律法规为主的执法事项指导目录；平衡区域的环境、社会、经济发展、民众满意度等利益，促进区域合作，加快产业和区域绿色化改造，构建区域人才体系和创新空间体系，推动各类区域向"生态化、平台化、智能化"的新经济发展思维转变。

2. 建立健全跨部门跨区域的协调机制

省际环境保护协调小组负责省际间农产品主产区、生态功能区的环境保护事务协调。部门间协调小组统筹管理"新三区"环境事务，例如统筹协调发改、住建、自然资源、交通等部门，协同管理城市化地区环境事务。各区域建立联防联治的协调机制，共建共享数据平台；组织编制跨行政区的区域生态环境保护规划，保障区域协调发展。

3. 试行生态环境影响双向评估机制

相关部门应按照不同功能区，对重大产业、投资、区域政策开展生态环境影响评估，对区域环境标准等开展经济影响评估。

二、构建全新的绿色价值体系

1. 构建全产业链的绿色产业构成体系

应在传统产业转型中，建立绿色化标准；在创新型产业推广前，制定绿色价值指数。

2. 建立全产品生态价值提取制度

应在消费产品供给中，增加生产环节中环境质量的底线标准，或在税收中设计绿色税收专项收入。

3. 确立生态产品生产和消费评估制度

对生态产品生产，可实施免检、奖励、持续投入等措施；对生态产品消费，可采用提高税收计提比例、设定消费天花板、严格监管等手段。

4. 建立生态产品市场机制

建立地区间生态产品价值交换度量制度，各省份可以根据"新三区"的划定范围实现生态系统自平衡，构建省内外生态产品交易市场。应全面放开水权、排污权、碳排放权市场交易平台，构建生态银行。1988年，德国在世界上首创生态银行，也叫绿色银行，通过1 200名企业家融资，初期本金达到770万马克，在资助环境保护和生态平衡事业方面起到积极意义。

5. 创建基于绿色价值体系的环境管控工具

应研究确定新的生态转移系数，推行绿标制度，对供应材料、生产技术、产品输出和供给等环节进行绿色评估，创新产品绿色估价，根据对生态系统稳定性的影响程度，采用税收、市场准入、金融等政策进行鼓励或限制。配套设计绿标技术管理体系，构建一系列理论体系、完整规范、生态标准、技术方法、评估机制等内容。

三、建立适应"新三区"高质量发展的生态环境分区管治制度

1. 建立分区管治制度

城市化地区开发和保护并重，开发领域是工业化、城市化开发，保护范围是保护生态和基本农田。应建立城市环境年检制度，成立环境业主委员会，制定差别化的人口政策。应制订城市环境治理年度计划、建立中期评估和终期验收制度。农产品主产区保护为主、开发为辅，保护耕地，禁止开发基本农田，按照土地用途分别进行生态影响评估和标准制定，农产品试行绿标考量制度，建立高标准的产品质量体系。村村设环保督察员，与林草局的护林员相结合，负责按农村环境保护要求记录并填报台账，为生态环境构建

大数据平台提供一手资料。生态功能区以保护为主，限制或禁止大规模高强度的工业化城市化开发，一些生态功能区甚至还要限制或禁止农牧业开发，相关部门应做好生态红线划定、监管和发展规划，制订发布《生态红线技术指南》。

2. 细化分区管治手段促进绿色转型

各区域应分区确定治理强度，建立不同标准的国控监测网点。城市化地区通过建立高密度监测网，制定绿色发展的考核体系，注重过程和技术的多维度监督。农产品主产区建立中等强度国控监测网点，开启土壤整治工作。生态功能区保障自然生态安全边界，通过低强度国控监测网点监督边界管理，建立生态红线智慧动态可视监管平台。

3. 分区实施一系列生态环境保护重大工程

可在城市化地区开展低碳专项行动、绿色化改造行动，从居住小区低碳改造扩展到办公空间和公共空间改造，在社区范围内增设生态公益岗位，为城镇就业托底，提高基层就业率。可在农产品主产区开展农村环境综合整治专项行动、农业面源污染防治专项行动，全面改善农村农业环境保护状况。可在生态功能区实施生物多样性监测专项行动、生态红线监管专项行动、生态价值评估专项行动，建立生态基因库，在全国范围内按生态功能区分布构建多处生物多样性研究实验室，保障生物多样性重大工程的实施度。

第二节　现代环境治理体系的基本经验

《指导意见》高屋建瓴、内容完备、具有很强的前瞻性和指导性，是中国构建现代环境治理体系的行动纲领。其中，不断完善环境决策机制和生态环境管理体制，通过科学决策、有力执行和有效激励，更好地落实企业环境责任、构建更为完备的企业责任体系，是加快构建现代环境治理体系的核心内容之一。可以从环境决策、管理体制、环境数据、政策手段等多个角度对《指导意见》的创新性内容进行深度解读分析。

一、科学的环境决策机制是重要前提

在环境决策的领导机制上，《指导意见》明确"党委领导、政府主导"，是对"党政同责"的进一步延伸，凸显了在生态环境领域以党的集中统一领导为统领的基本要求；"政府主导"则表明生态环境是市场失灵领域，政府的公共管理和政策制定在其中要起主导作用。由于生态环境与经济发展关系密切，经济部门的决策不可避免会对生态环境产生重大影响，"一岗双责"则要求发展改革、工业、交通、林业、水利、农业等其他部门在进行相关决策时，要综合考虑到其生态环境保护的责任，降低经济活动对生态环境造成的压力。

要建立起"决策科学"的现代环境治理体系，决策机制就需要与生态环境问题的自然和经济属性密切结合起来。从经济学的角度看，不论是大气、水还是土壤，环境的污染都会对人类健康、人类福利（比如材料损坏、生态文化消失等）、环境资源（比如对地下水、生物多样性的危害）和全球系统造成损失，对这些损失进行货币化计量，就可以得到环境污染的经济代价；另一方面，环境污染的经济学本质是节省的污染治理费用以资金流的形式进入社会经济系统，成为国民经济核算的一部分，并最终在居民、企业和政府等关键部门进行分配，整个社会因污染排放得到了额外的经济收益。因此，环境污染过程中，经济体在获得额外收益的同时，整个社会也因此而承受了污染的经济代价。反过来看，纵观污染治理的过程，成本是污染治理的经济投入，收益则是环境改善后社会损害的经济价值减小量。一个重要的问题是：什么样的污染程度控制是最优的，或者什么样的环境管制力度是最优的？能否回答好这个问题是检验决策科学与否的重要标准。

"决策科学"的现代环境治理体系要求以特定的环境问题为核心进行专业化决策。随着社会经济的发展，环境问题相互交织更加错综复杂，大气污染呈现出复合型、区域性的特点，水污染则具有流域性、扩散性。在环境决策的时候，需要针对特定的环境问题，核算环境污染带来的损害价值，同时对污染治理的成本进行情景模拟，从经济效率的角度得到最优的污染治理力度。基于经济学理论，最优的污染治理力度是边际治理成本与边际外部损害相等时对应的污染减排率。比如，针对酸雨问题，科学的治理决策需要建立在对酸雨的损害评估和致酸物质减排的成本模拟基础之上，以此确定体现经济效率的酸雨控制的目标和减排量。再比如，针对跨区域 $PM_{2.5}$ 污染，亦应系统评估 $PM_{2.5}$ 污染的经济代价，识别跨区域污染源，针对特定污染源提出具体的控制目标。

针对特定环境问题的决策机制，其决策链条可概括为"环境损害→治理成本→环境质量控制目标→污染源减排目标→污染源减排手段"。以 $PM_{2.5}$ 污染为例，确定 $PM_{2.5}$ 控制的目标需要对 $PM_{2.5}$ 造成的损害和治理成本做核算和模拟分析，在理论上，选择边际成本与边际损害相等时的治理水平，确定有效的 $PM_{2.5}$ 浓度控制目标；追溯到污染源，二次转化来的 $PM_{2.5}$ 要追溯到生成 $PM_{2.5}$ 的前体物质及其污染源；考虑本地和外地情况，将污染源分为本地源和外地源。跨界 $PM_{2.5}$ 污染的控制，与本地的 $PM_{2.5}$ 控制是不同的。前者仅针对具有跨界影响的污染源（如火电厂高架源的 SO_2、NO_x 排放），而后者针对的是仅具有本地影响的污染源（低矮源 SO_2、NO_x 排放）。属性不同的环境问题或污染要独立决策，分别制订环境质量目标，而后合理确定外地源和本地源的减排量目标，选择合适的减排手段加以实现。

现代环境治理体系的科学决策机制，要求环境综合决策充分纳入环境损害和治理成本信息，环境治理目标的确定能够更加体现经济效率原则，与污染源减排和手段选择形成决策闭环，使总体的环境治理决策水平进一步提高，在这个过程中，生态环境管理体制决定了生态环境决策的机构、范围和层次。

二、合理的生态环境管理体制是基石

在多层级政府框架下，合理配置各级政府的生态环境管理责任，建立与污染治理需求相匹配的生态环境管理体制，是生态环境领域基础性的制度安排，也是构建现代环境治理体系的基石。由于涉及大气、水等多个环境介质，涉及众多性质不同的污染物，涉及环境行政、监察、监测和执法等多个职能，与中国五级政府体制相互交错，最优生态环境体制的设置就显得更具复杂性。

理论上，环境管理权力由下级政府负责的好处包括但不限于：发挥下级政府更了解当地污染源、治理成本、经济社会发展需求等信息的优势；地方差异化的政策能够更好地匹配地方需求、推动政策创新；能够更好地与城市规划等地方事务相协同等。将环境管理权下放也存在一些突出挑战，可能导致各辖区各自为政、缺少治污的协调与合作。特别是传统体制下，地方政府以经济增长为核心目标，越是下级政府，其制定的经济增长率目标越高，而生态环境治理的激励则呈现相反的过程，从中央到地方自上而下表现出逐级减弱的趋势。导致的结果是，越是基层地方政府越重视增长，当增长与生态环境保护存在矛盾时，往往采取牺牲环境换取经济增长的行为，导致我国环境治理总体乏力。同时，由于辖区越基层，污染的跨界影响就可能越大，存在以邻为壑和治污"搭便车"的情况，且基层政府间激烈的经济竞争，也可能成为放松环境治理措施的重要原因。由此可见，由于环境要素多元、污染类型多样、经济与环保相互耦合关系错综复杂，生态环境管理体制的优化设置成为一个比较复杂的问题。

《指导意见》首次明确建立"中央统筹、省负总责、市县抓落实"的环境治理工作机制，其中"中央统筹"是指"党中央、国务院统筹制定生态环境保护的大政方针，提出总体目标，谋划重大战略举措。制定实施中央和国家机关有关部门生态环境保护责任清单"。"省负总责"指的是"省级党委和政府对本地区环境治理负总体责任，贯彻执行党中央、国务院各项决策部署，组织落实目标任务、政策措施，加大资金投入"。"市县抓落实"具体为"市县党委和政府承担具体责任，统筹做好监管执法、市场规范、资金安排、宣传教育等工作"。《指导意见》提出"省负总责"的生态环境管理制度安排，将同属地方政府的市县作为落实政策的主体，区分了不同层级地方政府在生态环境管理中的职能分工，对于指导下一阶段的生态环境管理体制改革具有重要意义。

2016年9月，省级以下生态环境机构监测监察执法垂直管理制度改革进入试点实施阶段。为落实改革，生态环境部、中央编办等相关部门积极筹划、大力推动，多个省（自治区、直辖市）成立了领导小组、编制出台了改革方案，地级和县级政府积极响应，改革取得了重大进展。长期以来，我国以块为主的地方环境管理体制存在"4 个突出问题"：一是难以落实对地方政府及其相关部门的监督责任，二是难以解决地方保护主义对环境监测监察执法的干预，三是难以适应统筹解决跨区域跨流域环境问题的新要求，四是难以规范和加强地方环保机构队伍建设。省级以下生态环境机构垂直改革有利于解决长期制约我国生态环境管理的"4 个突出问题"，其改革的主要举措包括：县级生态环境局调整为市局的派出分局，不再作为县政府的工作部门；市级生态环境局实行以省级生态环境厅为主的双重管理，仍为市级政府工作部门，省级生态环境厅党组负责提名市级生态环境局局长、副局长，会同市级党委组织部门进行考察；将市县两级生态环境部门的环境监察职能上收，由省级生态环境部门统一行使；市县生态环境质量监测、调查评价和考核工作由省级生态环境部门统一负责，实行生态环境质量省级监测、考核；市级环保局统一管理、统一指挥本行政区域内县级环境执法力量，由市级承担人员和工作经费。

不难看出，《指导意见》中首次明确的"省负总责、市县抓落实"的生态环境管理工作机制，是对 2016 年以来我国实施的省级以下生态环境机构垂直改革试点工作的进一步明确和提炼升华，对于全面完成省级以下生态环境机构监测监察执法垂直管理制度改革具有重要的指导意义。省级以下生态环境机构垂直改革前，我国生态环境管理的重心在县级，中央环境管理职能部门经历了多次加强，作为中间层级的省级和市级生态环境机构在人员配置、管理能力等方面被相对削弱，不利于省级政府对跨市县的环境治理进行统筹协调，亦不利于环境执法部门开展相对独立的执法检查。在环境监测方面，《指导意见》明确了实行"谁考核、谁监测"，改变了长期以来"考生判卷"的制度失灵，为省级政府在考核和监测上发挥更大作用提供了制度保障。在环境监察方面，充分发挥了我国的制度优势，建立从中央到地方的环境保护督察制度，以督政的形式推动自上而下环境决策的贯彻落实；将市县环境监察统一到省级，有助于其与中央环保督察紧密衔接，最大限度排除市县等地方政府在生态环境督察中自身动力递减的问题。当然，生态环境体制除了因环境行政、执法、监察、监测职能而异外，在不同区域、不同污染物间也表现出差异性，这意味着，要构建起现代环境治理体系，生态环境管理体制还应探索与区域特征、环境介质和污染物类型相契合的灵活性的制度安排，这应当成为下一阶段体制探索的重要内容。

生态环境管理体制还需要应对跨区域跨流域的生态环境问题。《指导意见》提出"推动跨区域跨流域污染防治联防联控"的要求，这是有效应对区域性大气污染、流域性水污染的必由之路。以京津冀大气污染治理联防联控机制为例，2013 年 10 月，成立了由北京市委书记任组长，北京、天津、河北、山西、山东、河南、内蒙古七省（自治区、直辖市），环境部、国家发展改革委、工业和信息化部、交通运输部、财政部、住房城乡建设部、中国气象局、国家能源局等八部委（局）参加的"协作小组"；2018 年，协作小组升级为领导小组，由国务院副总理任组长，环境部及北京市、天津市、河北省主要行政领导任副组长，成员单位新纳入公安部，包含了周边的山西、山东、河南、内蒙古等四省区。"协作小组"升级为"领导小组"后，强化了中央对京津冀及周边在大气污染防治措施上的协调，当然，这种协调更多是依靠上传下达的集中统一决策与执行实现的。

三、准确及时的环境数据是基本保障

准确及时的生态环境数据是科学化决策的基本条件，也是构建现代环境治理体系的基本保障。生态环境科学化决策需要与经济社会发展阶段相适应，体现绿色发展以及公众对绿色产品和环境质量需求的动态变化。随着全面小康的实现，整个社会对绿色发展的需求随之提高。科学的决策机制有赖于对社会经济发展阶段和社会需求等信息的掌握。在生态环境决策中，体现经济效率的生态环境治理目标的确定，需要系统完备的环境损害经济代价、污染治理成本等数据。一是环境影响的经济评价。针对某种特定污染类型，比如城市黑臭水体，按照"建立影响因子名录—筛选和分析影响—将影响量化—将影响货币化—估算因素分析—把评估结果纳入项目经济分析"的基本步骤，获取相关的社会经济、污染损害等数据或参数，系统核算水体污染的经济代价。二是污染治理的成本。针对特定环境问题的污染源，获取该污染源的污染治理成本数据，进行情景分析和边际成本模拟，并与污染的经济代价结合起来，共同服务于制定体现经济效率的生态环境改善目标。

《指导意见》提出"加快构建陆海统筹、天地一体、上下协同、信息共享的生态环境监测网络，实现环境质量、污染源和生态状况监测全覆盖"，构建覆盖陆地、海域，地面、天上，共享的生态环境监测大网络大系统。近年来，我国生态环境质量监测取得重大进展，针对大气环境，经过三批建设，按照新标准的大气环境质量监测点位共计 1 436 个，增加了国控监测站点建设并充实监测功能，实现对全国主要地级及以上城市的全覆盖。"十三五"时期，调整后的地表水环境质量监测国控断面共 2 767 个，增加国控水质自动监测站点和国控断面，覆盖地级及以上城市水域，进一步涵盖国家界河、主要一级和二级支流等 1 400 多条重要河流和 92 个重要湖库、重点饮用水源地等。逐步建立了集地面生态监测、卫星遥感监测、土壤监测等为一体的生态监测体系。针对重点污染源采取在线监测手段，有助于获取污染源连续监测数据，动态监测污染源的排放和设备运行情况，发挥了常规性环境统计无法替代的功能。构建环境质量、污染源和生态状况监测全覆盖的监测网络，有助于及时掌握环境质量的变化和企业污染排放的动态，是公众获取环境质量数据的基本保障，也是政府环境管理科学决策的重要基础。

企业应当按照"企业主体"的基本原则，充分发挥主体责任。《指导意见》指出"重点排污企业要安装使用监测设备并确保正常运行，坚决杜绝治理效果和监测数据造假"，"排污企业应通过企业网站等途径依法公开主要污染物名称、排放方式、执行标准以及污染防治设施建设和运行情况，并对信息真实性负责"，对排污企业的监测设备安装、监测数据真实性、相关排污设备和治理设备运行情况的信息公开等内容均做出了明确规定。《指导意见》还指出"完善排污许可制度，加强对企业排污行为的监督检查"。企业排污许可制的建设，对于企业环境管理的规范化、制度化、专业化具有里程碑意义，是夯实企业层面的污染排放统计数据质量的重要管理载体。长期以来，污染源排放统计数据的质量控制存在较大挑战。与多数经济统计相比（比如 GDP、工业产值等），企业污染排放缺少直接的市场交易记录这个天然的核查机制，并且企业污染排放量还受到治污设施运行情况、污染物产生量等多个环节的影响，同时，污染核算具有很强的技术性，不容易核算准确。再者，企业的环境管理具有较强的专业性，对于那些环境管理比较薄弱的企业，很难将污染排放数据核算准确。企业还可能出于自身利益等因素，在排放量申报时有意瞒报：这些因素都对污染源排放微观数据的基础构成挑战。考虑到排污许可制的专业属性和信息平台属性，在企业排污许可制全面规范化实施的基础上，加大对企业环境统计数据责任机制、核查机制的构建，探索责任明确、专业性强、第三方参与和市场化的信息稽核认证体系，对于夯实企业污染排放的微观数据基础具有重要意义。在污染源排放管理方面，还要充分利用在线监测网络，不断扩大在线监测数据的应用范围；同时充分利用大数据技术，不断提高污染源排放数据的可靠性，为污染源识别和管理提供有力支撑。

四、环境治理政策手段转型是关键落脚点

环境治理政策手段是衔接环境决策与企业环境责任的关键，是构建现代环境治理体系的关键落脚点。在生态环境治理措施上，《指导意见》提出，"除国家组织的重大活动外，各地不得因召开会议、论坛和举办大型活动等原因，对企业采取停产、限产措施"，这是对环境管理措施的进一步规范化，减少了通过临时性行政命令的方式对企业正常生产经营活动的随意干扰。

要建立执行有力、激励有效的现代环境治理体系，建立环境污染防治的长效机制，实现低成本减排，就要求环境管理手段的四个转型：从依靠政府政策干预向政府政策与市场挖潜相结合的转型；从依赖临时性、运动式的手段向以统筹性、常态化的环境管理手段为核心的转型；从以行政手段为主向行政手段与经济手段并重的转型；从事后治理的监管向事前防控、事中控制、事后治理的全过程监管转型。

第一，从依靠政府政策干预向政府政策与市场挖潜相结合的转型。在对待不同市场主体、构建环境治理市场机制方面，《指导意见》充分体现了市场竞争精神和原则。《指导意见》指出，要"打破地区、行业壁垒，对各类所有制企业一视同仁，平等对待各类市场主体，引导各类资本参与环境治理投资、建设、运行"，这正是市场中性原则在环保领域的体现，也反映了国家对引导环保行业高质量发展的基本政策取向。只有对所有企业一视同仁，打破地区、行业的壁垒，才能让资源充分流动起来，提高全行业的全要素生产率，从而实现降低排污企业环境治理成本的最终目的。同时，这种转型能

更好地发挥企业作为市场主体的环境责任：企业的生产和治理要守法、按要求公开信息、不弄虚作假，这是以企业为主体履行环境责任的底线；在此基础上，推动形成有利于发挥企业环保社会责任的市场环境和文化，充分发挥企业在环境保护领域的主观能动性，为依赖市场的自主自发的企业环保行动创造更多有利条件。

第二，从临时性、运动式的手段向以统筹性、常态化的环境管理手段为核心的转型。近年来，我国环境治理常采用临时的行政命令手段，这些手段虽然在污染治理有效性上取得了较好的效果，但总体的成本较高，且并不是污染治理和环境管理的长效手段。以京津冀大气污染治理为例，这些行政性措施包括强化督查、企业停产限产、错峰生产、工地停工、交通限行等。由于环境管理是专业性强、需要长期建设的公共事务，污染排放伴随企业生产运行全过程，污染源管理是日常管理，因此要加快以排污许可制为核心的常态化、常规性环境管理手段的建设进度。《指导意见》中指出"加快排污许可管理条例立法进程，完善排污许可制度""妥善处理排污许可与环评制度的关系"等内容，有助于加快排污许可管理的法治化进程，建立与其他环境手段的衔接机制。排污许可证管理制度的实行，为环境监管提供全面、准确的依据；推进生产服务绿色化，从全过程管理入手，将污染治理前置，节约治理成本；提高治污能力和水平，加强企业环境治理责任制度建设，助推企业环境治理行为由以政府环境规制为驱动力的"他治"转变为以成本内部化为驱动力的"自治"；公开环境治理信息，要求企业向公众公开环境治理信息，调动社会组织和公众共同参与，充分体现排污许可制作为企业环境管理综合性守法文书、环境政策的综合载体、常态化的企业环境管理综合平台的重要职能。

第三，从以行政手段为主向行政手段与经济手段并重的转型。《指导意见》提出，要建立健全环境治理的市场体系，形成激励有效的环境治理体系，其中的重要一环就是更多地采用经济手段激励社会主体广泛开展生态环境保护行动。在具体的手段上，《指导意见》提出了全国性、重点区域流域、跨区域、国际合作等环境治理重大事务主要由中央财政承担环境治理支出责任，并提出"健全生态保护补偿机制""严格执行环境保护税法""设立国家绿色发展基金""开展排污权交易，研究探索对排污权交易进行抵质押融资"等多个重要的经济手段，是推动我国以命令控制型环境政策手段向命令手段与经济手段并重的环境管理手段转型的重要依据。经济手段的实施，能够为企业提供污染治理的经济激励，将污染治理内化为企业的自觉行动；与命令控制手段相比，经济手段更为灵活，能为企业提供更多选择，在特定污染物减排上具有成本优势，能够提供持续改进的激励，是构建现代环境治理市场体系的重要内容，应当在现代环境治理体系中发挥更大的作用。

第四，从事后治理的监管向事前防控、事中控制、事后治理的全过程监管转型。《指导意见》明确将污染防控措施前移，更加注重污染的全周期监管和控制，综合采用优化结构、淘汰落后、清洁生产等措施，从源头防治污染。《指导意见》指出"从源头防治污染，优化原料投入，依法依规淘汰落后生产工艺技术。因此，应积极践行绿色生产方式，大力开展技术创新，加大清洁生产推行力度，加强全过程管理，减少污染物排放。提供资源节约、环境友好的产品和服务。应落实生产者责任延伸制度"，与末端治理措施相呼应，全过程监管形成了污染全周期监管链条，能够改变环境治理仅作为事后补救措施的被动局面，是现代环境治理体系的应有之义，更大限度地以高品质生态环境支撑高质量发展。

综上所述，《指导意见》对构建我国现代环境治理体系提供了基本遵循和行动指南，既高屋建瓴、体系完备，又目标明确、要点突出、创新性强。在"十四五"时期，我国的生态文明和美丽中国建设必将进入崭新的阶段，《指导意见》的发布和贯彻落实必将推动环境决策机制和生态环境管理体制进一步完善，通过科学决策、有力执行和有效激励，更好地落实企业环境责任、构建更为完备的企业责任体系，加快构建起与我国管理需求相适应、体现国家治理体系和治理能力现代化的现代环境治理体系。

第三节　现代环境治理体系的未来发展

党的十九届五中全会审议通过的《中共中央关于制定国民经济和社会发展第十四个五年规划和二〇三五年远景目标的建议》提出了城市化地区、农产品主产区、生态功能区三大空间，明晰了国家空间优化格局；建设人与自然和谐共生的现代化。为此，需要加快探索新发展阶段下立足优化国土空间布局的环境保护路径。

一、新发展阶段下，立足优化国土空间布局的环境治理能力亟待提升

当前，从宏观上看，"三大空间"还缺乏相适应的制度政策、标准法规等顶层设计，各用途用地比例失衡、城市规模盲目扩大、土地资源被低效占用，2019年国家级开发区综合容积率0.96，建筑密度32.30%，工业用地率48.65%，造成生态系统功能退化、区域生态系统调节能力减弱。

一是国土空间生态环境安全格局尚未形成。城市化地区绿色生产生活方式尚未形成，生态化现代产业体系尚未建立，截至2018年底，我国经生态环境部和有关部委批准创建的国家级环保产业基地共3个，国家级环保科技园共9个，其中政府主导的占60%，这些产业均缺乏生态化、现代化指标考核。农产品主产区环保逻辑的农业现代化示范区建设滞后，绿色化管理政策、标准设计滞后，在农业农村部认定的三批国家现代农业示范区中，没有一个是环保型示范区。生态功能区的生态保护修复落实机制不完善，人口迁移和生态功能区承载压力的核减潜力尚未释放。基于绿色底色的高质量发展目标，无论是生态环境、生态化产业体系，还是产品本身，绿色红利远未体现。

二是构建国土开发格局的规划支撑体系尚不健全。环境保护工作面临国土空间具体分区标准不确定，用途管制手段、保护开发制度、行政管理程序不确定等一系列问题。国土空间发展布局的构建已进入调整完善的窗口期，落实国土开发新格局，全面保护环境的顶层设计缺乏，留给环境保护规制机制研究完善的时间有限。

三是基于三大空间的环境保护手段和路径尚待创新。传统环境保护制度依托环境保护标准和督察管理，缺乏基于新空间格局的差异化标准和管理体系，源头管控机制和精准化管理手段欠缺。一些地方在污染防治攻坚战和中央督察中已经使用了未来几年的财力，上位压力传导式环保督察和基层应对

式环境整治形成鲜明对比，层级间的压力没有通过上下传导化解，反而上下延伸扩大，最终造成环境保护管理效能偏低。

四是基于"三大空间"的分区治理制度框架尚需调整。对于城市化地区，未形成面向基本建设、新区开发等增量空间开发的环保优先导入管理，按用途划分的环境标准缺乏融合路径，开发过程的差异化管理体制缺乏，开发之后环境监管水平不高。面对棚改、老旧小区改造等存量优化开发，生态环境微基建植入缺乏有效手段，城市绿色化改造动力不足。东北、长江流域、华南、汾渭平原、河套、新疆等农产品主产区，农村环境保护、面源污染防治和耕地生态系统稳定性保障等问题并存，这些农产品主产区都具有面积大、跨区域、自然特征多样化的特点，生态环境分区治理缺乏行政抓手。生态保护红线的环境保护监管制度不完善，参与管理的部门较多，跨部门协作机制缺乏，对应的生态基因库、人才等缺乏，无法形成环保危机时的应急响应机制。

二、环境治理体系的未来展望

构建现代环境治理体系是一个覆盖生态环境保护各领域、各环节、各方面的制度化过程，源源不断的制度供给，既为生态环境保护提供根本的规则遵循，又为经济社会环境和谐发展提供内在动力。环境治理从根本上为美丽中国的实现提供深层的、彻底的保障，从根本上使建设成果定型化、制度化，在更高水平上实现人与自然状态的全新变革，实现了环境治理体系现代化进程的全面推进。今后的环境治理体系的传承与创新要做好"六个坚持"。

（一）坚持以人民为中心

现代环境治理的价值准绳是坚持以人民为中心。应牢牢把握人民既作为行为主体、又作为服务对象的意识，将广大人民群众纳入治理主体中，构建多元化、协同化、互动化的治理主体，处理好党委、政府、市场和社会的依存关系，将环境治理中的社会职能剥离，融入社会和市场治理；在环境保护制度、政策和行动实践方面增强社会凝聚力，更大程度地发挥社区的基层自治能力，推进环境保护常态化监督，满足人民群众日益提高的高质量环境的物质和精神需求；积极调动人民群众的积极性，释放更多的潜能，建立社会

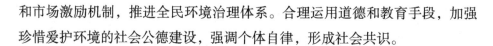

和市场激励机制，推进全民环境治理体系。合理运用道德和教育手段，加强珍惜爱护环境的社会公德建设，强调个体自律，形成社会共识。

（二）坚持高质量发展要求，高水平保护

2021年，中央经济工作会议将"实现碳达峰碳中和"作为新发展阶段需要正确认识和把握的重大问题之一，彰显了碳达峰碳中和工作的战略定位和重大意义。会议指出，实现碳达峰碳中和，要坚定不移推进，但不可能毕其功于一役。要坚持全国统筹、节约优先、双轮驱动、内外畅通、防范风险的原则。要立足以煤为主的基本国情，抓好煤炭清洁高效利用，增加新能源消纳能力，推动煤炭和新能源优化组合。要狠抓绿色低碳技术攻关。要科学考核，创造条件尽早实现能耗"双控"向碳排放总量和强度"双控"转变，加快形成减污降碳的激励约束机制。要确保能源供应。要深入推动能源革命，加快建设能源强国。

（三）坚持共同富裕发展的道路

共同富裕不只是物质上的富裕，而是经济、政治、文化、社会和生态"五位一体"的全面跃升。共同富裕是绿色低碳发展的、生态经济社会协调发展的共同富裕。

（四）坚持提升应对能力

坚持提升应对能力，尤其要提升应对不确定性及社会风险的能力，如因重大疫情、自然灾害等导致的问题。要推动地方各级党政主要负责人切实履行生态环境保护工作职责，真正把加强生态环境保护工作与统筹经济社会、应对风险有机结合起来。只有各级领导干部以身作则、以上率下，才能形成上下联动、齐抓共建、协同推动的工作格局，从而汇聚美丽中国建设的强大合力，谱写"中国之治"新的辉煌篇章。

（五）坚持更有效能地发挥作用

治理体系与制度供给的同构，与不同阶段的目标、需要和实践是内在统一的。要通过优化完善制度供给的类型、内容、规模和方向，推动制度供给与生态环境保护需要相结合。环境治理体系和治理能力现代化的进程，是美

丽中国的实现进程。国家治理制度现代化是环境治理体系形成的基础，国家治理能力是执行和运用制度治理国家的能力，它以国家制度建设为前提，在制度运行中发挥作用，在制度运行的结果和效能中得以体现。环境治理体系是一项系统工程，必须全面推进、把握重点、整体谋划。要以社会主义核心价值观作为价值指引，以制度建设运行和治理绩效作为现代化衡量标尺，坚持减污降碳协同推进，将环境治理体系建设提高到一个新水平。要坚持各项措施有机统一、全面推进，努力实现各领域各环节有效贯通、相互衔接。注重中央和地方联动、地方向中央反馈，注重横向协同，努力推动实现东中西部均衡发展。

（六）坚持将生态文明广泛传播，加强国际交流与合作

要坚定不移推进实现碳达峰、碳中和，保障能源稳定供应和安全，增强绿色发展支撑能力。实现碳达峰、碳中和，是以习近平同志为核心的党中央统筹国内国际两个大局作出的重大战略决策，是着力解决资源环境约束突出问题、实现中华民族永续发展的必然选择，是构建人类命运共同体的庄严承诺。

参考文献

［1］江河.国土空间生态环境分区管治理论与技术方法研究［M］.北京：中国建筑工业出版社，2019.

［2］常纪文，刘贵利，陈帆，等.在北京疏解腾退和城市更新中探索绿色低碳的新路子［R］.北京：中国城市发展研究院，2023.

［3］刘贵利，江河，周爱华，等."双碳"目标下生态环境分区管治理论框架构建［J］.环境保护，2022，50（9）：39-43.

［4］刘贵利，江河，冯雅丽.县级单元国土空间线控机制研究——以涞水县为例［J］.中国环境管理，2022，14（2）：89-94.

［5］刘贵利，王依.成渝地区实现"双碳"目标的时空预测及分区管治［J］.环境保护，2021，49（16）：60-62.

［6］刘贵利，王依.深化成渝地区联防联控机制建设筑基双城经济圈战略［J］.环境保护，2021，49（14）：40-43.

［7］刘贵利，江河.坚持保护优先护航"三区"高质量发展［J］.环境保护，2021，49（Z1）：70-75.

［8］刘贵利，秋婕，莫悠.激活环境保护动力建立生态环境分区管治长效机制［J］.环境保护，2020，48（21）：20-24.

［9］刘贵利，秋婕.完善生态环境分区管治制度 全力构建现代环境治理体系［J］.环境保护，2020，48（6）：45-49.

［10］刘贵利，李明奎，江河.国土空间生态环境分区管治制度的建立［J］.环境保护，2019，47（14）：8-11.

［11］刘贵利，郭健，江河.国土空间规划体系中的生态环境保护规划研

究［J］.环境保护，2019，47（10）：33-38.

［12］刘贵利，郭健，崔勇.城市环境总体规划推进实施建议［J］.环境保护，2015，43（22）：18-20.

［13］刘贵利."多规合一"试点工作的多方案比较分析［J］.建设科技，2015（16）：42-44.

［14］陈帆，徐成龙.长江大保护城市水生态环境驻点研究——九江方案［J］.环境工程技术学报，2022，12（2）：520-528.

［15］侯静，陈帆，滕飞.加强国家重点生态功能区建设 积极应对气候变化［J］.环境保护，2019，47（1）：27-32.

［16］王伟，江河.现代环境治理体系：打通制度优势向治理效能转化之路［J］.环境保护，2020，48（9）：30-36.

［17］王晓，胡秋红，倪依琳，等."三线一单"中生态环境准入清单编制路径探讨［J］.环境保护，2020，48（7）：46-50.

［18］杜雯翠，江河.加快构建现代环境治理体系 切实提高环境治理效能［J］.环境保护，2020，48（6）：36-41.

［19］郭媛媛，江河，沈鹏.在我国土壤污染治理中推行"场地修复＋"模式的思考与建议［J］.环境与可持续发展，2019，44（4）：126-129.

［20］杜雯翠，江河.国家战略区域主要环境问题识别与生态环境分区管治策略［J］.中国环境管理，2019，11（3）：50-56.

［21］郭媛媛，江河.抓好生态环保督察"四力"建设 打造生态环保铁军［J］.中国生态文明，2019（4）：90-91.

［22］杜雯翠，江河.从《"十三五"生态环境保护规划》看源头防控的五个创新［J］.环境保护，2017，45（15）：50-53.

［23］马本，秋婕.完善决策机制 落实企业责任 加快构建现代环境治理体系［J］.环境保护，2020，48（8）：30-34.

［24］田欣，秋婕."十四五"时期污染物总量控制的挑战、需求与应对研究［J］.中国环境管理，2019，11（3）：46-49.

［25］石磊，秋婕."十四五"时期生态环境重大制度政策创新的思考［J］.中国环境管理，2019，11（3）：57-59.

[26] 王伟. 发挥好环境保护责权配置作用［N］. 中国环境报, 2016-10-11 (003).

[27] 周亮, 徐建刚. 大尺度流域水污染防治能力综合评估及动力因子分析——以淮河流域为例［J］. 地理研究, 2013, 32 (10): 1792-1801.

[28] 金悦, 陆兆华, 檀菲菲, 等. 典型资源型城市生态承载力评价——以唐山市为例［J］. 生态学报, 2015 (14): 4852-4859.

[29] 刘亚纳, 朱书法, 魏学锋, 等. 河南洛阳市不同功能区土壤重金属污染特征及评价［J］. 环境科学, 2016 (6): 2322-2328.

[30] 杨婧, 汪涛, 任思靖, 等. 开展第三方环境保护综合考核的地方实践及其借鉴［J］. 环境保护, 2017, 45 (21): 55-56.

[31] 孟志华, 李晓冬. 精准扶贫绩效的第三方评估: 理论溯源、作用机理与优化路径［J］. 当代经济管理, 2018, 40 (3): 46-52.

[32] 王蔚臆. 行政执法绩效评估制度研究［D］. 太原: 山西大学, 2007.

[33] 丁佳佳. 环境保护规划评估制度浅析——以重庆市为例［J］. 四川环境, 2015, 34 (2): 130-132.

[34] 赵苗苗, 赵师成, 张丽云, 等. 大数据在生态环境领域的应用进展与展望［J］. 应用生态学报, 2017, 28 (5): 1727-1734.

[35] 陈华, 田珺, 黄夏银, 等. 江苏省"三线一单"编制及成果应用［J］. 环境影响评价, 2019, 41 (4): 1-5.

[36] 熊善高, 万军, 吕红迪, 等. "三线一单"环境管控单元划定研究——以济南市为例［J］. 环境污染与防治, 2019, 41 (6): 731-736.

[37] 李王锋, 吕春英, 汪自书, 等. 地级市战略环境评价中"三线一单"理论研究与应用［J］. 环境影响评价, 2018, 40 (3): 14-18.

[38] 裴晶莹, 王英伟. "三线一单"环境重点管控单元划分的方法探索——以黑龙江省为例［J］. 环境与发展, 2020, 32 (8): 230-231.

[39] 颛孙燕. 药品上市许可持有人制度下委托生产的监管策略探讨［J］. 上海医药, 2018 (13): 51-54.

[40] 韩恰恰, 张秋. 我国药品上市许可持有人制度的实施情况及对策研究［J］. 中国新药杂志, 2019 (5): 593-597.

［41］董阳.药品上市许可持有人制度改革的政策分析——以上海市试点经验为例［J］.中国食品药品监管，2019（1）：34-38.

［42］Xurong S，Yixuan Z，Yu L，et al. Air quality benefits of achieving carbon neutrality in China.［J］. The science of the total environment，2021.

［43］张平淡，王纯，张惠琳.推动环境信息披露能改善投资效率吗？［J］.中国环境管理，2020，12（5）：110-114.

［44］赵前，周静.碳信息披露质量、同群效应与企业融资约束——基于2016—2020年沪深两市A股工业企业面板数据的分析［J］.财会研究，2022，（12）：65-73.

［45］宫宁，段茂盛.企业碳信息披露的动机与影响因素——基于上证社会责任指数成分股企业的分析［J］.环境经济研究，2021，6（1）：31-52.

［46］李挚萍，程凌香.企业碳信息披露存在的问题及各国的立法应对［J］.法学杂志，2013，34（8）：30-40.

［47］董文福，刘泓汐，王秀琴，等.美国温室气体强制报告制度综述［J］.中国环境监测，2011，27（2）：18-22.

［48］谭德明，邹树梁.核文化泛众化传播的SWC模型构建研究［J］.湖南科技学院学报，2010，31（9）：166-169.

［49］陈磊，姜海.县域主体功能区治理方案设计与监管体系［J］.自然资源学报，2021，36（8）：1988-2005.

［50］丁乙宸，刘科伟，程永辉，等.县级国土空间规划中"三区三线"划定研究——以延川县为例［J］.城市发展研究，2020，27（5）：1-9.

［51］陈磊，姜海.从土地资源优势区配置到主体功能区管理：一个国土空间治理的逻辑框架［J］.中国土地科学，2019，33（6）：10-17.

［52］杨永宏，李增加，杨美临，等.划定生态保护红线纳入县域空间规划［J］.环境与发展，2016，28（1）：1-5，23-23.

［53］王晋梅.国土空间规划中"统筹优化三线"的分析研究——以朔城区国土空间总体规划为例［J］.华北自然资源，2021（5）：135-136.

［54］秦昌波，张培培，于雷，等."三线一单"生态环境分区管控体系：历程与展望［J］.中国环境管理，2021，13（5）：151-158.

［55］黎兵，王寒梅，史玉金.资源、环境、生态的关系探讨及对自然资源管理的建议［J］.中国环境管理，2021，13（3）：121-125.

［56］金观涛，刘青峰.兴盛与危机：论中国封建社会的超稳定结构［M］.北京：法律出版社，2010.

［57］SATTERTHWAITE D. Environmental transformations in cities as they get larger, wealthier and better managed［J］. The geographical journal, 1997, 163（2）: 216-224.

［58］KAHN M E. Green Cities：Urban Growth and the Environment［M］. Washington, DC：Brookings Institution Press, 2006.

［59］KAHN M E, WALSH R. Cities and the environment［J］. Handbook of regional and urban economics, 2015, 5: 405-465.

［60］杜雯翠，江河.国家战略区域主要环境问题识别与生态环境分区管治策略［J］.中国环境管理，2019，11（03）：50-56.